新世纪普通高等教育艺术学类课程规划教材

适用于环境设计、产品设计专业

材料构造与施工工艺

CAILIAO GOUZAO YU SHIGONG GONGYI

编 著 金啸宇 钱海燕 樊岩绯

U0245098

大连理工大学出版社

图书在版编目（CIP）数据

材料构造与施工工艺 / 金啸宇，钱海燕，樊岩绯编
著. — 大连：大连理工大学出版社，2017.2（2018.重印）
新世纪普通高等教育艺术学类课程规划教材
ISBN 978-7-5685-0612-0

Ⅰ. ①材… Ⅱ. ①金… ②钱… ③樊… Ⅲ. ①景观－
建筑材料－高等学校－教材②景观－建筑工程－工程施工
－高等学校－教材 Ⅳ. ①TU986

中国版本图书馆 CIP 数据核字（2016）第 269157 号

大连理工大学出版社出版
地址：大连市软件园路 80 号　邮政编码：116023
发行：0411-84708842　邮购：0411-84708943　传真：0411-84701466
E-mail：dutp@dutp.cn　URL：http://dutp.dlut.edu.cn
大连日升彩色印刷有限公司印刷　　　　大连理工大学出版社发行

幅面尺寸：185mm×260mm	印张：18	字数：432 千字
2017 年 2 月第 1 版		2018 年 8 月第 2 次印刷

责任编辑：王晓历	责任校对：何雨佳
	封面设计：张　莹

ISBN 978-7-5685-0612-0　　　　　　　　　　定　价：59.00 元

本书如有印装质量问题，请与我社发行部联系更换。

前　言

　　《材料构造与施工工艺》是新世纪普通高等教育教材编审委员会组编的艺术学类课程规划教材之一。

　　近20年来,除传统的"八大美院"之外,全国许多普通高校先后开设了艺术设计类专业,艺术设计类专业在某种程度上变成了一种热门专业。这一方面反映出中国经济的不断发展、大众审美水平的不断提高和对青少年美学教育的更加重视,另一方面也反映出面对越来越多的艺术设计类专业设置和不断扩招的艺术设计类学生的数量,高校的师资、软、硬件设备和专业课程的积累都面临着巨大的挑战,同时也对高校的教学培养方案和课程改革提出了新的要求。

　　当今中国的高校在艺术设计类专业课程的标准、设置上具有较大的差异,存在重理论轻实践,课程设置缺乏重点等问题。本教材的编写正是为了培养学生的设计与创新能力,突出实践应用,将理论与实践结合,以满足21世纪对人才的需求。

　　材料是设计的物质基础,材料特性是环境设计和工业设计用料的选择依据和构造变化因素。形式、技术和经济作为设计的三个属性,材料不仅都与之相关,而且还是一个关键的要素。作为设计的物化工程作品,无论是使用功能还是精神功能的满足,都是要通过对材料的选择与构造来实现的。材料构造与施工工艺之间的关系是互为辩证的。一方面,要根据材料的物理、化学性能来选择与之相适应的施工工艺;另一方面,新的施工工艺的突破也对材料的选择提出了更高的要求。

　　本教材以培养实践、应用能力和方案创新设计能力为目标,在内容编排上贯穿了以设计为主的思想,强调以实际应用为主要目的。内容阐述方面,注重基本概念和基本理论,合理安排顺序,突出工程应用;从材料构造与施工工艺的基础知识

新世纪

出发,除了介绍材料的相关物理、化学性能,材料的形态特点以及生态环保材料的选择之外,还结合材料介绍了一些前沿的施工工艺技术,最终使设计方案能够很好地转化为物质产品。

在编写本教材的过程中,编者与实际设计项目紧密结合,着重阐述项目中常见的材料与施工方法,极具现实指导意义。通过对本教材的学习,学生可以了解相关的实践知识,为相关专业大学生创新、创业提供一定的帮助。

考虑到相关设计类专业的特点与要求,以及学科之间的交叉,本教材创新性地分为三篇。第一篇,景观设计篇,包括景观混凝土材料、石质材料、木质材料、烧结材料及金属材料与施工工艺;第二篇,家居与商业空间设计篇,包括家居空间与商业空间中的装饰涂料、玻璃材料、陶瓷材料、装饰石材、地面装饰材料、顶棚装饰材料及墙面装饰材料与施工工艺;第三篇,产品设计篇,包括产品设计材料的表面处理、质感,产品设计金属材料、塑料材料、木质材料与成型工艺。三篇内容分别从各自的专业角度出发,精心编写,力求能够给予在校学生或设计师有价值的指导。

本教材由大连艺术学院金啸宇,大连工业大学艺术与信息工程学院钱海燕、樊岩绯编著而成。

在编写本教材的过程中,我们参考、借鉴了许多专家、学者的相关著作,对于引用的段落、文字尽可能一一列出,谨向各位专家、学者一并表示感谢。

尽管我们在教材特色的建设方面做了许多努力,但由于编者水平有限,教材中难免存在疏漏和不妥之处,恳请教学单位和读者多提宝贵意见,以便下次修订时改进。

编　者

2017 年 2 月

所有意见和建议请发往:dutpbk@163.com

欢迎访问教材服务网站:http://www.dutpbook.com

联系电话:0411-84708445　84708462

目 录

第三篇 产品设计中的材料与施工工艺

第一篇 景观空间中的材料与施工工艺

第一章 景观混凝土材料与施工工艺

进入二十一世纪,随着社会生产力和经济的快速发展,混凝土材料在施工过程中越来越被人们所重视,对混凝土的使用不再仅局限于土木工程中,小区、庭院、广场、公园等场所也开始运用混凝土作为施工材料来营造出独具特色的景观效果。混凝土不仅是在传统的结构方面发挥作用,在现代景观中,也已结合其他技术和工艺,起到了较好的美化环境的作用。所以,我们需要对混凝土材料及其施工工艺有所了解,通过对其恰当巧妙的应用,达到节约资源、能源,减少环境污染的目的,更重要的是使混凝土材料能够焕发出新的魅力。

第一节 混凝土材料的基础知识

一、混凝土的概念

混凝土简称"砼",是指由胶凝材料将集料胶结成整体的工程复合材料的统称,是当代最常用的土木工程材料之一。常用的水泥混凝土是由石子、砂子、水泥和水按一定比例均匀拌合,灌注在所需形体的模板内捣实,硬结后而成的人造石材。

在混凝土中,石子和砂起骨架作用,称为骨料。水泥和水构成水泥浆,包裹了骨料颗粒并填充空隙。骨料和水泥复合发挥作用,构成混凝土整体。

二、混凝土的分类

(一)按表观密度分类

1. 重混凝土

重混凝土指的是表观密度为 2 900 kg/m³ 以上的混凝土,通常采用高密度的骨料制成,因为有重晶石和铁矿石等骨料,所以重混凝土具有阻挡 X 射线、γ 射线的功能,就是人们常说的防辐射混凝土,它广泛应用于核工业的屏蔽结构上。

2. 普通混凝土

普通混凝土指的是表观密度为 2 004～2 840 kg/m³,以水泥为胶凝材料,采用天然的普通砂石作为骨料配制而成的混凝土。普通混凝土是建筑工程中应用最广、用量最大的混凝土材料,主要用于各种建筑的承重结构。

3. 轻混凝土

轻混凝土指的是表观密度小于 2 000 kg/m³ 的混凝土。按组成材料可分为三类,即轻骨料混凝土、多孔混凝土、大孔混凝土。按用途可分为结构用、保温用和结构兼保温用三种。

(二)按胶凝材料分类

混凝土按照所用胶凝材料的不同可分为水泥混凝土、石膏混凝土、聚合物混凝土、聚合物水泥混凝土、水玻璃混凝土、沥青混凝土和硅酸盐混凝土几种。

（三）按用途分类

混凝土按其用途可分为结构混凝土、防水混凝土、装饰混凝土、耐热混凝土、耐酸混凝土、防辐射混凝土、膨胀混凝土、道路混凝土和水下不分散混凝土等。

（四）按生产工艺和施工方法分类

混凝土按生产工艺和施工方法可分为泵送混凝土、喷射混凝土、压力灌浆混凝土、离心混凝土、真空脱水混凝土、碾压混凝土、挤压混凝土等。按配筋方式可分为素（即无筋）混凝土、钢筋混凝土、钢丝网水泥、纤维混凝土、预应力混凝土等。

三、混凝土的性质

由于混凝土材料的特殊性，其性能包括两个部分：一是混凝土硬化之前的性能，即和易性；二是混凝土硬化后的性能，包括强度、变形性和耐久性等。

混凝土的和易性又称工作性，是指混凝土拌合物在一定的施工条件下，便于各种施工工序（拌合、运输、浇筑、振捣）的操作，以保证获得均匀密实的混凝土性能。和易性是一项综合技术指标，反映混凝土拌合物易于流动但组分间又不分离的一种特性，包括流动性（稠度）、黏聚性和保水性三个主要方面。

混凝土强度是混凝土硬化后的主要力学性能，反映混凝土抵抗载荷的量化能力。混凝土强度包括抗压、抗拉、抗剪、抗弯及握裹强度。其中以抗压强度最大，抗拉强度最小。

混凝土的变形性是指混凝土在硬化和使用过程中，由于受到物理、化学和力学等因素的作用，发生各种变形的性能。由物理、化学因素引起的变形称为非载荷作用下的变形，包括化学收缩、干湿变形、碳化收缩及温度变形等；由载荷作用引起的变形称为在载荷作用下的变形，包括在短期载荷作用下的变形及长期载荷作用下的变形。

混凝土的耐久性是指混凝土在实际使用条件下抵抗各种破坏因素的作用，长期保持强度和外观完整性的能力，包括混凝土的抗冻性、抗渗性、抗蚀性及抗碳化能力等。

第二节　混凝土材料在景观中的应用

混凝土的诸多特点使其应用范围特别广泛，不仅应用于各种土木工程中，在造船业、机械工业、海洋开发等方面也大量应用。在现代环境景观营造中，对混凝土材料的应用也是很普遍的，各种功能和形式的景观既需要用丰富的景观材料来表达，也需要材料能够展现和发挥其多样的形式和作用。混凝土材料在景观中除了作为基础结构外，通常还应用于景观道路和广场等场地的铺装，水池、花池、景墙、文化柱等的砌筑及表面装饰，预制景观中的地砖、廊架、座椅、汀步、盖板、道牙、浮雕、栏杆等的构筑，除此之外，还包括对废弃混凝土制品及凝结块的再利用等。目前，混凝土是景观材料的重要组成部分，景观中常见的有沥青混凝土、装饰混凝土、纤维混凝土、绿化混凝土、透水性混凝土和混凝土制品等。

一、普通混凝土

普通混凝土的组成材料如下。

（一）水泥

配制混凝土所用的水泥应符合国家现行标准有关规定。除此之外，在配制时应合理地选择水泥品种和强度等级。

1. 水泥品种

水泥品种应根据工程特点，所处环境条件及设计、施工要求进行选择。

2. 水泥强度等级

水泥强度等级应与混凝土设计强度等级相一致，原则上是高强度等级的水泥配制高强度等级的混凝土。

（二）细骨料

混凝土用砂可分为天然砂、人工砂两类。天然砂是由自然风化、水流搬运和分选、堆积形成的粒径小于 4.75 mm 的岩石颗粒，但不包括软质岩、风化岩石的颗粒组成。按产源不同，天然砂分为河砂、湖砂、山砂、淡化海砂。

人工砂是经除土处理的机制砂、混合砂的统称。机制砂是由机械破碎、筛分制成的粒径小于 4.75 mm 的岩石颗粒，但不包括软质岩、风化岩石的颗粒组成；混合砂是由机制砂、天然砂混合制成的砂。

砂子按技术要求分为Ⅰ类、Ⅱ类、Ⅲ类。Ⅰ类宜用于强度等级大于 C60 的混凝土；Ⅱ类宜用于强度等级在 C30～C60 及抗冻、抗渗或其他要求的混凝土；Ⅲ类宜用于强度等级小于 C30 的混凝土和建筑砂浆。

根据《建筑用砂》(GB/T 14684—2011)，对砂的技术要求如下。

1. 颗粒级配及粗细程度

①颗粒级配。颗粒级配是指不同粒径的砂粒互相搭配的情况。砂子的空隙率取决于砂子各级粒径的搭配程度。级配良好的砂，不仅可以节省水泥，而且混凝土结构密实，强度、耐久性高。

②粗细程度。粗细程度是指不同粒径砂粒混合在一起的总体粗细程度。在相同质量的条件下，粗砂的总表面积小，包裹砂表面所需的水泥浆就少；反之，细砂的总表面积大，包裹砂表面所需的水泥浆就多。因此，在和易性要求一定的条件下，采用较粗的砂配制混凝土，可减少拌合用水量，节约水泥用量。

在拌制混凝土时，砂的粗细程度和颗粒级配应同时考虑。当砂含有较多的粗颗粒，并以适当的中颗粒及少量的细颗粒填充其空隙时，则既具有较小的空隙率又具有较小的总表面积，不仅节约水泥，而且还可以提高混凝土的密实性与强度。

③砂的粗细程度与颗粒级配的评定采用一套标准的方孔筛，孔径依次为 0.15 mm、0.3 mm、0.6 mm、1.18 mm、2.36 mm、4.75 mm。称取试样 500 g，将试样倒入按孔径大小从上到下组合的套筛（附筛底）上，然后进行筛分，称取留在各筛上的筛余量，计算各筛上的分计筛余百分率 a_1、a_2、a_3、a_4、a_5、a_6 及累计筛余百分率 A_1、A_2、A_3、A_4、A_5、A_6，累计筛余百分率与分计筛余百分率计算关系见表 1-1。

表 1-1		累计筛余百分率与分计筛余百分率计算关系	
筛孔尺寸/mm	筛余量/g	分计筛余百分率/%	累计筛余百分率/%
4.75	m_1	$a_1 = (m_1/500) \times 100\%$	$A_1 = a_1$
2.36	m_2	$a_2 = (m_2/500) \times 100\%$	$A_2 = a_1 + a_2$
1.18	m_3	$a_3 = (m_3/500) \times 100\%$	$A_3 = a_1 + a_2 + a_3$
0.6	m_4	$a_4 = (m_4/500) \times 100\%$	$A_4 = a_1 + a_2 + a_3 + a_4$
0.3	m_5	$a_5 = (m_5/500) \times 100\%$	$A_5 = a_1 + a_2 + a_3 + a_4 + a_5$
0.15	m_6	$a_6 = (m_6/500) \times 100\%$	$A_6 = a_1 + a_2 + a_3 + a_4 + a_5 + a_6$

细度模数 M_x 的计算公式如下:

$$M_x = (A_2 + A_3 + A_4 + A_5 + A_6 - 5A_1)/(100 - A_1)$$

式中,M_x 为细度模数;$A_1 \sim A_6$ 分别为 4.75 mm、2.36 mm、1.18 mm、0.6 mm、0.3 mm、0.15 mm 筛的累计筛余百分率。

细度模数越大表示砂越粗。普通混凝土用砂的细度模数范围一般在 3.7~1.6,其中 3.7~3.1 为粗砂,3.0~2.3 为中砂,2.2~1.6 为细砂,1.5~0.7 为特细砂。

对细度模数为 3.7~1.6 的普通混凝土用砂,根据 0.6 mm 筛的累计筛余百分率分成三个级配区,见表 1-2,混凝土用砂的颗粒级配应处于三个级配区中的任一级配区。

表 1-2	砂的颗粒累计筛余百分率级配		%
累计筛余级配区 \ 方孔筛	Ⅰ区	Ⅱ区	Ⅲ区
9.50 mm	0	0	0
4.75 mm	10~0	10~0	10~0
2.36 mm	35~5	25~0	15~0
1.18 mm	65~35	50~0	25~0
0.6 mm	85~71	70~41	40~16
0.3 mm	95~80	92~70	85~55
0.15 mm	100~90	100~90	100~90

注:1. 砂的实际颗粒级配与表中所列数字相比,除 4.75 mm 和 0.6 mm 筛孔外,可以略有超出,但超出总量应小于 5%。

2. Ⅰ区人工砂中 0.15 mm 筛孔的累计筛余百分率可以放宽到 100~85,Ⅱ区人工砂中 0.15 mm 筛孔的累计筛余百分率可以放宽到 100~80,Ⅲ区人工砂中 0.15 mm 筛孔的累计筛余百分率可以放宽到 100~75。

2. 含泥量、泥块含量和石粉含量

含泥量为天然砂中粒径小于 75 μm 的颗粒含量;泥块含量指砂中原粒径大于 1.18 mm,经水浸洗、手捏后粒径小于 600 μm 的颗粒含量。泥通常包裹在砂颗粒表面,妨碍了水泥浆与砂的黏结,使混凝土的强度、耐久性降低。

天然砂的含泥量和泥块含量规定见表 1-3。

表 1-3	天然砂的含泥量和泥块含量		
项 目	指标		
	Ⅰ类	Ⅱ类	Ⅲ类
含泥量(按质量计)/%	<1.0	<3.0	<5.0
泥块含量(按质量计)/%	0	<1.0	<2.0

石粉含量是人工砂中粒径小于 75 μm 的颗粒含量。过高的石粉含量会妨碍水泥与骨

料的黏结,对混凝土无益,但适量的石粉含量不仅可弥补人工砂颗粒多棱角对混凝土带来的不利,还可以完善砂子的级配,提高混凝土的密实性,进而提高混凝土的综合性能,反而对混凝土有益。因此人工砂石粉含量分别定为 3%、5%、7%,比天然砂中石粉含量放宽 2%。为防止人工砂在开采、加工等中间环节掺入过量泥土,测石粉含量前必须先通过亚甲蓝(MB)试验检验。

人工砂中的石粉含量和泥块含量的规定见表1-4。

表 1-4　　　　　　　　　　　人工砂中石粉含量和泥块含量

项　目			指标		
			Ⅰ类	Ⅱ类	Ⅲ类
1	亚甲蓝试验	MB 值<1.4 或合格	石粉含量(按质量计)/%	<3.0	<5.0	<7.0
2			泥块含量(按质量计)/%	0	<1.0	<2.0
3		MB 值≥1.4 或不合格	石粉含量(按质量计)/%	<1.0	<3.0	<5.0
4			泥块含量(按质量计)/%	0	<1.0	<2.0

3. 有害物质含量

配制混凝土的细骨料要求清洁,不含杂质,以保证混凝土质量。国家标准中规定,砂中不应混有草根、树叶、树枝、塑料、煤块等杂物,并对云母、轻物质、有机物、硫化物及硫酸盐、氯化物等含量做了规定,见表1-5。

表 1-5　　　　　　　　　　　有害物质含量

项　目	指标		
	Ⅰ类	Ⅱ类	Ⅲ类
云母(按质量计)/%	<1.0	<2.0	<2.0
轻物质(按质量计)/%	<1.0	<1.0	<1.0
有机物(比色法)	合格	合格	合格
硫化物及硫酸盐(按 SO_3 质量计)/%	<0.5	<0.5	<0.5
氯化物(以氯离子质量计)/%	<0.01	<0.02	<0.06

4. 坚固性

砂的坚固性是指砂在自然风化和其他外界物理、化学因素作用下,抵抗破坏的能力。天然砂采用硫酸钠溶液法进行试验,砂样经 5 次循环后其质量损失应符合表1-6的要求。

表 1-6　　　　　　　　　　　天然砂坚固性指标

项　目	指标		
质量损失/%	Ⅰ类	Ⅱ类	Ⅲ类
	<8	<8	<10

人工砂采用压碎指标法进行试验,压碎指标值应符合表1-7的规定。

表 1-7　　　　　　　　　　　人工砂压碎指标

项　目	指　标		
单级最大压碎指标/%	Ⅰ类	Ⅱ类	Ⅲ类
	<20	<25	<30

5. 表观密度、松散堆积密度、空隙率

砂的表观密度、松散堆积密度、空隙率应符合如下规定:表观密度大于 2 500 kg/m³;松散堆积密度大于 1 350 kg/m³;空隙率小于 47%。

(三)粗骨料

粒径大于 4.75 mm 的骨料称为粗骨料,常有碎石和卵石两种。碎石是天然岩石或卵石经机械破碎、筛分制成的粒径大于 4.75 mm 的岩石颗粒;卵石是由自然风化、水流搬运和分选、堆积而成的粒径大于 4.75 mm 的岩石颗粒,卵石按来源不同可分为河卵石、海卵石、山卵石等。碎石与卵石相比,表面比较粗糙、多棱角,表面积大、空隙率大,与水泥的黏结强度较高。因此,在水灰比相同的条件下,用碎石拌制的混凝土,流动性较小,但强度较高;而卵石则正好相反,即流动性较大,但强度较低。

碎石、卵石按技术要求分为Ⅰ、Ⅱ、Ⅲ类。Ⅰ类宜用于强度等级大于 C60 的混凝土;Ⅱ类宜用于强度等级在 C30~C60 及抗冻、抗渗或其他要求的混凝土;Ⅲ类宜用于强度等级小于 C30 的混凝土。

《建筑用卵石、碎石》(GB/T 14685—2011)对粗骨料的技术要求如下。

1. 颗粒级配和最大粒径

粗骨料颗粒级配好坏的判定也是通过筛分法进行的。取一套孔径分别为 2.36 mm、4.75 mm、9.50 mm、16.0 mm、19.0 mm、26.5 mm、31.5 mm、37.5 mm、53.0 mm、63.0 mm、75.0 mm 及 90.0 mm 的标准方孔筛进行试验。各筛的累计筛余百分率须满足表 1-8 的规定。

表 1-8　　　　　　　　　　　　　　粗骨料的颗粒级配

方孔筛/mm		2.36	4.75	9.50	16.0	19.0	26.5	31.5	37.5	53.0	63.0	75.0	90.0
连续粒级	5~16	95~100	85~100	30~60	0~10	0							
	5~20	95~100	90~100	40~80		0~10	0						
	5~25	95~100	90~100	—	30~70		0~5	0					
	5~31.5	95~100	90~100	70~90		15~45		0~5	0				
	5~40		90~100	70~90	0	30~65			0~5	0			
单粒粒级	10~20		95~100	85~100	55~70	0~15	0						
	16~25		95~100	95~100	85~100	25~40	0~10						
	20~40			95~100		80~100		0~10	0				
	40~80					95~100		70~100			30~60	0~10	0

粗骨料的颗粒级配按供应情况分连续粒级和单粒粒级两种。

最大粒径是用来表示粗骨料粗细程度的,公称粒级的上限称为该粒级的最大粒径。例如,5~31.5 mm 粒级的粗骨料,其最大粒径为 31.5 mm,粗骨料的最大粒径增大则该粒级的粗骨料总表面积减小,包裹粗骨料所需的水泥浆量就少。在一定和易性和水泥用量条件下,则可减少用水量而提高混凝土强度。对中低强度的混凝土,尽量选择最大粒径较大的粗骨料,但一般不宜超过 40 mm。

除此之外,最大粒径不得超过结构截面最小尺寸的 1/4;不得超过钢筋最小净距的 3/4;对于实心板,不得超过板厚的 1/3 且不得超过 40 mm;对于泵送混凝土,最大粒径与输送管道内径之比,碎石不宜大于 1:3,卵石不宜大于 1:2.5。

2. 泥、泥块及有害物质的含量

粗骨料中含泥量是指粒径小于 75 μm 的颗粒含量;泥块含量是指粒径大于 4.75 mm,

经水浸洗、手捏后粒径小于 2.36 mm 的颗粒含量。粗骨料中泥、泥块及有害物质含量应符合表1-9、表 1-10 的规定。

表 1-9　　　　　　　粗骨料含泥量和泥块含量

项　目	指　标		
	Ⅰ类	Ⅱ类	Ⅲ类
含泥量(按质量计)/%	<0.5	<1.0	<1.5
泥块含量(按质量计)/%	0	<0.5	<0.7

表 1-10　　　　　　　粗骨料的有害物质含量

项　目	指　标		
	Ⅰ类	Ⅱ类	Ⅲ类
有机物	合格	合格	合格
硫化物及硫酸盐(按 SO₃ 质量计)/%	<0.5	<1.0	<1.0

3. 针、片状颗粒含量

卵石和碎石颗粒的长度大于该颗粒所属相应粒级的平均粒径 2.4 倍者为针状颗粒;厚度小于平均粒径 0.4 倍者为片状颗粒(平均粒径指粒级上、下限粒径的平均值)。针、片状颗粒易折断,且会增大骨料的空隙率和总表面积,使混凝土拌合物的和易性、强度、耐久性降低。因此应限制其在粗骨料中的含量,针、片状颗粒含量可采用针状和片状规准仪测得,其含量规定见表 1-11。

表 1-11　　　　　　　粗骨料的针、片状颗粒含量

项　目	指　标		
	Ⅰ类	Ⅱ类	Ⅲ类
针、片状颗粒(按质量计)/%	<5	<15	<25

4. 强度

为了保证混凝土的强度必须保证粗骨料具有足够的强度。粗骨料的强度指标有两个:一是岩石抗压强度,二是压碎指标。

①岩石抗压强度。岩石抗压强度是将母岩制成 50 mm×50 mm×50 mm 的立方体试件或 ϕ50 mm×50 mm 的圆柱体试件,在水中浸泡 48 h 后,取出擦干表面水分,测得其在饱和水状态下的抗压强度。《建筑用卵石、碎石》(GB/T 14685—2011)中规定火成岩应不小于 80 MPa,变质岩应不小于 60 MPa,水成岩应不小于 30 MPa。

②压碎指标。压碎指标是测定碎石或卵石抵抗压碎的能力,可间接地推测其强度的高低,压碎指标应符合表 1-12 的规定。

表 1-12　　　　　　　压碎指标

项　目	类　别		
	Ⅰ类	Ⅱ类	Ⅲ类
碎石压碎指标/%	<10	<20	<30
卵石压碎指标/%	<12	<16	<16

5. 坚固性

坚固性是指卵石、碎石在自然风化和其他外界物理、化学因素作用下抵抗破裂的能力。

采用硫酸钠溶液法进行试验,碎石和卵石经 5 次循环后,其质量损失应符合表 1-13 的规定。

表 1-13 坚固性指标

项 目	指 标		
	I 类	II 类	III 类
质量损失/%	<5	<8	<12

(四)混凝土用水

混凝土用水按水源不同分为饮用水、地表水、地下水、海水及经适当处理过的工业废水。《混凝土用水标准(附条文说明)》(JGJ 63—2006)规定,符合国家标准的生活饮用水可用于拌制混凝土,海水可用来拌制素混凝土,但不得用于拌制钢筋混凝土和预应力钢筋混凝土,也不得拌制有饰面要求的混凝土。水在第一次使用时,水质不明时需进行检验,合格后方可使用。工业废水经检验合格后方可用于拌制混凝土,生活污水不能用于拌制混凝土。

混凝土拌制用水中所含物质对混凝土、钢筋混凝土和预应力钢筋混凝土不应产生以下有害作用:①影响混凝土的和易性及凝结;②损害混凝土的强度;③降低混凝土的耐久性,加快钢筋腐蚀及导致预应力钢筋脆断;④污染混凝土表面。

(五)混凝土外加剂

混凝土外加剂是指在混凝土拌制过程中掺入的,用以改善混凝土性能的化学物质,其掺量一般不超过水泥质量的 5%。

1. 外加剂按主要功能分类

(1)改善混凝土拌合物流变性能的外加剂,包括各种减水剂、引气剂和泵送剂等;

(2)调节混凝土凝结、硬化时间的外加剂,包括缓凝剂、早强剂和速凝剂等;

(3)改善混凝土耐久性的外加剂,包括引气剂、防水剂和阻锈剂等;

(4)改善混凝土其他性能的外加剂,包括引气剂、膨胀剂、防冻剂、着色剂、防水剂和泵送剂等。

2. 常用的外加剂

(1)减水剂

减水剂也称塑化剂,是指能保持混凝土的和易性不变,而显著减少其拌合用水量的外加剂。

减水剂是使用最广泛、效果最显著的一种外加剂,按其对混凝土性质的作用及减水效果可分为普通减水剂、高效减水剂、早强减水剂、缓凝减水剂和引气减水剂等。

(2)早强剂

早强剂是指加速混凝土早期的强度,并对后期强度无显著影响的外加剂。目前常用的早强剂有氯盐、硫酸盐、三乙醇胺三大类以及以它们为基础的复合早强剂。

氯盐早强剂主要有氯化钙和氯化钠,其中氯化钙是国内外使用最为广泛的一种早强剂。氯盐早强剂可明显地提高混凝土的早期强度,由于 Cl^- 对钢筋有锈蚀作用,并导致混凝土开裂,因此通常控制其掺量。为了抑制氯化钙对钢筋的腐蚀作用,常将氯化钙与阻锈剂 $NaNO_2$ 复合作用。

硫酸盐类早强剂包括硫酸钠(Na_2SO_4)、硫代硫酸钠($Na_2S_2O_3$)、硫酸钙($CaSO_4$)、硫酸钾(K_2SO_4)、硫酸铝$[Al_2(SO_2)_3]$,其中 Na_2SO_4 应用最广。

三乙醇胺是一种有机物,为无色或淡黄色油状液体,能溶于水,呈强碱性,有加速水泥水化的作用,适宜掺量为水泥质量的 0.03%～0.05%,若超量会引起强度明显降低。

复合早强剂往往比单组分早强剂具有更优良的早强效果,掺量也可以比单组分早强剂有所降低。众多复合早强剂中以三乙醇胺与无机盐类复合早强剂效果最好,应用最广。

（3）引气剂

引气剂是指在混凝土搅拌过程中,能引入大量均匀分布的微小气泡,以减少混凝土拌合物泌水、离析,改善和易性,并能显著提高硬化混凝土抗冻性、耐久性的外加剂。

引气剂主要有松香树脂类、烷基苯磺酸盐类和脂肪醇磺酸盐类,其中松香树脂类中的松香热聚物和松香皂应用最多,而松香热聚物效果最好。引气剂适用于配制抗冻混凝土,泵送混凝土、港口混凝土,不适宜蒸汽养护的混凝土。使用引气剂时,含气量控制在 3%～6% 为宜。

（4）缓凝剂

缓凝剂是指能延缓混凝土的凝结时间并对后期强度无明显影响的外加剂。缓凝剂的品种有糖类、木质素磺酸盐类（如木质素磺酸钙）、羟基羧酸及其盐类（如片柠檬酸、酒石酸钾钠等）、无机盐类等。缓凝剂能使混凝土拌合物在较长时间内保持塑性状态,以利于浇灌成型,提高施工质量,而且还可延缓水化放热时间,降低水化热。

缓凝剂适用于长距离运输或长时间运输的混凝土、夏季高温施工、大体积混凝土等。不适用于 5℃ 以下的混凝土,也不适用于有早强要求的混凝土及蒸养混凝土。缓凝剂的掺量不宜过多,否则会引起强度降低,甚至长时间不凝结。

（5）防冻剂

防冻剂是指在规定温度下,能显著降低混凝土的冰点,使混凝土液相不冻结或仅部分冻结,以保证水泥的水化作用,并在一定的时间内获得预期强度的外加剂。

常用的防冻剂有氯盐类（用氯盐或以氯盐为主的与其他早强剂、引气剂、减水剂复合的外加剂）、氯盐阻锈类（氯盐与阻锈剂为主复合的外加剂）、无氯盐类（以硝酸盐、亚硝酸盐、乙酸钠或尿素为主的外加剂）。

二、装饰混凝土

（一）压印混凝土

在景观设计中被广泛应用的装饰混凝土是压印混凝土,也称压印地坪、压模地坪、艺术地坪或印花地坪。压印地坪是采用特殊耐磨矿物骨料、高标号水泥、无机颜料及聚合物添加剂合成的彩色地坪硬化剂,通过压模、整理、密封处理等施工工艺来实现,它拥有不同凡响的石质纹理表面和丰富的色彩。压印地坪是经过对传统混凝土地坪表面进行彩色装饰和艺术处理的新型材料,这种新型材料的诞生改变了传统混凝土地坪表面装饰和表面色泽单一的缺点,在其使用领域受限的缺陷方面有很大突破,赋予了城市规划者、设计者在地面这块画布上更多的设计和遐想空间,使业主和施工者在地面选材的空间上也有很大提升。

压印地坪是具有较强艺术性和特殊装饰要求的地面材料,它是一种即时可用的含特殊矿物骨料、无机颜料及添加剂的高强度耐磨地坪材料,其优点是易施工、一次成型、使用期长、施工快捷、修复方便、不易褪色等,同时又弥补了普通彩色道板砖的整体性差、高低不平、易松动、使用周期短等不足。压印地坪具有耐磨、防滑、抗冻、不易起尘、易清洁、高强度、耐冲击、色彩和款式方面有广泛的选择性、成本低和绿色环保等特点,是目前园林、市政、停车场、公园小道、商业和文化设施领域道路材料的理想选择。压印地坪系统由六个部分组成，即彩色强化剂、彩色脱模粉、封闭剂、专业模具、专业工具和专业的施工工艺。通过六个部分的搭配与完美组合，对混凝土表面进行彩色装饰和艺术处理后，其表面所呈现出的色彩和造型凹凸有致、纹理鲜明、天然仿真、充满质感，其艺术效果超过花岗岩、青石板等，既美化了城市地面，又节省了采用天然石材所带来的高昂费用。

（二）清水混凝土

清水混凝土是一次浇筑成型的混凝土，成型后不做任何外装饰，只是在表面涂一层或两层透明的保护剂，直接采用现浇混凝土的自然表面效果作为装饰面。其表面平整光滑、色泽均匀、棱角分明、无碰损和污染，清水混凝土天然纯朴，富有沉稳、朴实、清雅的美感和韵味。

由于清水混凝土结构一次成型，不剔凿、不抹灰，减少了大量建筑垃圾，也不需要装饰，舍去了涂料、饰面等化工产品，而且避免了抹灰开裂、空鼓甚至脱落等质量隐患，减轻了结构施工的漏浆、楼板裂缝等质量通病。随着我国混凝土行业节能环保和提高工程质量的呼声越来越高，清水混凝土的研究、开发和应用已引起了人们的广泛关注。虽然清水混凝土结构需要精工细作，工期长，结构施工阶段投入的人力、物力大，使用成本要比使用普通混凝土高出 20% 左右，但由于舍去抹灰、装饰面层等内容，减少了维护费用，最终降低了工程总造价。我国清水混凝土施工操作多依赖人工，施工机械化、标准化程度不高，结构设计与施工技术还有待进一步的理论研究和实践应用。一般来说，清水混凝土材料大多用于建筑物中，也常用于环境景观中的景墙、花池等建筑物。

（三）彩色混凝土

1. 彩色混凝土的基本知识

彩色混凝土（又称彩色混凝土地坪）是用彩色水泥或白水泥掺加颜料以及彩色粗、细骨料和涂料罩面来实现的，可分为整体着色混凝土和表面着色混凝土两种。整体着色混凝土是用无机颜料混入混凝土拌合物中，使整个混凝土结构具有同一色彩。表面着色混凝土是将水泥、砂、无机颜料均匀拌合后干撒在新成型的混凝土表面并抹平，或用水泥、粉煤灰、颜料、水拌合成色浆，喷涂在新成型的混凝土表面。

彩色混凝土地坪是一种近年来流行于美国、加拿大、澳大利亚、欧洲并在世界主要发达国家迅速推广的绿色环保装饰混凝土。它能在原本普通的新、旧混凝土表层上，通过对色彩、色调、质感、款式、纹理、肌理和不规则线条的创意设计，以及图案与颜色的有机组合，创造出各种仿天然大理岩、花岗岩、砖、瓦、木地板等天然石材的铺设效果，具有图形美观自然、色彩真实持久、质地坚固耐用等特点。彩色混凝土地坪采用的是表面处理技术，它在混凝土基层面上进行表面着色强化处理，以达到装饰混凝土的效果，同时对着色强化处理过的地面进行渗透保护处理，以达到洁净地面与保养地面的要求。因此，彩色混凝土地坪的构造包括混凝土基层、彩色面层、保护层，这样的构造是良好性能与经济要求平衡的结果。

2. 彩色混凝土的用途

彩色混凝土地坪广泛应用于住宅、社区、商业、市政等各种场合所需的人行道，以及公园、广场、游乐场、小区道路、停车场、庭院、地铁站台等，具有极高的安全性和耐用性。同时，它施工方便，无须压实机械，颜色也较为鲜艳，并可形成各种图案，更重要的是，它不受地形限制。彩色混凝土可以通过红、绿、黄等不同的色彩与特定的图案相结合的方式达到不同的功能需要，如警戒、引导交通、功能分区等。

（四）露石混凝土

露石混凝土（图 1-1）也称露骨料装饰混凝土，是指在混凝土硬化前或硬化后，通过一定工艺手段使混凝土骨料适当外露，凭借骨料的天然色泽、粒形、质感和排列达到一定装饰效果的混凝土。其制作工艺包括水洗法、缓凝法、水磨法、抛丸法和凿剁法等。

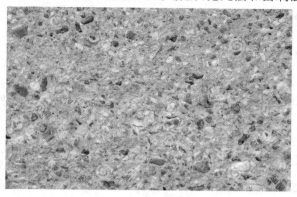

图 1-1　露石混凝土

露石混凝土具有降噪、抗滑、不眩光以及方便操作和灵活施工等特点，其色彩随表层剥落的深浅和水泥、砂石的种类而异，宜选用色泽明快的水泥和骨料。因大多数骨料色泽稳定、不易受到污染，故露石混凝土的装饰耐久性好，并能够营造现代、复古、自然等多种环境氛围，是一种很有发展前景的装饰材料。在景观园林中，露石混凝土大多用于路面铺设和花池、景墙等的装饰。

（五）天然砾石聚合物仿石地面

天然砾石聚合物仿石地面（图 1-2）是装饰性混凝土技术的突破，是目前国际上最新的高科技环保材料及铺装技术，在国外已成功得到广泛的应用，其最大的特点是整体浇筑、仿石效果好、承载力高，同时在地面构图设计方面具有很大的灵活度，是一种经济的、富于创意的和环境友好的地坪技术系统。

图 1-2　天然砾石聚合物仿石地面

三、纤维混凝土

纤维混凝土是在混凝土中掺入纤维而形成的复合材料，它具有普通钢筋混凝土没有的许多优良特性，在抗拉强度、抗弯强度、抗裂强度和冲击韧性等方面较普通混凝土有明显的改善。

常用的纤维材料有钢纤维、玻璃纤维、石棉纤维、碳纤维和合成纤维等。所用的纤维必须具有耐碱、耐海水、耐气候变化的特性。国内外研究和应用钢纤维较多,因为钢纤维对抑制混凝土裂缝的形成、提高混凝土抗拉和抗弯强度、增加韧性效果最佳。

四、沥青混凝土

沥青混凝土亦称沥青混合料,是由沥青、粗细骨料和矿粉按一定比例拌合而成的一种复合材料。沥青混合料有良好的力学性能和抗滑性能、噪声小、经济耐久、排水性良好、可分期加厚路面等优点,但是其易老化、感温性强。

用于景观建设中的沥青混凝土主要有透水性脱色沥青混凝土、改性沥青混凝土、彩色热轧沥青混凝土、彩色骨料沥青混凝土、铁丹沥青混凝土、脱色沥青混凝土、软木沥青混凝土。

透水性脱色沥青混凝土是用受热后可以伸缩的石油树脂和透水性原料的混合物做面层,可用颜料进行着色,不加颜料的原料则多掺入砂粒,表面较沥青混凝土易老化。

改性沥青混凝土是添加改性剂(聚合物、抗剥落剂和抗老化剂)的沥青混凝土,其中聚合物改性剂是研究最多、应用最广的一种。

彩色热轧沥青混凝土是在细粒沥青混凝土表面上均匀散布彩色骨料,并通过机械压实的施工方法使其坚固的一种沥青混凝土。

彩色骨料沥青混凝土是用彩色骨料作为细粒沥青混凝土的添加材料。

铁丹沥青混凝土是用无机红色颜料代替通常使用的矿粉掺入沥青混凝土中,使混凝土呈茶色的一种沥青混凝土。

脱色沥青混凝土是利用与沥青混凝土相类似的受热后可伸缩的石油树脂做表层,并可添加颜料,但颜色不鲜艳,易老化。

软木沥青混凝土是一种掺入 $\phi1 \sim \phi5$ mm 的轻型有弹性软木颗粒的沥青混凝土混合物,并把它铺平压实的工艺,基层用沥青混凝土有平滑、耐久、耐腐蚀的优点。

五、绿化混凝土

绿化混凝土指能够适应绿色植物生长、进行绿色植被的混凝土及其制品,有以下三种类型。

(一)孔洞型绿化混凝土块体材料

孔洞型绿化混凝土块体材料与普通混凝土材料相同,只是在块体材料的形状上设计了一定比例的孔洞,进行现场拼装,此法连续性差,易出现破碎、局部沉降等现象,不适合大面积、大坡度、连续性的地面绿化;二是 Grasscape 超级植草地坪系统,这是一种现场制作的连续多孔质的草皮混凝土铺地系统,并可根据承重要求加以钢筋强化,绿化率达 60% 以上,可用于有荷载要求的绿化铺装、护坡、护岸等。

(二)多孔连续型绿化混凝土

以多孔连续型混凝土为骨架结构,内部存在一定量的连通孔隙,可为混凝土表面的绿色植物提供根部生长、养分吸取的空间,可作为护坡绿化材料。

(三)孔洞型多层结构绿化混凝土块体材料

孔洞型多层结构绿化混凝土块体材料上下层均为多孔混凝土板,上层均匀设置直径约 10 mm 的孔洞,多孔混凝土板本身的孔隙率为 20% 左右,强度约 10 MPa;底层不带孔洞,孔隙率小于上层,做成凹槽形,两层复合形成中间有培土空间,上层有植物生长孔的夹层块体。可用于墙体顶部等不能与土壤直接相连部位的绿化。

六、透水性混凝土

到目前为止,用于道路和地面铺装的透水性混凝土主要有以下两种类型。

(一)透水性水泥混凝土

以硅酸盐类水泥为胶结材料,采用单一粒级的粗骨料,不用细骨料配制的无砂、多孔混凝土。该种混凝土一般采用较高强度的水泥,焦灰比为 3.0～4.0,水灰比为 0.3～0.35。混凝土拌合物较干硬,采用压力成型,形成连通孔隙的混凝土。硬化后的混凝土内部通常含有 15％～25％ 的连通孔隙,相应表观密度低于普通混凝土。该种透水性混凝土成本低,制作简单,适用于用量较大的道路铺装,而且耐久性好,但强度、耐磨性及扰冻性有待提高。

(二)透水性沥青混凝土

它是采用单一粒级的粗骨粒,以沥青或高分子树脂为胶结材料配制而成的透水性混凝土。与透水性水泥混凝土相比,该种混凝土强度较高,但成本高。同时由于有机胶凝材料耐候性差,在大气因素作用下容易老化,且性质随温度变化比较敏感,尤其是温度升高时,容易软化流淌,使透水性受到影响。

七、混凝土制品

(一)混凝土制品的基本知识

混凝土在景观工程中发挥了巨大的作用,如用于基础结构、地面铺装、表面装饰与涂抹等。在工艺上来讲,除现场浇筑之外,还可以做成多种多样的预制混凝土制品,如景观中常见的路面砖、装饰砌块、装饰面板、彩色混凝土瓦、管、盖板、仿木护栏、仿石墙砖等。

混凝土制品是以混凝土(包括砂浆)为基本材料制成的产品,一般由工厂预制,然后运到施工现场铺设或安装。对于大型或重型的制品,由于运输不便,也可在现场预制。混凝土制品根据用途和结构有配筋和不配筋之分,不仅在建筑、交通、水利、农业、电力和采矿等部门广泛利用,如混凝土管、钢筋混凝土电线杆、钢筋混凝土桩、钢筋混凝土轨枕、预应力钢筋混凝土桥梁、钢筋混凝土矿井支架等,在环境景观的建设中也发挥了巨大的作用,如做成形式多样的各类混凝土制品(图1-3)。

图 1-3 混凝土制品

混凝土制品的发展有着得天独厚的条件。首先,原材料资源非常丰富,还可以利用粉煤灰、煤矸石等工业废渣和尾矿；第二，有成熟的搅拌、制作工艺，保证其性能和耐久性好；第三，混凝土拌合物容易着色，易于成型；第四，可加工性好，可加工出不同的模块；第五，应用范围广泛，可广泛应用于工业与民用建筑及园林、市政等工程；第六，可获得较好的经济效益。发达国家把混凝土砌块作为主要的墙体材料之一，其具有装饰、防水、保温、隔热等功能。在环境景观建设中，混凝土制品有着极强的可塑性，不仅其厚薄、长短、宽窄可任意调整、任意切割，而且可以任意钻孔、雕刻、拼接，可以形成规格、色彩、造型与亮度各不相同的制品。混凝土制品（图1-4）整体感强，浑然天成，硬度远超石材，并具有较强的观赏性，能够最大限度地满足人们对产品的艺术追求和对产品艺术美的享受，这一点是任何建筑装饰材料都无法与之相媲美的，除此之外，还具有不计损耗、减少成本开支等特点。

图1-4　混凝土制品

（二）景观中常用混凝土制品的种类

1.透水砖

（1）透水砖的概念

透水砖（图1-5）源于荷兰，在荷兰人进行围海造城的过程中，发现排开海水后露出的地面会因为长期接触不到水分而持续不断地沉降。一旦海岸线上的堤坝被冲开，海水会迅速冲到比海平面低很多的城市里，把整个临海城市全部淹没。为了使地面不再下沉，荷兰人制造了一种长100 mm、宽200 mm、高50 mm或60 mm的小型路面砖，铺设在街道路面上，并在砖与砖之间预留了2 mm的缝隙。这样在下雨时，雨水会从砖之间的缝隙中渗入地下。

图1-5　透水砖

（2）透水砖的技术参数要求

①抗压性能：最高达到 30 MPa 以上，即混凝土标号达到 C25 标准以上。

②抗弯性能：达到 3.5 MPa 以上。

③抗冻性能：25 次"冻融循环"内无缺棱少角、无贯穿裂缝、无颜色变化，质量损失小于 6%。

④孔隙率：17%～25%。

（3）透水砖的优点

①景观用透水砖具有良好的透水和透气性能，可以使地上的雨水迅速渗入地下，补充地下水，使土壤保持一定的湿度，并改善城市地面种植的植物和土壤微生物的生存条件。

②景观用透水砖可以吸收水分和热量、调节地面局部空间的温度和湿度，对于调节城市小气候和微循环、缓解城市热岛效应有较大的作用。

③景观用透水砖可以减轻城市的排水和防洪压力，并对预防公共地区水域的污染和污水的处理具有良好的效果。

④景观用透水砖在下雨后地面不积水，下雪后地面不打滑，使得人们能方便出行。

⑤景观用透水砖的表面有微小的凹凸颗粒，可以防止路面反光，并能吸收车辆在行使过程中产生的噪声，提高车辆通行的舒适性。

⑥景观用透水砖的色彩比较丰富，铺设效果自然朴实。

（4）透水砖的种类

透水砖可分为普通透水砖、聚合物纤维混凝土透水砖、彩石复合混凝土透水砖、彩石环氧通体透水砖、混凝土透水砖。

①普通透水砖。普通透水砖（图 1-6）的材质为普通的碎石或者多孔混凝土材料，经过压制成型，普通透水砖多用于一般街区的人行道和广场，是一般化的地面铺装材料。

图 1-6　普通透水砖

②聚合物纤维混凝土透水砖。聚合物纤维混凝土透水砖（图 1-7）的材质是以花岗岩为石骨料。混合高强水泥或者水泥聚合物增强剂，并掺有聚丙烯纤维，经过比较严格的配料比搅拌后再经过压制而成。通常用于市政和大型工程或者住宅小区的人行道以及广场和停车场等重要场地的铺设。

③彩石复合混凝土透水砖。彩石复合混凝土透水砖是由天然的彩色花岗岩或者大理岩，加上改性环氧树脂进行胶合，再加上底层有碳合物纤维的多孔混凝土后压制成型。彩石

图 1-7　聚合物纤维混凝土透水砖

复合混凝土透水砖面层花样华丽,色彩丰富,拥有石材一样的质感,在与混凝土结合后,强度会高于石材但成本则只略高于混凝土透水砖,是一种既经济又高档的地面铺装材料,通常用于大型广场以及酒店停车场和部分高档别墅小区等。

④彩石环氧通体透水砖。彩石环氧通体透水砖(图 1-8)的材质中的骨料为天然的彩石,骨料和进口的改性环氧树脂胶合,再经过特殊工艺加工,即可制成彩石环氧通体透水砖。彩石环氧通体透水砖可以预制,也可以在现场进行浇制,并可以拼出各种各样的艺术图形和色彩感强烈的线条,给人们一种独特的、赏心悦目的感受,通常用于高档园林景观工程和高档别墅小区。

图 1-8　彩石环氧通体透水砖

⑤混凝土透水砖。混凝土透水砖的材质为河砂、水泥、水,再添加一定比例的透水剂,即可制成混凝土制品。此产品与树脂透水砖、陶瓷透水砖、缝隙透水砖相比,生产成本低、制作流程简单、易操作,广泛用于高速公路、飞机场跑道、车行道、人行道、广场路面、景观街道、园林建筑、景观公园等室外公共地面。

2. 废弃混凝土及制品的景观再利用

在生态可持续发展的背景下,景观材料的利用有了新的样式。特别是废旧材料的再利用,更是时代的诉求。城市的不断更新难免产生建筑、道路、桥梁等的拆除现象,进而就会产生建筑垃圾。这些所谓的建筑垃圾主要是废旧混凝土,其中包括钢筋混凝土块、混凝土块、混凝土管道、混凝土构件、混凝土砌块及混凝土预制品等。处理这些废弃混凝土的方式一般是用于填埋。目前废弃混凝土再利用主要有两种方式:一种是进行简单的粉碎、磨细或煅烧,将骨料和硬化水泥浆一起使用;另一种是将混凝土骨料和硬化水泥浆分离,用各种方式将其分别处理再利用。这两种方式一般用于道路垫层、土石坝、路基稳定剂、制作蒸压制品和再生混凝土，但最为简单、环保、低耗的方式是通过设计直接将废弃混凝土变废为宝，根据其特点作为景观中的构成要素。如花池、汀步、铺装、雕塑、座椅、构筑物以及景观小品等。

第三节　混凝土材料的施工工艺

一、主要施工机具

主要施工机具有模板、模具、振动棒、整平滚筒、收浆抹平机、切缝机、混凝土布料机、整平机、水泥路缘成型机、冲击钻机、刻纹机、振捣机、破碎机、带电振动整平机、平铁锹、木杆、锤子、手推测距仪、靠尺、钢卷尺、夯土机、夯实机等。

由于混凝土材料易于塑形，所以模板及模具在施工工艺中起着重要的作用。模板是由木制板材或金属板材临时构成的结构，用于使混凝土成型。当混凝土硬化到足够程度后，模板即可被撤除。这些板材需要由木制或金属制的结构（脚手架或定心装置）支承，不同的形式和结构需要不同种类的模板。具有装饰效果的模板主要有三种：第一种是在普通大模板上进行加工处理，将角钢、瓦楞铁、压型钢板等固定在所需部位，或将聚氨酯粘贴在模板上，塑出一定的线型、花纹，或在模板局部或全部粘贴橡胶衬模；第二种是用材质和纹理好的木模板制作出木纹清晰的混凝土；第三种是使用建筑铝模板上的纹理达到装饰效果。这类装饰混凝土工艺的优点是结构、功能与装饰相结合，减少现场抹灰工程，减轻建筑物自重，省工省料，从根本上解决了粉刷脱落的问题，并显著提高了装饰工程的质量。

二、施工工艺

（一）装饰混凝土的施工工艺

装饰混凝土的施工工艺分为预制工艺和现浇工艺。预制工艺又分为正打成型工艺、反打成型工艺和露骨料工艺等，现浇工艺有立模工艺等。

1. 正打成型工艺

正打成型工艺多用在大板建筑的墙板预制，它是在混凝土墙板浇筑完毕，水泥初凝前后，在混凝土表面进行压印，使之形成各种线条和花饰。根据其表面的加工工艺方法不同，可分为压印和挠刮两种方式。压印工艺一般有凸纹和凹纹两种做法。挠刮工艺是在新浇筑的壁板表面上，用硬毛刷等工具挠刮形成一定的毛面质感。

2. 反打成型工艺

反打成型工艺主要分为预制平模反打工艺和预制反打成型工艺两种，即在浇筑混凝土的底面模板上做出凹槽，或在底模上加垫具有一定花纹、图案的衬模，拆模后使混凝土表面具有线型或立体装饰图案。预制平模反打工艺通过在钢模底面上做出凹槽，能形成尺寸较大的线型。预制反打成型工艺采用衬模，不仅工艺比较简单，而且制成的饰面质量也较好。

3. 露骨料工艺

露骨料工艺是指在混凝土硬化前或硬化后，通过一定的工艺手段使混凝土骨料适当外露，以骨料的天然色泽和不同的排列组合造型，达到一定的装饰效果的工艺。露骨料混凝土的制作工艺有水洗法、缓凝剂法、酸洗法、水磨法、喷砂法、抛丸法、凿剁法、火焰喷射法和劈裂法等。

（二）压印混凝土的施工工艺

（1）按照混凝土施工流程完成支模、摊铺、振捣、提浆、找平；

(2)在混凝土初凝前用镁合金大抹刀将混凝土表面抹平;

(3)用专用镁合金收边抹刀将边角按要求进行收边处理;

(4)分两次将彩色强化料均匀撒在混凝土表面;

(5)用模具交替进行压模,模具之间必须排列紧凑,压模要一次成型,避免重复印压;

(6)压模完成三天后,均匀洗刷地坪表层。

(三)绿化混凝土的施工工艺

这个工艺流程与普通混凝土护坡浇筑的流程基本一致,只是多了一道覆土植草的工序,并且这道工序根据具体情况,有时还可以省略。根据组成结构不同,绿化混凝土有三种类型:孔洞型绿化混凝土块体材料,多孔连续型绿化混凝土块体材料,孔洞型多层结构绿化混凝土块体材料。

1.绿化混凝土的工艺系统

工艺系统主要分为以下三部分。

(1)供料系统:搅拌机、皮带运输机和其他运输设备,其作用是将绿化混凝土运送至作业面;

(2)铺装系统:使用专用的铺装机械铺装混凝土;

(3)碾压系统:采用回转式碾压机经过旋转、振动碾压,使混凝土成型。

2.绿化混凝土的施工流程

坡面平整→安装多孔混凝土砌块→配制绿化混凝土基料→喷填基料→表面铺客土及播种→铺盖草帘→养护出苗及修剪。

(四)透水混凝土地坪的施工工艺

1.物质准备

透水混凝土(又称透水混凝土地坪)的施工实质上与水泥混凝土的施工类似,其原料中仅少了砂子,用一定拉度的碎石高料替代了骨料。透水混凝土地坪结构如图1-9所示。

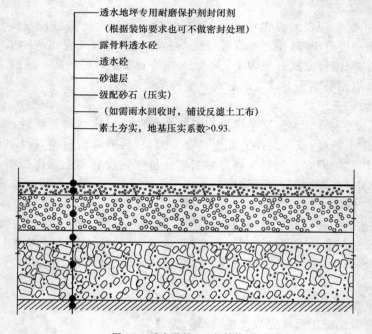

透水地坪专用耐磨保护剂封闭剂
（根据装饰要求也可不做密封处理）
露骨料透水砼
透水砼
砂滤层
级配砂石（压实）
（如需雨水回收时,铺设反滤土工布）
素土夯实,地基压实系数>0.93.

图1-9　透水混凝土地坪结构图

透水混凝土的搅拌采用小型卧式搅拌机。搅拌机最佳的设置方位是施工现场的中段,因透水混凝土属于干料性质的混凝土,其初凝快,所以运输时间应尽量短。为防止混凝土弄脏施工场地,搅拌机下部的一定范围需设置防护板。

施工中需要用到的工具有:施工机械、推车、瓦工工具、立模用的木料或型钢、三相电、普通自来水(连接到搅拌设备旁)。

(五)混凝土石(砖块)的施工工艺

由于混凝土石(砖块)的大多数材料形式是预制好的,所以其施工工艺要满足垫层的基础处理、垫层及地表的排水处理、边缘处理及细部工艺等要求。由于混凝土石材料具有透水性,所以对基础垫层的要求很高,其基层结构如图 1-10 所示。基层均需要振动器压实确保其稳固性,填充层一般是粗孔材料,如粗砾石、矿渣和建筑废料等,以保证透水性,避免内涝,要在做基础垫层时埋设坡度不小于 0.5% 的排水管道。铺设混凝土石面层时,注意铺装形式要工整,一般采用打标桩的方法来定位;如有圆形图案,可利用拉线法确保形态的规整;若是弧线,则需要借助网格放线法来确定形态。

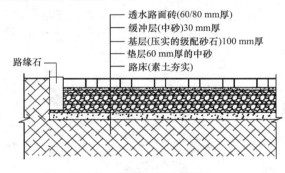

透水路面砖(60/80 mm厚)
缓冲层(中砂)30 mm厚
基层(压实的级配砂石)100 mm厚
垫层60 mm厚的中砂
路床(素土夯实)
路缘石

图 1-10　混凝土石基层结构图

(六)清水混凝土的施工工艺

1. 模板的施工工艺

(1)模板设计、加工

根据清水混凝土墙的高度、长度及厚度,对墙面禅缝、明缝进行设计,墙面模板一般采用 1 220 mm×2 440 mm×12 mm 的覆膜竹胶板进行拼装,因为覆膜竹胶板具有强度高、韧性好、表面光滑、幅面宽、拼缝少、容易脱模等特点。

(2)模板安装

在基础砼浇筑完毕后,基础顶的砼高程要进行严格控制,以确保上墙体模板的水平。模板垂直度的控制是工序中的关键,每块模板在固定前都要严格控制。模板在脚手架上的垂直运输采用手葫芦,水平运输采用人工搬运。模板在搬运过程中要对使用面进行保护,确保不被损伤。为保证模板与模板间不漏浆,在模板的缝中贴双面胶,保证两块模板间连接紧密。模板安装前要擦拭干净,在表面均匀涂上脱模剂。

(3)模板对拉螺栓的布置

采用对拉螺栓加固,穿墙套管要加定位堵头以保证穿墙孔眼的位置严密,防止漏浆,穿墙套管的强度要足够,定位模板间距,抵抗新浇筑混凝土的液态压力,从而不产生因与模板间隙过大而漏浆的现象。

2. 清水混凝土的浇筑

浇筑前做好计划和协调准备工作,选用硅酸盐水泥和矿渣水泥,且水泥的等级不低于42.5级,在整个场体施工中水泥应为同一厂家、同一品种、同一强度等级、同一批号。方能保证混凝土表面观感一致,质感自然。必须严格控制好预拌混凝土的质量,保证混凝土性能的均一性。混凝土必须连续浇筑,施工缝须设在明缝处,避免因产生施工冷缝而影响混凝土的观感质量。掌握好混凝土的振捣时间,以混凝土表面呈现均匀的水泥浆、不再有显著下沉和大量气泡上冒时为准。为减少混凝土表面气泡,宜采用二次振捣工艺,第一次在混凝土浇筑入模时振捣,第二次在第二层混凝土浇筑前再进行,顶层混凝土一般在0.5 h后进行二次振捣。

3. 清水混凝土的养护

完成后的混凝土工程在强度达到3 MPa(冬期不小于4 MPa)时拆模。拆模后应及时养护,以减少混凝土表面出现色差、收缩裂缝等现象。清水混凝土常采取覆盖塑料薄膜或阻燃草帘并与洒水养护相结合的方法,拆模前和养护过程中均应经常洒水保持湿润,养护时间不少于7天。冬季施工时若不能洒水养护,可采用涂刷养护剂与覆盖塑料薄膜、阻燃草帘相结合的养护方法,养护时间不少于14天。

第二章　景观石质材料与施工工艺

天然石材具有强度高、装饰性好、耐久性高、来源广泛等特点。由于现代开采与加工技术的进步,使得石材在景观工程中得到了广泛的应用。

第一节　石质材料的基础知识

一、石材的特点

天然岩石是矿物的集合体,大多数岩石是由多种造岩矿物组成的。

天然岩石按其成因可分为岩浆岩、沉积岩和变质岩,具体见表 2-1。

表 2-1　　　　　　　　　　　天然岩石分类

岩浆岩	大块岩	深成岩:花岗岩、正长岩、闪长岩、辉长岩
		喷出岩:斑岩、辉绿岩、玄武岩、安山岩、粗面岩
	碎片岩	散粒状:火山灰
		胶结状:火山凝灰岩
沉积岩	化学沉积岩	石膏、白云石、菱镁矿
	有机沉积岩	石灰岩、白坚、贝壳岩、硅藻土
	机械沉积岩	散粒状:黏土、砂、砾石
		胶结状:砂岩、砾岩、角砾岩
变质岩	岩浆岩变质岩	片麻岩
	沉积岩变质岩	石英岩、大理岩、页岩

大多数岩石偏于结晶结构,少数岩石具有玻璃质结构。结晶质的岩石具有较高的强度、韧性、化学稳定性和耐久性等。岩石的晶粒越小,强度越高,韧性和耐久性越好。岩石的孔隙率较大,并带有黏土矿物时,岩石的强度、抗冻性、耐水性及耐久性等会显著下降。

岩石没有确定的化学组成和物理力学性质,同种岩石,产地不同,其各种矿物的含量、颗粒结构均有差异,因而颜色、强度、耐久性也有差异。

(一)石材的主要技术性质

1. 表观密度

石材的表观密度与矿物组成及孔隙率有关。致密的石材如花岗石和大理石等,其表观密度接近于密度,为 2 500~3 100 kg/m³,称为重质石材,可作为建筑物的基础、贴面、地面、房屋外墙、桥梁和水工建筑物等。孔隙率较大的石材,如火山凝灰岩、浮石等,其表观密度较小,为 500~1 700 kg/m³,称为轻质石材,一般用作墙体材料。

2. 吸水性

石材的吸水性主要与其孔隙率和孔隙特征有关。孔隙特征相同的石材,孔隙率越大,吸水率也越高。石材吸水后强度降低,抗冻性变差。导热性增加,耐水性和耐久性下降。表观密度大的石材,孔隙率小,吸水率也小。

3. 耐水性

石材的耐水性以软化系数来表示。根据软化系数的大小,石材的耐水性分为高、中、低三等,软化系数大于 0.90 的石材为高耐水性石材;软化系数为 0.70～0.90 的石材为中耐水性石材;软化系数为 0.60～0.70 的石材为低耐水性石材。景观建筑工程中使用的石材,软化系数应大于 0.80。

4. 抗冻性

抗冻性是指石材抵抗冻融破坏的能力。是衡量石材耐久性的一个重要指标。石材的抗冻性与吸水率大小有密切关系。一般吸水率大的石材,抗冻性能较差,另外,抗冻性还与石材吸水饱和程度、冻结温度和冻融次数有关。石材在水饱和状态下,经规定次数的冻融循环作用后,若无贯穿裂缝且重量损失不超过 5%,强度损失不超过 25% 时,则抗冻性合格。

5. 耐火性

石材的耐火性取决于其化学成分及矿物组成。由于各种造岩矿物热膨胀系数不同。受热后体积变化不一致,将产生内应力而导致石材崩裂破坏。另外,在高温下造岩矿物会产生分解或晶型转变。如含有石膏的石材,在 100 ℃ 以上时即开始破坏;含有石英和其他矿物结晶的石材如花岗石等,当温度在 573 ℃ 以上时,由于石英受热膨胀,强度会迅速下降。

6. 抗压强度

天然石材的抗压强度取决于岩石的矿物组成、结构、构造特征、胶结物质的种类及均匀性等。如花岗石的主要造岩矿物是石英、长石、云母和少量暗色矿物,若石英含量高,则强度高,若云母含量高,则强度低。

石材是非均质和各向异性的材料,而且是典型的脆性材料,其抗压强度高、抗拉强度比抗压强度低得多,为抗压强度的 1/20～1/10,测定岩石抗压强度的试件是尺寸为 50 mm×50 mm×50 mm 的立方体。按吸水饱和状态下的抗压极限强度平均值的大小,天然石材的强度等级分为 MU100、MU80、MU60、MU50、MU40、MU30、MU20、MU15、MU10 九个等级。

7. 硬度

天然石材的硬度以莫氏或肖氏硬度表示,它主要取决于组成岩石的矿物硬度与构造。凡由致密、坚硬的矿物所组成的岩石,其硬度较高;结晶质结构硬度高于玻璃质结构;构造紧密的岩石硬度也较高。岩石的硬度与抗压强度有很好的相关性,一般抗压强度高的其硬度也大。岩石的硬度越大,其耐磨性和抗刻画性能越好,但表面加工越困难。

8. 耐磨性

石材耐磨性是指石材在使用条件下抵抗摩擦、边缘剪切以及撞击等复杂作用而表面不被磨损(耗)的性质。耐磨性包括耐磨损性和耐磨耗性两个方面。耐磨损性以磨损度表示,它是石材受摩擦作用时,其单位摩擦面积产生的质量损失的大小。耐磨耗性以磨耗度表示,它是石材同时受摩擦与冲击作用时,其单位面积产生的质量损失的大小。

石材的耐磨性与岩石组成矿物的硬度及岩石的结构和构造有一定的关系,一般而言,岩石强度高,构造致密,则耐磨性也较好。用于建筑工程中的石材,应具有较好的耐磨性。

(二)石材的编号与规格

天然石材统一编号是将石材按照天然大理石、天然花岗石、天然板石的三个大类分类,其后加上中华人民共和国各行政区划代码,再加上该石材在各行政区划顺序编号而进行的统一编号。

天然石材统一编号是由一个英文字母和四位阿拉伯数字两部分组成。英文字母为大理石、花岗石、板石英文名称的首位大写字母:

花岗石(granite)用"G"表示;大理石(marble)用"M"表示,板石(slate)用"S"表示。

前面两位数字为《中华人民共和国行政区划代码》中规定的我国各省、自治区、直辖市行政区划代码;后两位数字为各省、自治区、直辖市所编的石材品种序号。例如:G1306,名称为承德燕山绿,G为花岗石,前两位数13是河北省代码,后两位数06是河北省花岗石品种序号;M1101,名称为房山高庄汉白玉,M为大理石,前两位数11是北京市代码,后两位数01是大理石在北京地区的品种序号;S1115,名称为霞云岭青板石,S为板石,前两位数11是北京市代码,后两位数15是北京地区板石品种序号。

(1)大理石荒料(长×宽×高)大料:2 800 mm×800 mm×1 600 mm;

中料:2 000 mm×800 mm×1 300 mm;

小料:1 000 mm×500 mm×400 mm。

(2)花岗石荒料(长×宽×高)大料:2 450 mm×1 000 mm×1 500 mm;

中料:1 850 mm×600 mm×950 mm;

小料:650 mm×400 mm×500 mm。

二、砌筑用石材

(一)砌筑用石材类别

用于砌筑工程的石材主要有以下类型。

1. 毛石

毛石是在采石场将岩石经爆破等方法直接得到的形状不规则的石块。按外形毛石分为乱毛石和平毛石两类。乱毛石是表面形状不规则的石块;平毛石是将石块略经加工,大致有两个平行面的毛石。建筑用毛石一般要求中部厚度不小于150 mm,长度为300~400 mm,质量为20~30 kg,抗压强度应在MU10以上,软化系数应大于0.80。毛石主要用于砌筑基础、勒脚、墙身、挡土墙、堤岸及护坡等,也可用于配制片石混凝土。

2. 料石

料石是指经人工或机械加工而成的,形状比较规则的六面体石材。按照表面加工的平整程度分为毛料石、粗料石、半细料石和细料石四种。毛料石是表面不经加工或稍加凿琢修整的料石,叠砌面凹凸深度应不大于25 mm;粗料石表面经加工后凹凸深度应不大于20 mm;半细料石表面加工凹凸深度应不大于15 mm;细料石表面加工凹凸深度应不大于10 mm。料石根据加工程度不同,可用于砌筑基础、石拱、台阶、墙体等处。

3. 广场地坪、园路用石材

广场地坪、园路用石材主要有石板、条石、方石、拳石、卵石等，这些石材要求具有较高的强度和耐磨性，良好的抗冻和抗冲击性能。

(二) 砌筑用石材应用注意事项

(1) 毛料石和粗料石砌体不宜大于 20 mm；细料石砌体不宜大于 5 mm。

(2) 砌筑毛料石基础的第一皮石块应坐浆，并将大面向下；砌筑粗料石基础的第一皮石块应用丁砌层坐浆砌筑。

(3) 砌筑毛石挡土墙时，每砌 3～4 皮石块为一个分层高度，每个分层高度应找平一次；外露面的灰缝厚度不得大于 40 mm，两个分层高度间分层处的错缝不小于 80 mm。

(4) 料石挡土墙，当中间部分用毛石砌筑时，料石伸入毛石部分的长度不应小于 200 mm。

三、饰面石材

饰面石材是指用于建筑物表面起装饰和保护作用的石材，主要用于建筑物内外墙面、柱面、地面、台阶、门套、台面等处。常用的天然饰面石材主要有大理石和花岗石。

(一) 天然大理石

景观工程材料中所说的大理石范围较广，除了大理石加工的石材外还包括变质岩中部分蛇纹岩和石英岩，以及质地致密的部分沉积岩，如白云岩等。

质地纯的大理石为白色，俗称汉白玉。汉白玉产量较少，是大理石中的优良品种。多数大理石因混有杂色物质，故有各种色彩或花纹，形成众多品种。

天然大理石结构比较致密。表观密度 $2\,500～2\,700$ kg/m^3，抗压强度较高达 $60～150$ MPa，硬度不高，莫氏硬度 $3～4$，耐磨性好而且易于抛光或雕琢加工，表面可获得细腻光洁的效果。

装饰工程中用的天然大理石多为经机械加工而成的板材，包括直角四边形的普通型板材 (N 形)、异型 (S 形或弧形等) 板材。建材标准《天然大理石建筑板材》(GB/T 19766—2005) 根据板材加工规格尺寸的精度以及正面外观缺陷划分为优等品 (A 级)、一等品 (B 级) 和合格品 (C 级) 三个质量等级。见表 2-2 和表 2-3。并要求同一批板材的花纹色调应基本一致。

表 2-2　　　　普通大理石板材的规格尺寸及允许偏差　　　　mm

规　格			允许偏差		
			优等品	一等品	合格品
规格尺寸允许偏差	长、宽		0 −1.0	0 −1.0	0 −1.5
	厚度	≤12	±0.5	±0.8	±1.0
		>12	±1.0	±1.5	±2.0
平面允许极限公差	≤400		0.20	0.30	0.50
	400～800		0.50	0.60	0.80
	>800		0.70	0.80	1.00
角度允许极限公差	≤400		0.30	0.40	0.50
	>400		0.40	0.50	0.70

表 2-3　　　　　　　　　　大理石板材正面外观缺陷要求

名称	规定内容	优等品	一等品	合格品
裂纹	长度超过 10 mm 的不允许条数（条）		0	
缺棱	长度不超过 8 mm，宽度不超过 1.5 mm（长度 ≤4 mm，宽度 ≤1 mm 不计），每米允许个数（个）	0	1	2
缺角	沿板材边长顺延方向，长度≤3 mm，宽度≤3 mm（长度≤2 mm，宽度≤2 mm 不计），每块板允许个数（个）	0	1	2
色斑	面积不超过 6 cm²（面积小于 2 cm² 不计），每块板允许个数（个）	0	1	2
砂眼	直径在 2 mm 以下		不明显	有，不影响装饰效果

大理石的抗风化能力较差。由于大理石的主要组成成分 $CaCO_3$ 为碱性物质，当受到酸雨或空气中酸性氧化物如 CO_2、SO_2 等遇水形成的酸类侵蚀时，表面会失去光泽，甚至出现斑孔现象，从而降低了建筑物的装饰效果，特别是大理石中的有色物质很容易在大气中溶出或风化。因此除了汉白玉等少数纯正品种外，多数大理石不宜用于室外装饰。

另外镜面磨光或抛光的装饰薄板，在粘贴施工后表面局部易出现返碱、起霜、水印等现象。为防止该现象发生，应选用吸水率低，结构致密的石材。粘贴用的胶凝材料应选用阻水性好的材料，或在施工后及时勾缝、打蜡。

（二）天然花岗石

景观工程材料中所说的花岗石也是广义的，是指具有装饰功能，并可磨平、抛光的各类岩浆岩及少量变质岩。这类岩石组织构造十分致密，表面经研磨抛光后富有光泽并呈现不同色彩的斑点状花纹。花岗石的色彩有灰白、黄色、蔷薇色、红色、绿色和焦色等。

与其他石材相比，天然花岗石表观密度大，抗压强度高，吸水率很低，材质硬度大（莫氏硬度 6～7），耐腐蚀性强。主要用于地面、外坡面、踏步、墩柱、勒脚、护坡等处，也可用作各种雕塑的原材料。

1. 天然花岗石板材

花岗石荒料经锯切或雕琢加工成普通型平面板材（N 型）或异型（S 型或弧形）板材两种。根据其表面加工程度又可分为以下几种。

（1）蘑菇石板材

蘑菇石板材四周轮脚是整齐规矩的矩形。而外表面凹凸不平成鼓状，充分体现石材天然粗犷的质感，用于建筑的勒脚或外墙面的装饰。

（2）粗面板材

粗面板材表面粗糙但平整，有较规则的加工条纹，给人以坚固、自然的感受，如用作室外地面或踏步有防滑的效果。

（3）细面板材

细面板材表面磨平但无光泽，给人庄重华贵的感觉。

（4）镜面板材

镜面板材是在细面板材的基础上经过抛光处理，使石材的本色和晶体结构一览无遗，熠熠生辉。用于室内外柱面、墙面或室内地面等处，装饰和实用效果俱佳。

2.花岗石板材的规格和质量要求

综合考虑花岗石板材的加工、运输、施工以及对建筑结构荷载的影响。目前大量生产使用的花岗石板材的厚度以 20 mm 为主,其常用规格尺寸见表 2-4。

表 2-4 　　　　　　　　　　　　　常用花岗石板材规格尺寸　　　　　　　　　　　　mm

长	300	305	400	600	600	640	900	600
宽	300	305	400	300	600	610	600	305

天然岩石加工的板材属于非均质材料,在外观花色和加工的规格尺寸方面可能有较大差别。为保证装饰施工的效果,事前必须进行选择。国家标准对花岗石板材的尺寸及外观质量都有具体要求,其标准要求(GB/T 18601—2009)见表 2-5,表 2-6。

表 2-5 　　　　　　　　　　　　　普通花岗石板材尺寸允许偏差　　　　　　　　　　mm

项　目			细面和镜面板材			粗面板材		
			优等品	一等品	合格品	优等品	一等品	合格品
尺寸允许偏差	长度 宽度		0 −1.0	0 −1.0	0 −1.5	0 −1.0	0 −1.0	0 −1.5
	厚度	≤12	±0.5	±1.0	+1.0 −1.5	—		
		>12	±1.0	±1.5	±2.0	+1.0 −2.0	±2.0	+2.0 −3.0
平整度允许极限公差	平板长度	≤400	0.20	0.35	0.50	0.60	0.80	1.00
		400～800	0.50	0.65	0.80	1.20	1.50	1.80
		>800	0.70	0.85	1.00	1.50	1.80	2.00
角度允许极限公差		≤400	0.30	0.50	0.80	0.40	0.50	0.80
		>400	0.40	0.60	1.00	0.40	0.60	1.00

表 2-6 　　　　　　　　　　　　　花岗石板材正面外观缺陷要求

名称	缺陷含义	优等品	一等品	合格品
缺棱	长度不超过 10 mm,宽度不超过 1.2 mm(长度小于 5 mm,宽度小于 1 mm 不计),周边每米长允许个数(个)	0	1	2
缺角	沿板材边长,长度≤3 mm,宽度≤3 mm(长度≤2 mm,宽度≤2 mm 不计),每块板允许个数(个)			
裂纹	长度不超过两端顺延至板边总长度的 1/10(长度小于 20 mm 的不计),每块板允许条数(条)			
色斑	面积不超过 15 mm×30 mm(面积小于 10 mm×10 mm 不计),每块板允许个数(个)			
色线	长度不超过两端顺延至板边总长度的 1/10(长度小于 40 mm 的不计),每块板允许条数(条)		2	3

注:干挂板材不允许有裂纹存在

(三)石材实际应用

1.石材实际应用分类

(1)国产花岗石

中国黑、山西黑、蒙古黑、墨玉黑、丰镇黑、珍珠白、石岛红、菊花黄、枫叶红、承德绿、芝麻白、福鼎黑、江西绿、安溪红、丁香紫、九龙壁、珍珠花、樱花红、山东白麻、罗源红、天山红、金彩麻、雪花青、翡翠绿、珍珠红、大白花、将军红、岑溪红、芝麻黑、石榴红、燕山红、巴厝白、内厝白、福建白麻、三堡红、桂林红、柏坡黄、水定红、同安白、桃花红、金钻麻、豹皮花、齐鲁红、海浪花、森林绿、黑白花、紫罗兰、泉州白、漳浦红、漳浦青、崂山灰、平度白、文登白、粉红花、牡丹红、吉林白、济南青、崂山红、惠东红、中国绿、西丽红、蝴蝶绿、漳浦黑、浪花白、五莲红、冰花兰、鲁灰、寿宁红、中国红、粉红麻、河北黑、万年青、蝴蝶兰、黄金麻、虎皮白、夜玫瑰、虎皮红、墨玉、虾红、三宝红、孔雀绿、新疆红、中国棕、芝麻灰、蓝钻、霸王花、锈石、燕山绿、金钻、揭阳红、水晶绿、水晶石、蓝宝、菊花绿、古典灰麻、高粱红、中磊红、黑珍珠、粉石英、绿石英、粉砂岩、海洋绿、石榴红、晶白玉、天宝红、木纹绿、幻彩麻、冰花绿、天青石、绿钻、雪里梅、代代红、紫点绿钻。

（2）进口花岗石

皇室啡、啡钻、丹东绿、英国棕、红钻、金钻麻、黄金钻、黑金沙、印度红、蓝珍珠、绿星、幻彩红、树挂冰花、美国白麻、美国灰麻、豹皮花、金彩麻、墨绿麻、白玫瑰、小翠红、克什米尔金、金沙黑、宝金石、兰珍珠、幻彩绿、绿蝴蝶、南非红、巴拿马钻。

（3）国产大理石

雪花白、丹东绿、水晶白、汉白玉、啡网、九龙壁、黑白根、虎皮黄、玛瑙红、广西白、白海棠、松香玉、木纹黄、杭灰、松香黄、米黄玉、冰花玉、金镶玉、金秀玉、贵州米黄、玛瑙、蝴蝶花、杜鹃红、黑金花、绿宝。

（4）进口大理石

白洞石、黑金花、西班牙米黄、大花绿、大花白、金线米黄石、浅啡网、爵士白、深啡网、金碧辉煌、雪花白、埃及米黄、金花米黄、白沙米黄、旧米黄雅士白、珊瑚红、卡拉拉白、世纪米黄、啡网、莎安娜米黄、细花白、啡网纹、阿曼米黄、黄洞石、米黄洞石、莎安娜、银线米黄、中花白、西米龙舌兰、中东米黄、白宫米黄、金年华、黄金海岸。

2. 按做工及表面形式分

光面、麻面、拉丝面、自然面、蜂包面、火烧面、荔枝面、蘑菇面、机切面。

3. 各类铺装材料机理处理所需厚度

烧面 20 mm、光面 20 mm、荔枝面 25 mm、自然面 50 mm、蘑菇面 50 mm、拉丝面 25 mm 以上具体以拉丝的深度及间距确定。

第二节　石质材料的施工工艺

一、墙面石材干挂的施工方法和技术

1. 主要工序的施工方法

（1）结构偏差的实测

实测结构的偏差对于结构的修整、二次设计的排板及板材加工等工作具有非常实际的指导意义。偏差的实测采取经纬仪投测与垂直、水平挂线相结合的方法，挂线采用细钢丝。测后结果应及时记录，并绘制实测成果图，提交技术负责人和翻样人员进行二次设计。

（2）施工图的二次设计

接到完整的设计图纸后，应认真阅览和理解图纸，将问题汇总并及时与业主、监理、设计院、质检部门进行会审，交换意见，确定具体做法。扫清施工图纸中的障碍，进行二次图纸设计，并尽早提交施工现场和厂方。

（3）放线

外墙面的水平线以设计轴线为基准。要求各面大墙的结构外墙面在剔除胀模墙体或修补凹进墙面后，使外墙面距设计轴线的误差不大于 1 cm。

放线的具体原则：以各内墙设计轴线定窗口立线，以各层设计标高＋50 cm 线定窗口上下水平线，弹出窗口井字线并根据二次设计图纸弹出型钢龙骨位置线。每个大角下吊垂线，给出大角垂直控制线。放线完成后，进行自检复线，复线无误再进行正式检查，合格后方可进行下一步工序。

（4）连接件的焊接与龙骨安装

连接件采用角钢与结构预埋件三面围焊，为保证连接部位的耐久性，角钢边缘增加一道焊缝，即实际为四面围焊。焊接完成后，按规定除去药皮并进行焊缝隐检，合格后刷防锈漆三遍。连接件的固定位置按连接件的弹线位置确定，采取水平跟线、中心对线先点焊，确定无误后再施焊的方法。

假柱、挑檐等部位由于结构填充空心砌块围护墙或石材面距结构面的空隙过大，为满足建筑设计的外立面效果，需在砼结构外侧附加型钢龙骨。型钢龙骨通过角钢连接件与结构预埋件焊接，焊缝要求及检验、防腐的方法同上。次龙骨与挂件的连接采用不锈钢螺栓，次龙骨根据螺栓位置开长孔，与舌板相互配合实现位置的调整。型钢龙骨的安装位置必须符合挂板要求。

（5）挂件安装

待连接件或次龙骨焊接完成后，用不锈钢螺栓对不锈钢挂件进行连接。不锈钢销钉的位置，T 型不锈钢挂件的位置通过挂件螺栓孔的自由度调整，板面垂直无误后，再拧紧螺栓，螺栓拧紧程度以不锈钢弹簧垫完全压平为准，隐检合格后方可进入下一步工序。

（6）面板安装

根据图纸的要求，板材用挂件销接，自下而上分层托挂。板面原则上大面压小面，建筑物大角阳角及柱阳角为海棠角。板材开槽宽 60 mm，孔深 16 mm，孔中心距板材外表面磨光板 12.5 mm，距烧毛板 12.5 mm，板材安装必须跟线，按规格、层找平、找方、找垂直。

挂板时缝宽按二次设计图纸的要求进行调整，先试挂，每块板用靠尺找平后再正式挂板，安装 T 型不锈钢挂件前应将结构胶灌入槽内。宽缝板处，T 型不锈钢挂件与下方已安装好的石材上口之间，用高分子聚合物垫实。

2. 关键工序的质量要求与技术措施

（1）连接件的焊接

一般采用"预埋件＋连接板＋不锈钢挂件"或"预埋件＋连接板＋型钢龙骨＋不锈钢挂件"固定石材的安装工艺，预埋件已于结构施工时完成，保证预埋件与连接板及型钢龙骨的焊接质量，要求如下所述。

①焊接前清理焊口，焊缝周围不得有油污、锈物。焊接施工时应现场在业主代表及监理方的见证下取同样厚度的预埋板、连接件、型钢龙骨、焊条等做同条件下的焊接试件，并送质

量监督检验部门检测。

②正式施焊时应正确掌握焊接速度，要求等速焊接，保证焊缝厚度、宽度均匀一致。对电弧长度（3 mm）、焊接角度（偏于角钢一侧）、引弧与收弧都应按焊接规程执行。清除焊渣后进行外观及焊缝尺寸自检，确认无问题后方可转移地点继续焊接。

（2）石材安装

首先应根据翻样图核对板材规格，核对无误后进行板端开槽和板材安装。为保证开槽的质量（垂直度、槽深、槽位），可采取如下措施。

现场制作木制石材固定架，将石板固定后再开槽。槽位上下对齐 T 形不锈钢挂件，标出位置后再开槽。槽深用云石机及标尺杆预先调好位置，以标尺杆顶住石材，槽深以 16 mm 为宜。开槽完毕后应进行自检，自检项目包括槽深、槽位、垂直度及槽侧的石材有无劈裂等。

安装石材前，先清除槽内浮尘、石渣；试挂后，槽内注胶，安装石材，靠尺校核。

（3）嵌缝

首先用特制板刷清理石材板缝。将缝内滞存物、污染物、粉末清除干净，再施刷丙酮水两遍，以增加密封胶的附着能力。

宽缝填塞嵌缝胶，填塞深度应平直一致（距石材板面 8 mm）、无重叠。打胶前先贴胶条，避免污染相邻的石材，石材嵌胶后胶体呈弧形内凹面，内凹面距石材表面 1.5 mm。胶枪嵌缝一次完成，应保证嵌缝无气泡、不断胶。嵌缝胶溜压应在初凝成型时完成，保证外形一致。

二、石材湿铺的施工方法和技术措施

湿铺主要用于地面工程和一些内墙及个别三层以下的外墙面。湿铺的主要优点是造价低。

主要工序的施工方法如下。

湿铺的铺贴砂浆材料的选择、配合比的控制是相当重要的。不同的板材、不同的部位，要选择不同的黏结材料和配合比。

铺板材用的水泥宜采用 425♯酸盐水泥，白水泥宜选用 525♯普通水泥。

铺地面用的配合比宜采用水泥∶砂＝1∶3.5。黏结层的配合比采用水泥∶108 胶水＝10∶1。

墙面花岗石湿铺灌浆的厚度应控制在 3～5 cm，其砂浆配合比宜采用水泥∶砂＝1∶3，厚度控制在 8～12 cm，并应分层捣灌，每次捣灌高度不宜超过板材高度的 1/3，间隔时间最少为 4 h。对浅色、半透明的板材（如汉白玉、大花白）宜用白水泥作为黏结材料。对拌料用砂的纯度的要求比较严格，拌料用砂不能有杂质，不能混有泥土，并要统一顺色，避免砂浆的颜色渗透到表面。

花岗石湿铺的一个主要缺点是墙面缝隙中常淌白、返浆，影响装饰效果，这种现象产生的主要原因是施工时水泥中的氢氧化钙从板材的接缝或孔隙中渗出来，与空气中的二氧化碳反应生成白色的碳酸钙结晶物。为避免这些缺陷，在铺贴前必须将花岗石板的背面刷洗干净，然后刷上一层 1∶1 的 108 胶水与水泥进行封闭，待干凝后再铺贴。这样，可以最大限度地预防墙面缝隙淌白、返浆。

为减少和避免墙面缝隙淌白、返浆，铺贴花岗石板时灌浆的工序十分重要，灌浆时，一定要饱满、密实,不能有空鼓的现象。

除了砂浆配合比的准确性外,砂浆水灰比的控制也是很重要的,原则上宜稠不宜稀,但必须保证砂浆的密实度,尤其当墙面花岗石密实度不够或含水量过多,砂浆凝固后水分蒸发留有孔隙,使停留在孔隙中的气体与砂浆(水泥)反应时产生碳酸钙,花岗石表面便会淌白、返浆。

三、地面石材的施工程序

地面石材的施工程序为:清扫、整理基层地面→水泥砂浆找平→定标高、弹线→安装标准块→选料→浸润→铺装→灌缝→清洁→养护→交工。

1. 石材地面的铺贴

石材地面的铺贴施工如图 2-1 所示。

图 2-1　石材地面的铺贴施工

(1)室外铺装的工序流程

放线定标高→整修基层、压实→垫层→弹线分格→铺贴面层。

(2)室外铺装的施工方法

①基层处理:将基层处理干净。剔除砂浆落地灰,提前一天用清水冲洗干净,并保持湿润。

②试拼:正式铺设前,应按图案、颜色、纹理试拼,试拼后按编号排列,堆放整齐。碎拼面层时可按设计图形或要求先对板材边角进行切割加工,保证拼缝符合设计要求。

③弹线分格:为了检查和控制板块的位置,在垫层上弹十字控制线(适用于矩形铺装)或定出圆心点,并分格弹线,碎拼不用弹线。

④拉线:根据垫层上弹好的十字控制线,用细尼龙线拉好铺装面层十字控制线或根据圆心拉好半径控制线;根据设计标高拉好水平控制线。

⑤排砖:根据大样图进行横竖排砖,以保证砖缝均匀,符合设计图纸的要求,如设计无要求时,缝宽应不大于 1 mm,非整砖行应排在次要部位,但注意对称。

⑥刷素水泥浆及铺砂浆结合层:将基层清理干净,用喷壶洒水湿润,刷一层素水泥浆(水灰比为 0.4~0.5,但面积不要刷得过大,应随铺砂浆随刷)。再铺设厚干硬性水泥砂浆结合层(砂浆比例符合设计要求,干硬程度为以手捏成团、落地即散为宜,表面洒素水泥浆),厚度控制在放上板块时高出面层水平线 3~4 mm。铺好后用大杠压平,再用抹子拍实找平。

⑦铺砌板块：板块应先用水浸湿，待擦干表面、晾干后方可铺砌。根据十字控制线，纵横各铺一行，依据编号图案及试排时的缝隙，在十字控制线交点处开始铺砌，向两侧或后退方向顺序铺砌。

铺砌时，先试铺，即搬起板块对好控制线，铺落在已铺好的干硬性水泥砂浆结合层上，用橡胶锤敲击垫板，振实砂浆至铺设高度后，将板块掀起，检查砂浆表面与板块之间是否相吻合，如发现有空虚处，应用砂浆填补。安放时，四周同时着落，再用橡胶锤用力敲击至平整。

⑧灌缝、擦缝：在板块铺砌1～2天后，经检查板块表面无断裂、空鼓后，进行灌浆擦缝，根据设计要求采用清水拼缝（无设计要求的可采用与板块颜色相同的矿物拌合均匀，调成1：1的稀水泥浆），用浆壶将水泥砂浆徐徐灌入板块缝隙中，并用刮板将流出的水泥砂浆刮向缝隙内，灌满为止，1～2 h后，将板面擦净。

⑨养护：铺好板块后的两天内禁止行人和堆放物品，擦缝完成后，面层应加以覆盖，养护时间不应少于7天。

2. 地面石材的施工规范

（1）基层处理要干净，高低不平处要先凿平和修补，在抹底层水泥砂浆找平前，地面应洒水湿润，以提高与基层的黏结能力。

（2）铺装石材时必须安放标准块。标准块应安放在十字线交点处，对角安装。铺装操作时要每行依次挂线，石材必须浸水湿润，阴干后擦净背面。铺装时从中间向四方退步铺装。安放石材时必须四角同时下落，并用橡胶锤或木锤敲击，使石材紧实平整。

3. 地面石材铺装的验收

地面石材铺装必须牢固，铺装表面平整、洁净，色泽协调，无明显色差。接缝要平直，宽窄均匀，石材无缺棱掉角现象。非标准规格板材的铺装部位、流水坡方向要正确。拉线检查误差小于2 mm，用2 m靠尺检查平整度误差，应小于1 mm。

第三章　景观木质材料与施工工艺

木材用于景观已有悠久历史,它与石材、砖并称三大主要景观构成要素,被广泛地用于景观的各项设施。

木材处理简单、维护替换方便。而且是天然产品,可涂色、油漆,具有典雅、自然的特性;被广泛运用于踏步、栈道、栅栏、篱笆、木桩、木柱、格架、桌椅、小品等;但是寿命不长易腐烂枯朽,用于面层时常做防腐、防潮、防虫处理。

第一节　木质材料的基础知识

一、木材的基本性质

(一)木材的分类与构造

木材通常按树种不同分为针叶类树木和阔叶类树木两大类。针叶类树木主要有红松、落叶松、云杉、冷杉及杉木等;阔叶类树木材质较硬的有水曲柳、柞木、榆木等,较软的有杨木、桦木等。由于树种和生长环境不同,木材的构造也有很大差异。

木材的构造一般分为宏观构造和显微构造。木材的宏观构造是指用肉眼或放大镜所能观察到的结构特征。由横切面可知,树木由树皮、髓心和木质部三个部分组成。

木质部是园林材料使用的主要部分,其中靠近髓心部分呈深色,称为心材;靠近树皮部分呈浅色,称为边材。心材比边材的利用价值高些。

从横切面上可以看到深浅相间的同心圆环即所谓的年轮,在同一年轮内,春天生长的木质,色较浅,质较软,称为春材(早材);夏秋两季生长的木质,色较深,质较硬,称为夏材(晚材)。相同树种,年轮越密而均匀,材质越好;夏材部分越多,木材强度越高。

髓心也称树心,其质较软、强度低、易腐朽。从髓心向外的辐射线称为髓线,它与周围连结差,干燥时易沿此开裂。

(二)物理性质

1. 密度和表观密度

密度:由于木材的分子结构基本相同,因此木材的密度基本相同,一般为 $1.48\sim1.56$ g/cm^3。

表观密度:木材的表观密度与木材的孔隙率、含水率等因素有关。木材的表观密度越大,其湿胀干缩变化也越大。树种不同,表观密度也不同。在常用木材中表观密度较大的如麻栎达 980 kg/m^3,较小的如泡桐仅 280 kg/m^3。一般表观密度为 $400\sim600$ kg/m^3。

2. 含水率

木材的含水率是指木材中所含水分的质量占木材干燥质量的百分数。

木材中的水分主要有 3 种。

（1）自由水

自由水是指存在于木材细胞腔和细胞间隙中的水分，水分的变化只影响木材的表观密度。

（2）吸附水

吸附水是指被吸附在细胞壁内纤维之间的水分。吸附水的变化是影响木材强度和胀缩变形的主要原因。

（3）结合水

结合水即木材化学组成中的结合水。结合水常温下不发生变化，对木材的性质一般没有影响。

木材细胞壁内充满吸附水，达到饱和状态而细胞腔和细胞间隙中没有自由水时的含水率，称为纤维饱和点。木材的纤维饱和点随树种而异，一般介于 25%～35%，平均值为 30%。它是木材物理力学性质发生变化的转折点。

木材所含水分与周围空气的湿度达到平衡时的含水率称为平衡含水率，是木材干燥加工时的重要控制指标。木材平衡含水率随所在地区不同以及温度和湿度环境变化而不同，我国北方地区约为 12%，南方约为 18%，长江流域一般为 15%。

3. 湿胀与干缩

木材具有显著的湿胀干缩性。当木材含水率在纤维饱和点以上变化时，只有自由水增减变化，木材的体积不发生变化；当木材的含水率在纤维饱和点以下时，由于干燥细胞壁中的吸附水开始蒸发，体积收缩，反之，干燥木材吸湿后体积将发生膨胀，直到含水率达到纤维饱和点为止。

木材的湿胀干缩变形随树种的不同而异，一般情况表观密度大的、夏材含量多的木材，胀缩变形较大。由于木材构造的不均匀性，造成了各方向的胀缩值也不同。其中纵向收缩最小，径向较大，弦向最大。木材的湿胀干缩变形对其实际应用会带来不利的影响，干缩会造成木材结构拼缝不严、卯榫松弛、翘曲开裂；湿胀又会使木材产生凸起变形。

4. 木材的吸湿性

木材具有较强的吸湿性。当环境温度、湿度发生变化时，木材的含水率会发生变化。木材的吸湿性对木材的性能，特别是木材的湿胀干缩影响很大。因此，木材在使用时其含水率应接近或稍低于平衡含水率。

（三）力学性质

木材的强度按照受力状态分为抗拉、抗压、抗弯和抗剪四种。但由于木材的各向异性，在不同的纹理方向上强度表现不同。当顺纹抗压强度为 1 时，理论上木材的不同纹理间的强度关系见表 3-1。

表 3-1　　　　　　　　　木材不同纹理间的强度关系

抗拉		抗压		抗剪		抗弯
顺纹	横纹	顺纹	横纹	顺纹	横纹	
2～3	1/20～1/3	1	1/10～1/3	1/7～1/3	1/2～1	1.5～2.0

木材的强度除与自身的树种构造有关之外，还与含水率、疵病、负荷时间、环境温度等因素有关。当含水率在纤维饱和点以下时，木材的强度随含水率的增加而降低；木材的天然疵

病,如节子、构造缺陷、裂纹、腐朽、虫蛀等都会明显降低木材强度;木材在长期荷载作用下的强度会降低 50%～60%(称为持久强度);木材使用环境的温度超过 50 ℃或者受冻融作用后也会降低强度。

二、木材及其制品

木材主要用于花架、栏杆、平台、码头、坐凳面、窗框、地板等。

常用的木材包括防腐木和炭化木。

(一)防腐木特性

自然、环保、安全(木材呈原本色,略显青绿色);防腐、防霉、防蛀、防白蚁侵袭;提高木材稳定性,对户外木质结构的保护更为重要;易于涂刷及着色,根据设计要求能达到美轮美奂的效果;能满足各种设计要求,易于各种园艺景观精品的制作;接触潮湿土壤或亲水效果更为显著,在户外各种气候环境中,使用寿命可达 30 年以上。

(二)防腐木种类

美国南方松、樟子松、欧洲赤松、辐射松、北美铁杉、湿地松、马尾松。

欧洲赤松防腐木是极少数能直接采用高压渗透法做全断面防腐处理的材料之一,而其优秀的力学表现及美丽纹理深受设计师及工程师的推荐。欧洲赤松防腐木应用范围极广,木栈道、亭院平台、亭台楼阁、水榭回廊、花架围篱、步道码头、儿童游戏区、花台、垃圾箱、户外家具以及室外环境、亲水环境及室内外结构等项目均可使用。由于其独特的防腐工艺,所有的建筑制品都可以长期保存。

樟子松树质细、纹理直,经防腐处理后,能有效地防止霉菌、白蚁、微生物的侵蚀,能有效抑制处理木材含水率的变化,减少木材的开裂程度,使木材寿命延长到 40～50 年。樟子松主要分布于夏凉冬冷且有适当降水的气候条件地区,我国黑龙江大兴安岭、内蒙古海拉尔以西的部分山区和小兴安岭北部有分布。樟子松防腐木是中国防腐企业从国外进口原木,自己防腐处理生产的,价格适中,目前在中国防腐木市场颇受欢迎。

樟子松材质较强,纹理直,可供建筑、家具等使用。树干可割树脂,提取松香及松节油,树皮可提取栲胶。树形及树干均较美观。可作庭园观赏和绿化树种。由于具有耐寒及抗风等特性,可作三北地区防护林及固沙造林的主要树种。

(三)炭化木特性

①颜色为浅褐色,具有古色古香的外观;②由于经过高温处理,油脂已全部分解挥发,因而视觉、触觉良好;③尺寸稳定性好。由于炭化木的吸水性降低,减少了湿胀干缩的现象,克服了普通木材易变形、开裂的弱点;④由于炭化木只需高温处理,未加注任何化学药剂,可以与身体广泛接触,对环境无任何危害;⑤具有防腐功能,由于高温杀死了真菌所需的养分,因而能有效抵御真菌的侵蚀。

三、木材的防护

(一)木材的腐朽与防腐

防止木材腐朽的措施,可从几个方面入手,或将木材置于通风干燥环境中,或置于水中,或深埋于地下,或表面涂刷油漆,都可作为木材的防腐措施。另外,还可采用刷涂、喷淋或浸泡化学防腐剂的方法,以抑制或杀死真菌和虫类,达到防腐目的。

工程中常用的防腐剂可分为水溶性类、油溶性类和焦油类三类。水溶性防腐剂易渗入木材内部,但在使用时易被雨水冲失,适合室内使用。油溶性防腐剂不溶于水,药效持久但对防火不利;焦油类防腐剂的防腐能力最强,但处理后的木材表面不能涂刷油漆。

（二）木材的防虫

木材除受真菌侵蚀而腐朽外,还会遭受昆虫的蛀蚀。常见的蛀虫有白蚁、天牛等。木材虫蛀的防护方法主要是采用化学药剂处理,木材防腐剂也能防止昆虫的危害。

（三）木材的防火

易燃是木材的最大缺点,常用的防火处理方法有两种:一种是表面处理法,即在木材表面刷涂涂料或覆盖难燃材料,二是采用防火剂浸渍木材。表面处理法是通过结构措施,用金属、水泥砂浆、石膏等不燃材料覆盖在木材表面,以避免直接与火焰接触;或在木材表面刷涂以硅酸钠、磷酸铵、硼酸等为基层的耐火涂料。防火剂浸渍法是将防火剂浸渍入木材的内部,常用的防火剂有硼砂、氯化铵、磷酸铵、乙酸钠等。

（四）木材的保管

木材应按树种、等级及规格分批堆放。高垛应栽木桩,以避免滑动;板材应顺垛斜放;方材应密排留坡封顶。含水量较大的木材在堆放时应留有空隙,以便通风干燥。木材堆放场地应干燥通风,布局便于运输,并应常备消防设备,尽可能远离危险品仓库、锅炉、烟囱、厨房、民房等处,严禁烟火。

第二节　木质材料的施工工艺

一、防腐木材的施工工艺

（一）防腐木栈道的施工工艺

防腐木栈道(图 3-1)多用于与清水平台、公园廊架、森林石台等相连的位置。木栈道的施工做法、操作要点以及施工的质量好坏直接决定了工程的成败以及将来用户对景观园林绿化工程的关注度及满意度。因此,防腐木栈道的施工就显得尤为重要。

图 3-1　防腐木栈道

1. 施工流程

施工流程为:基层处理→样板引路→木龙骨制作安装→刷木油、安装→清理、养护。

2. 操作要点

（1）基层处理:清除基层表面的砂浆、油污和垃圾,用水冲洗、晾干。

(2)样板引路:防腐木材施工必须执行样板引路,做出的样板经检查达标后,方能进行大面积的施工。

(3)木龙骨制作安装:严格按照设计图纸要求,根据基础面层的平面尺寸进行找中、套方、分格、定位弹线,形成方格网,安装和固定木龙骨,木龙骨基础安装必须保持水平,保证安装后整个平台的水平面高度一致。

(4)刷木油、安装:防腐木材整体面层宜用木油涂刷,达到防水、防起泡、防起皮和防紫外线的作用。防腐木材通过镀锌连接件或不锈钢连接件与木龙骨进行连接,每块木材与龙骨接触处需用两个螺钉。

(5)清理、养护:安装完后及时对防腐木材表面进行清理,打扫干净,注意对成型产品的养护。

3. 施工质量的要求

(1)防腐木材的品种、质量必须符合设计要求。

(2)木结构基层的处理必须符合设计要求,应充分保持防腐木材与地面之间的空气流通,以有效延长木结构基层的寿命。

(3)制作与安装防腐木材时,木龙骨间距应符合设计要求,防腐木材面层之间需按设计要求留缝,缝隙的宽度均匀一致。

(4)防腐木材连接安装时须预先钻孔,以避免防腐木材开裂,安装必须牢固。所有的连接应使用镀锌连接件或不锈钢连接件及五金制品,以抗腐蚀,绝对不能使用不同的金属件,否则很快会生锈。

(5)平台安装完成后,为了使木材表面清洁美观,宜用木油涂刷表面,而不能用常规油漆涂刷。木材表面加上一层保护膜,使其可以起到防水、防起泡、防起皮和防紫外线的作用。

(二)防腐木凉亭的施工工艺

防腐木凉亭(图 3-2)的安装在户外园林景观施工中属于较为复杂的一种,难度在栏杆、花架之上。在防腐木凉亭安装之前,首先要用混凝土对地基进行浇筑,以达到稳定以及平稳的效果,然后进行防腐木立柱的固定。防腐木立柱的数量取决于防腐木凉亭的款式。六角凉亭一般都为大型木结构,因此,除了防腐木立柱与地基之间的固定外,在每根立柱之间也应用双重横梁进行穿插固定。防腐木立柱之间的卡扣并非挖通,而是进行挖槽,挖得太深会造成卡死,连接不上。挖得太浅又会不牢固,等到所有立柱之间的横梁都固定后,再进行封檐板的加工,待上面的防腐木凉亭封顶后,下面的防腐木座椅以及背靠(美人靠)也进行组装,最后进行木油上色。防腐木凉亭不仅具有观赏性,也具有实用性,是居民的一个良好的休息地。

图 3-2 防腐木凉亭

（三）防腐木材的施工注意事项

（1）在施工现场,防腐木材应通风存放,应尽可能地避免太阳暴晒。

（2）在施工时,应尽可能使用加工至最终尺寸的防腐木材,因为防腐剂在木材中的分布,是从外到里呈梯度递减,而防腐效果需要保证一定的防腐剂量才能达到。所以应避免对防腐木材进行锯切和钻孔等机械加工,不要纵向锯切。锯切等加工会造成防腐木材相应的防腐能力下降,如果不得已,需要将防腐木材进行锯切、钻孔、开榫、开槽等加工,应在新暴露的木材表面使用原防腐剂进行涂覆处理,以封闭新暴露的木材表面,进行补救。另外,锯切(横向)的一端要用在生物危害较小的场合,比如被锯切的一端应尽量用在不与土壤和水长期接触的地方,未被锯切的一端用在与土壤和水长期接触的地方。

（3）木龙骨在地面找平后,可直接连接成框架或井字架结构,然后再铺设防腐木材。

（4）在搭建露台时尽量使用长木板,减少接头,以求美观,板面之间留5~10 mm缝隙。

（5）所有连接点必须使用热浸式镀锌紧固件。或者不锈钢五金件。

（6）为了解决户外木景观的耐久性问题,应给安装后的防腐木材表面涂刷户外木材保护油(天然植物木蜡油),其强劲的穿透性,能深度渗入木材的内部,与木材纤维产生毛细作用,持久结合;能抵抗紫外线的辐射、防水、防潮、防霉;活跃的呼吸性,使防腐木材可自由呼吸,调节温度,保持延展性与高弹性,延缓防腐木材的衰老变形与开裂;持久的附着力使防腐木材不起翘、不剥落,增强防腐木材的表面硬度,更耐磨。由于天然植物木蜡油的性能更稳定,不会产生静电,所以耐久性更强,并可防微细粉尘、耐脏、易清洁。传统的桐油与油漆只是覆盖在物体表面的一层皮,关键是不透气。如果涂刷在户外木器上,很快就会起翘、剥落。

（7）表面用户外防护涂料或油基类涂料涂刷后,为了达到最佳效果,应避免人员走动或重物移动,以免破坏防腐木表面已经形成的保护膜。如想取得更好的防脏效果,必要时再做两道专业户外清漆处理。

（8）由于户外环境使用下的特殊性,防腐木材会出现裂纹、细微变形,这属正常现象,并不影响其防腐性能和结构强度。

（9）一般防腐木材的户外防护涂料是渗透型的,对木材纤维会形成一层保护膜,可以有效阻止水对木材的侵蚀,清洁可用一般的洗涤剂来清洗,工具可用刷子。

（10）防腐木材需1年或1.5年做一次维护,用专业的木材水性涂料或油性涂料涂刷即可。

二、防腐木材的涂饰

（一）木材表面涂饰的目的

（1）美化表面:赋予色彩、光泽、平滑性,增强木材纹理的立体感和表面的触摸感。

（2）保护作用:使木材耐湿、耐水、耐油、耐化学药品、防虫、防腐等。

（3）特殊作用:温度指示、电气绝缘、隔声、隔热等。

（二）木材涂饰对涂料的要求

底层涂料对木材具有良好的渗透性、润湿性和优越的附着力,保证涂膜的持久性。涂饰好的面层要有良好的装饰性,保证木纹的清晰度及明显的立体感;涂饰好的涂层要有良好的耐水、耐污染、耐酸碱的能力;为了方便施工,木材的涂料也应具有良好的重涂能力并便于简单施工。

（三）涂饰施工及注意事项

户外木油涂刷是最简单的施工方法,自由选择调释好的各种颜色,在干燥的防腐木材表面,清洁后直接涂刷(使用前充分搅拌),其自然的质感可突显木材的天然纹理,在自然的格调中,尽可展现和谐的个性之美,但必须在 8 ℃以上的气温条件下进行。

木材的涂饰施工及注意事项如下。

(1)清除木材表面的毛刺、污物,用砂布打磨光滑。

(2)打底层腻子,干后用砂布打磨光滑。

(3)按设计要求刷底漆、面漆。

(4)清漆严禁脱皮、漏刷、斑迹、透底、流坠、皱皮,要求涂饰表面光亮、光滑、线条平直。

(5)桐油应用干净的布浸油后挤干,揉涂在干燥的木材面上。严禁漏涂、脱皮、起皱、斑迹、透底、流坠,要求涂饰表面光亮、光滑、线条平直。

(6)木平台烫蜡、擦软蜡工程中,所使用蜡的品种、质量必须符合设计要求,严禁在施工过程中烫坏木材和损坏板面。

三、炭化木材常用的施工铺设法

(一)固定法

用膨胀螺钉把龙骨固定在地面上,膨胀螺钉应使用尼龙材质的,此种材料抗老化性能优良,若使用铁膨胀管,应涂刷防锈漆,然后再铺设炭化木材。

(二)活动铺设法

(1)用不锈钢十字螺钉将炭化木材的正面与龙骨连接。

(2)用螺钉将龙骨固定在防腐木材的反面,用几块炭化木材组拼成一个整体,既不破坏木材结构,也可自由拆卸清洗。

四、炭化木材的施工维护和养护

由于炭化木材是在高温的环境下处理的,木材内的多糖(纤维素)高温分解形成单糖,单糖附着在木材表面,随着时间的增长,表面易发生腐朽,呈褐色或黑褐色。同时,炭化木材吸收结合水的能力不强,但吸收自由水的能力很强,为了减缓这些现象,可在炭化木材的表面涂刷三层油漆。

为了延长炭化木材的使用寿命,应该尽可能使用其现有的尺寸及形状。加工破损部分应涂刷防腐剂和户外防护涂料。如遇阴雨天,最好先用塑料布将木材盖住,等天晴后再刷户外防护涂料。木材在涂刷后 24 h 之内应避免淋到雨水,表面用户外耐候木油,木油涂刷完后,为了达到最佳效果,48 h 内避免其上有人员走动或重物移动,以免破坏炭化木材面层已形成的保护膜。如想取得更优良的防护效果。必要时面层再做两道专用户外清漆处理。

由于户外环境下使用的特殊性,炭化木材会出现裂纹、细微变形,属正常现象,并不影响其结构强度。一般户外木材防护涂料是渗透型的,在木材纤维的表面会形成一层保护膜,可以有效阻止水对木材的侵蚀,清洁可用一般洗涤剂来清洗,工具可用刷子。炭化木材需要1～1.5年做一次维护。

五、炭化木材的使用注意事项

(1)炭化木材不宜用于接触土壤和水的环境。

(2)炭化木材与未经处理的木材相比,握钉力有所下降,所以推荐使用先打孔、再钉孔的安装方法来减少和避免木材开裂。

(3)炭化木材在室外使用时,建议采用防紫外线木油,以防日晒过久后木材褪色。

第四章　景观烧结材料与施工工艺

所谓烧结是把粉末体转变为致密体,是一种传统的工艺过程。人们很早就利用这个工艺来生产陶瓷、耐火材料、超高温材料等。烧结是粉末体或压坯在低于主要组分的熔点温度下加热,使颗粒间产生黏结,以提高制品性能的方法。

烧结材料包括烧结普通砖、透水砖、陶土砖、陶土仿古青砖、陶土仿古青瓦、广场砖、拉毛砖、人行道砖、盲道砖和陶瓷路牙砖,以及一些新型烧结材料,其中包括陶粒、紫砂劈开砖等适用面更广的烧结材料。

第一节　烧结材料的基础知识

一、烧结材料的概念

(一)烧结砖的概念及其分类

1.烧结砖的概念

(1)烧结的宏观定义

烧结的宏观定义为在高温下(不高于熔点),陶瓷生坯固体颗粒相互键联,晶粒长大,空隙与气孔之间的距离渐趋减少,通过物质的传递使得总体积收缩,密度增加,最后成为具有某种显微结构的致密多晶块烧结体,这种现象称为烧结。

(2)烧结的微观定义

烧结的微观定义为固态物质中的分子或原子之间互相吸引,通过加热使质点获得足够的能量迁移,使粉末体之间产生黏结,强度增加并导致致密化和再结晶的过程,称为烧结。

(3)烧结砖的定义

烧结砖(图 4-1、4-2)是以黏土、页岩或粉煤灰为基本原料,经过成型和高温焙烧制作的砖体。通常用于砌筑建筑物或构筑物的砖体都称为烧结砖。

图 4-1　烧结砖

图 4-2　烧结砖铺地

2. 烧结砖的分类

烧结砖的种类很多,按生产工艺不同分为烧结砖和非烧结砖。现代景观主要使用的是烧结砖,烧结砖在我国已经有两千多年的历史,按所用原材料可分为黏土砖、陶土砖等;按有无孔洞可分为空心砖和实心砖;按透水性可分为透水砖和不透水砖。

(二)烧结砖的生产流程与生产工艺

1. 烧结砖的生产流程

烧结砖的生产流程(图 4-3):原料→粉碎、配色→压制成型→干燥→烧成→包装→仓储。

2. 烧结砖的生产工艺

黏土砖的主要原料为粉质或砂质黏土,其主要化学成分为 SiO_2、Al_2O_3、Fe_2O_3 和结晶水,由于地质生成条件的不同,可能还含有少量的碱金属和碱土金属氧化物等。黏土砖的生产工艺主要包括取土、炼泥、制坯、干燥、焙烧等。

除黏土外,还可利用页岩、煤矸石、粉煤灰等为原料来制造烧结砖,这是因为它们的化学成分与黏土相似。但由于它们的可塑性不及黏土,所以制砖时常常需要加入一定量的黏土,以满足制坯时对可塑性的要求。由于烧结砖原料中所含杂质量不同,所以烧结砖经过高温焙烧后所成的砖体的颜色差别也是比较大的。

如果砖体焙烧的温度过高或时间太长,则烧出来的砖叫作过火砖。过火砖的显著特点

图 4-3　烧结砖生产线

是砖体颜色较深、敲击的声音脆、烧结变形大等。如果砖体焙烧温度过低或时间太短,则烧出来的砖叫作欠火砖。欠火砖的显著特点为砖体颜色浅、敲击声音喑哑、强度较低、吸水率较大、耐久性较差等。砖在砖窑中焙烧时,与氧作用生成 Fe_2O_3,从而使砖呈现红色,称为红砖。如果烧制时在氧化氛围中烧成后,再回到原始窑中去闷窑,红色的 Fe_2O_3 会还原成青灰色的 FeO,这种烧结砖称为青砖。青砖一般较红砖致密,耐碱、耐久性好,但由于价格高,目前生产应用较少。此外,生产中可将煤渣、碳含量高的粉煤灰等工业废料掺入制坯的土中制作内燃砖。当砖焙烧到一定温度时,废渣中的碳也在干坯体内燃烧,因此可以节省大量的燃料和 5%～10% 的黏土原料。内燃砖燃烧均匀,表观密度小,传热系数低,且强度可提高约 20%。

(三)烧结砖的特性

烧结砖采用天然原料经 200 ℃ 高温烧制而成,具有耐压、抗冻、透水、耐磨、耐用等特点,表面哑光,质感好,外观古朴,典雅,装饰效果极佳,目前为住宅、商铺及市政工程广泛采用,是提高档次的关键建材。烧结页岩铺路砖颜色古朴、自然,压制面形成自然纹理。同烧结砖通体颜色一致,经多年使用后仍不失其本色。经特殊工艺生产的窑变砖、过火砖及手工砖,通常用在建筑及古街区的修复上。

烧结砖由高位压力机压制成型,再经过外燃工艺烧制,抗压强度大于 70 MPa,吸水率小于 8%,抗冻融性能好、防滑、耐磨损。无污染烧结砖独有的快干性能,使其防滑性能优异,砖体经过高温烧结,内部颗粒发生熔融,使耐磨度极大提高,经车辆碾压也无粉尘产生,不会对环境产生污染,是绿色环保建材。

烧结砖具有很强的耐候性,可以抵抗恶劣环境和腐蚀性物质的侵蚀。烧结砖是唯一吸水和排水速度相等的建筑材料,速度大约比其他建筑材料高 70 倍,是调节大气与土壤湿度平衡的有效介质,采用柔性铺法可与基层形成透水体系,可有效缓解城市热岛效应。

(四)烧结砖在景观中的应用

烧结砖主要用于人行道、轻型车道及广场,大部分采用柔性铺设方法,无需砂浆及混凝土,大量节约机械及劳动力。烧结砖随着时间的推移,其结构变得日益紧密,使砖与基层建筑材料及嵌缝材料互相作用而互锁,固定砖的位置并且通过垫层将载荷向下传递到基层。充分发挥铺路砖的强度优势,提高道路系统整体承受载荷的能力。经过适当的安装,砖路异常的坚固耐久,易于维护,采用无砂浆铺路,破损砖易于更换,通常只需用清水轻轻刷洗即可除去大部分表面污渍。

二、烧结普通砖

(一)烧结普通砖的基本概念

烧结普通砖又称为红砖或标砖,国家标准《烧结普通砖》(GB 5101—2003)规定,凡以黏土、页岩、煤矸石和粉煤灰等为主要原料,经成型、焙烧而成的实心砖或孔洞率不大于 15% 的砖,称为烧结普通砖(图 4-4)。烧结普通砖按照原材料可分为烧结黏土砖、烧结煤矸石砖、烧结粉煤灰砖、烧结页岩砖等。其中烧结黏土砖,因其砌体质量大、抗震性差、能耗大、块体小、施工效率低等缺点,在我国主要大中城市已被禁止使用,利用工业废料生产的烧结煤矸石砖、烧结粉煤灰砖、烧结页岩砖以及各种砌块正在逐步发展起来。

图 4-4　烧结普通砖

(二)烧结普通砖的规格尺寸与技术要求

1. 烧结普通砖的规格尺寸

烧结普通砖的外形为直角六面体,标准尺寸为 240 mm×115 mm×53 mm,按技术指标分为优等品(A),一等品(B)及合格品(C)三个质量等级。

2. 烧结普通砖的外观质量

烧结普通砖的外观质量应符合有关规定。烧结普通砖通常会出现泛霜,也称起霜,是砖在使用过程中的盐析现象。砖内过量的可溶盐受潮吸水而溶解,随水分蒸发呈晶体析出时,产生膨胀,使砖面剥落。国家标准 GB 5101—2003 规定优等品无泛霜,一等品不允许出现中等泛霜,合格品不允许出现严重泛霜。

烧结普通砖还会出现石灰爆裂的情况,所谓石灰爆裂是指砖坯中夹杂有石灰石,砖吸水后由于石灰石逐渐熟化而膨胀产生的爆裂现象。这种现象直接影响烧结普通砖的质量,并且会降低砌体强度。国家标准 GB 5101—2003 规定优等品不允许出现最大破坏尺寸大于 2 mm 的爆裂区域;一等品不允许出现最大破坏尺寸大于 10 mm 的爆裂区域,每组砖样不得多于 15 处 2~10 mm 的爆裂区域;合格品不允许出现最大破坏尺寸大于 15 mm 的爆裂区域,每组砖样不得多于 15 处 2~15 mm 的爆裂区域,其中大于 10 mm 的爆裂区域不得多于 7 处。

第二节　烧结材料的施工工艺

一、技术准备

制定施工方案,了解各类烧结砖的性能与强度,根据铺装现场的实际尺寸进行图上放样,注意烧结材料的边角调节问题及道路交接处的过渡问题,最终确定各种烧结砖的数量以及种类与规格。

二、主要施工机具

平铁锹、木杆、木质锤、橡胶锤、手推测距仪、水平尺、钢卷尺、扫把、夯土机、夯实机(图4-5)等。

图 4-5　夯实机

三、工艺流程

工艺流程为:垫层→找标高→铺设→检查灌缝→清理→成品保护→验收。

四、陶土烧结砖的施工工艺

1. 施工工序

(1)开箱时,认准产品规格、尺寸、色号等,把相同的产品铺贴在一起,勿将不同的产品混在一起铺贴。

(2)在铺贴前首先在地面上试铺,并处理好砖体或地面,根据铺贴形式确定排砖方式,砖面如有花纹或方向性图,应将产品按图示方向铺贴,以求最佳效果;将色号、尺码不同的砖分好类别,加以标号标明,在使用完同一色号或尺码后,才可使用邻近的色号与尺码。

(3)预铺时,在处理好的地面拉两根相互垂直的线,并用水平尺校水平。

(4)将现场清理干净。先洒适量的水以利施工,建议将 325♯ 水泥与砂按 1∶3 的比例混合成砂浆。

(5)烧结砖按设计尺寸划好线,划线时需预留灰缝,灰缝一般为 5～12 mm。

（6）铺贴应在基层凝实后进行，在铺贴过程中应用手轻轻推放，使砖底与铺贴面平衡，便于排出气泡，然后用木质锤轻敲砖面，让砖底能全面吃浆，以免产生空鼓现象；再用木质锤把砖面敲至平整，同时用水平尺测量，确保砖铺贴水平。

（7）边铺贴，边用水泥砂浆勾缝，也可根据需求加入彩色添加剂勾缝。一般间缝宽度为6～15 mm，深度为2 mm，坚实的基层和饱满的勾缝能让广场砖更经久耐用，避免使用过程中脱落及破裂。

（8）施工过程中，及时将木糠均匀地洒在铺贴面上，用扫帚清扫，将留在砖面的水泥或其他污物抹擦干净，以免表面藏污时间过长，难以清理。

（9）铺贴12 h后，应敲击砖面进行检查，若听到"咚咚"的声音，说明有空鼓，应重新铺贴。

（10）砖铺贴完24 h后方可在其上行走、擦洗。用清水混合清洁剂，彻底将砖清洗干净。

（11）一般只在低温冬季的初期施工，严寒阶段不能施工。气温低于5 ℃时，如需要施工，应在砂浆中加防冻液，施工后砖面铺上草帘保温，促进水泥硬化。

2. 施工注意事项

（1）铺贴后，用橡胶锤敲击砖面进行检查，若听到"咚咚"的声音，说明有空鼓底层不平，要起下来重新铺装。

（2）铺装过程中避免与水泥砂浆和白灰接触，一旦水泥砂浆或白灰接触到烧结砖，砖的面层被污染，则很难将污渍清洗下来，施工后无法清理。如果是砖的正面，则会影响美观，甚至报废。

（3）铺砖时有几点事项必须特别注意：确保相邻的每片砖至少有3～5 mm的空隙，相邻的两片砖没有紧密地靠在一起，这样可以避免在压紧路面过程中或车辆行驶时将砖的边缘压碎；砖片相邻的空隙则用干燥的细砂填补，一方面是为了使砖片有缓冲地紧靠在一起，另一方面是为了有效地将强度均衡分布到相邻的砖片或砖片底下的垫层基层；选用的细砂最好是符合规定的F级细砂，将它们散布在砖片的表面上，然后在压紧步骤开始前把细砂填入空隙里。

（4）烧结砖作墙面使用时，适合用低碱水泥铺装，过程中不要使水泥污染砖面，否则会影响墙面的整体效果；勾缝用干硬砂浆，在砂浆充分凝固前不要洒水养护，防止造成面层污染。

（5）压紧陶土烧结砖时，将垫层上和砖片之间的空隙填满了细砂过后，路面需要用振动式压土机进行二至三次的挤压，将路面压实。压土机的底盘面积至少有0.2 m²，也必须有一层氯丁橡胶层作为垫盘和地砖之间的缓冲，以60～100 Hz的振动频率来挤压路面；若有必要可以再填补细砂，重复压紧路面，将路面压实。

3. 铺贴样式

在铺设陶土烧结砖时，衔接样式和方向在视觉与性能表现上对铺设地段有很大的影响。所以最好是在设计地面与墙面铺装形式时，先把其衔接或铺设样式拟定好，选择两种以上不同色泽的陶土烧结砖进行搭配铺设，可以凸显设计，增添更多的变化（图4-6）。

图 4-6 铺贴样式

五、广场砖的铺贴工艺

（一）广场砖的铺贴说明

铺贴时，请根据设计要求，使产品达到自然和谐的装修效果；用水泥∶砂为 1∶3 的比例混合倒制厚度为 20～30 mm 的砂浆底基层；铺贴时，先让砖充分吸水约 15 min 后，在砖背面抹上约 7 mm 厚的砂浆，用木质锤将砖轻敲至水平位置；砖的间隙一般宽度为 15 mm，深度为 4～8 mm；砖背抹上砂浆后要求 30 s 内铺贴，避免铺贴后出现硬化或空鼓现象。广场砖的铺贴如图 4-7 所示。

图 4-7 广场砖的铺贴

（二）公共部分地砖的铺贴说明

铺贴前无须浸水，只需要用水泥砂浆均匀抹平铺贴面，再用木质锤将砖轻轻敲平整，排除气泡；铺贴时请选用同一型号、尺码、色号的砖，以保证尺寸统一，色泽均匀；铺贴 1 h 后，应把砖面的水泥抹干净，保证砖面的清洁、光亮；稍干后，砖缝间隙填上白水泥，效果更佳。

六、台阶踏步的铺设

在室外景观环境中,对于倾斜度大的地面,以及庭园局部间发生高低差的地方,需要设置踏步,踏步可使地面产生立体感(图4-8),踏步的设置可使景观两点间的距离缩短,缩短行走路线。踏步阶梯分为规则式阶梯和不规则式阶梯,砖砌踏步以红砖等按所需阶梯高度、宽度整齐砌成。楼梯踏步的基础构造可用石块或混凝土砌成,踏步的表面需要考虑防滑性,踏步的宽度一般为 28～45 cm,梯面台阶垂直面的高度一般在 10～15 cm 为宜。

图 4-8　台阶踏步的铺设

七、陶制路牙砖的铺设

一个牢固的路边加固层(陶制路牙砖)可以稳定路面结构,防止路面砖横向和纵向移动。加固层可以用水泥、石块、金属、坚硬的塑胶等材料做成。此加固层除了可以为设计的铺设样式作美丽的修饰之用,也可以作为良好的导水沟。陶制路牙砖如图4-9所示。

图 4-9　陶制路牙砖

第五章 景观金属材料与施工工艺

　　金属可分为黑色金属和有色金属两大类,黑色金属主要指铁及其合金,如钢、生铁、铁合金、铸铁等;有色金属是指除黑色金属以外的其他金属,如铜、铝、锌及其合金。

　　由于金属材料制品材质均匀、强度高、可加工性好,所以被广泛应用于景观工程中。景观工程中需要消耗大量的金属材料,使用最广泛的主要有建筑钢材、铜、铝及其合金。

第一节 金属材料的基础知识

一、建筑钢材

(一)分类

　　常用建筑钢材产品一般分为型材、板材、线材和管材等几类。

　　常用的型材包括工字钢、槽钢、角钢、扁钢、窗框钢等。槽钢、角钢、工字钢可用铆接或焊接方法制成各种钢的构件。大型槽钢和工字钢有时可直接用作钢结构件,如梁、柱等。

　　板材有厚板、中板和薄板之分。在钢板上压出花纹即压花钢板,这种钢板具有防滑作用,可用作平台、楼梯踏板等。压花钢板的基本厚度为 2.5 mm、3.0 mm、3.5 mm、4.0 mm、4.5 mm、5.0 mm、5.5 mm、6.0 mm、7.0 mm、8.0 mm;宽度为 600～1 800 mm,按 50 mm 进级;长度为 2 000～12 000 mm,按 100 mm 进级。

　　镀锌薄板俗称白铁皮,压制成波型后即瓦楞铁皮,可以用作简单的维护件,如花池等。管材按壁厚分为普通镀锌钢管和加厚镀锌钢管,可以作为小型构筑物的结构件,如植物的攀缘架、庭院灯柱等。

　　常用的钢筋和钢丝品种有很多,按直径分,直径在 6～50 mm 的称为钢筋;直径在2.5～5 mm 的称为钢丝。

　　不锈钢是合金钢,按成分不同分为铬不锈钢、铬镍不锈钢、高锰低铬不锈钢等。由于不锈钢具有可再生利用性、高耐久性,并有钝化表层等特点,可以将其归类为耐腐蚀材料。但是,它不能完全耐腐蚀,尤其是在侵蚀环境下。

(二)常用钢材

1. 碳素结构钢

　　碳素结构钢是普通碳素结构钢的简称。在各类钢中,碳素结构钢产量最大,用途最广泛,多轧制成钢板、钢带、型钢等。现行国家标准《碳素结构钢》(GB/T 700—2006)具体规定了它的牌号表示方法、技术要求、试验方法、检验规则等。

　　碳素结构钢的化学成分应符合表 5-1 的要求。

表 5-1 碳素结构钢的化学成分

牌号	质量等级	化学成分(质量分数)/%					脱氧方法
		C	Mn	Si	S	P	
Q195	—	≤0.12	≤0.50	≤0.30	≤0.040	≤0.035	F、Z
Q215	A	≤0.15	≤1.20	≤0.35	≤0.050	≤0.045	F、Z
	B				≤0.045		
Q235	A	≤0.22	≤1.40	≤0.35	≤0.050	≤0.045	F、Z
	B	≤0.20			≤0.045		
	C	≤0.17			≤0.040	≤0.040	Z
	D	≤0.17			≤0.035	≤0.035	TZ
Q275	A	≤0.24	≤1.50	≤0.35	≤0.050	≤0.045	F、Z
	B	≤0.21			≤0.045	≤0.045	Z
		≤0.20					
	C	≤0.22			≤0.040	≤0.040	Z
	D	≤0.20			≤0.035	≤0.035	TZ

2. 低合金高强度结构钢

低合金高强度结构钢是在碳素结构钢的基础上,添加少量的一种或几种合金元素(总含量小于 5%)的一种结构钢。添加元素主要有锰(Mn)、硅(Si)、钒(V)、钛(Ti)、铌(Nb)、铬(Cr)、镍(Ni)及稀土,其目的是为了提高钢的屈服强度、抗拉强度、耐磨性、耐腐蚀性及耐低温性能等。低合金高强度结构钢综合性能较为理想,尤其在大跨度、承受动载荷和冲击载荷的结构中更适用。而且与使用碳素钢相比,可节约钢材 20%~30%,成本不是很高。

根据国家标准《低合金高强度结构钢》(GB/T 1591—2008)的规定,低合金高强度结构钢共有八个牌号。其牌号的表示方法由屈服点字母 Q、屈服点数值、质量等级三个部分组成,屈服点数值共分 345 MPa、390 MPa、420 MPa、460 MPa、500 MPa、550 MPa、620 MPa、690 MPa 八种,质量等级按照硫、磷等杂质量由多到少分为 A、B、C、D、E 五级。如 Q345A 表示屈服点为 345 MPa 的 A 级钢。

3. 钢筋混凝土用热轧钢筋

经热轧成型并自然冷却的钢筋,称为热轧钢筋。热轧钢筋主要有用 Q235 碳素结构钢轧制的光圆钢筋和用合金钢轧制的带肋钢筋两类。光圆钢筋的横截面通常为圆形,且表面光滑;带肋钢筋的横截面为圆形,表面通常有两条纵肋和沿长度方向均匀分布的横肋。带肋钢筋按横肋的纵截面形状分为月牙肋钢筋和等高肋钢筋。月牙肋钢筋的纵、横肋不相交,而等高肋钢筋的纵、横肋相交。

根据《钢筋混凝土用钢第 1 部分:热轧光圆钢筋》(GB 1499.1—2008)的规定,热轧直条光圆钢筋的牌号为 HPB300,其力学性能和工艺性能应符合表 5-2 的要求。根据《钢筋混凝土用钢第二部分:热轧带肋钢筋》(GB 1499.2—2007)的规定,热轧带肋钢筋的牌号由 HRB 和屈服点最小值表示,H、R、B 分别为热轧(Hot rolled)、带肋(Ribbed)、钢筋(Bars)三个词的英文字母首位。热轧带肋钢筋有 HRB335、HRB400、HRB500 三个牌号,其力学性能和工艺性能应符合表 5-2 的要求。

表 5-2　　　　　　　热轧钢筋的力学性能和工艺性能

牌号	外形	钢种	公称直径 /mm	屈服强度 /MPa	抗拉强度 /MPa	伸长率 /%	冷弯性能	
							角度/(°)	弯心直径
HPB300	光圆	低碳钢	6～22	300	420	25	180	$d=a$
HRB335	月牙肋	低碳低合金钢	6～25	335	455	17	180	$d=3a$
			28～40					$d=4a$
HRB400			6～25	400	540	16	180	$d=4a$
			28～40					$d=5a$
HRB500	等高肋	中碳低合金钢	6～25	500	630	15	180	$d=6a$
			28～40					$d=7a$

热轧光圆钢筋的强度较低,但塑性及焊接性能很好,便于各种冷加工,因而广泛用作普通钢筋混凝土构件的受力钢筋及各种钢筋混凝土结构的构造钢筋。HRB335 和 HRB400 钢筋强度较高,塑性和焊接性能也较好,故广泛用作大、中型钢筋混凝土结构的受力钢筋。HRB500 钢筋强度高,但塑性和焊接性能较差,可用作预应力钢筋。

4. 冷轧带肋钢筋

冷轧带肋钢筋是低碳钢热轧圆盘条经冷轧后,在其表面带有沿长度方向均匀分布的三面或两面横肋的钢筋。

根据《冷轧带肋钢筋》(GB 13788—2008)的规定,冷轧带肋钢筋的牌号由 CRB 和抗拉强度最小值表示,有 CRB550、CRB650、CRB800、CRB970、CRB1170 五个牌号,C、R、B 分别为冷轧(Cold rolled)、带肋(Ribbed)、钢筋(Bars)三个词的英文字母首位,其力学性能和工艺性能应符合表 5-3 的规定。

表 5-3　　　　　冷轧带肋钢筋的力学性能和工艺性能(GB 13788—2008)

牌号	抗拉强度 /MPa	伸长率/%		弯曲试验	反复弯曲次数	松弛率/% (初始应力 $\sigma_{con}=0.7\sigma_b$)	
		δ_{10}	δ_{100}			1 000 h	10 h
CRB550	≥550	≥8.0	—	$d=3a$	—	—	—
CRB650	≥650	—	≥4.0	—	3	≤8	≤5
CRB800	≥800	—	≥4.0	—	3	≤8	≤5
CRB970	≥970	—	≥4.0	—	3	≤8	≤5
CRB1170	≥1 170	—	≥4.0	—	3	≤8	≤5

冷轧带肋钢筋 CRB550 宜用于普通钢筋混凝土结构,其他牌号的钢筋宜用于预应力混凝土结构。

5. 预应力混凝土用钢丝

根据《预应力混凝土用钢丝》(GB/T 5223—2014)的规定,预应力混凝土用钢丝按加工状态分为冷拉钢丝(代号为 WCD)和消除应力钢丝两类。消除应力钢丝按松弛性能又分为低松弛级钢丝(代号为 WLR)和普通松弛级钢丝(代号为 WNR)。冷拉钢丝是用盘条通过拔丝模或轧辊经冷加工,以盘卷供货的钢丝。冷加工后的钢丝进行消除应力处理,即得到消除应力钢丝。若钢丝在塑性变形下(轴应变)进行短时热处理,得到的就是低松弛钢丝;若钢丝通过矫直工序后在适当温度下进行短时热处理,得到的就是普通松弛钢丝。消除应力钢丝的塑性比冷拉钢丝好。

预应力混凝土用钢丝按外形分为光面钢丝(代号为 P)、螺旋肋钢丝(代号为 H)和刻痕钢丝(代号为 I)三种。螺旋肋钢丝表面沿着长度方向上有间隔规则的肋条。刻痕钢丝表面沿着长度方向上有间隔规则的压痕。刻痕钢丝和螺旋肋钢丝与混凝土的黏结力好。

预应力混凝土用钢丝质量稳定、安全可靠、强度高、无接头、施工方便,主要用于大跨度的屋架、薄腹梁、吊车梁或桥梁等大型预应力混凝土构件,还可用于轨枕、压力管道等预应力混凝土构件。

6.预应力混凝土用钢绞线

根据《预应力混凝土用钢绞线》(GB/T 5224—2014)的规定,按照原材料和制作方法的不同,钢绞线有标准型钢绞线、刻痕钢绞线和模拔型钢绞线。标准型钢绞线是由冷拉光圆钢丝捻制成的钢绞线,刻痕钢绞线是由刻痕钢丝捻制成的钢绞线(代号为 I),模拔型钢绞线是捻制后再经冷拔而成的钢绞线(代号为 C)。按照捻制结构的不同,钢绞线分为三种结构类型:1×2、1×3 和 1×7,分别用两根、三根和七根钢丝捻制而成。

7.普通不锈钢及制品

用于景观工程的不锈钢主要有薄板和用薄板加工制成的管材、型材等。常用不锈钢薄板的厚度为 0.2~2.0 mm,宽度为 500~1 000 mm,成品卷装供应。不锈钢薄板表面可加工成不同的光洁度,形成不同的反射性,用于屋面或幕墙。高级的抛光不锈钢表面光泽度可与镜面媲美,适用于大型公共建筑门厅的包柱或墙面装饰。各种形式的不锈钢管和型材,可用作扶手、栏杆、亭架或制作门窗等。

8.彩色不锈钢板

彩色不锈钢板是在不锈钢板上进行技术性和艺术性的加工,使其表面成为具有各种绚丽色彩的不锈钢装饰板,其颜色有蓝、灰、紫、红、青、绿、金黄、橙、茶色等多种。

彩色不锈钢板可用作厅堂墙板、吊顶饰面板、电梯厢板、车厢板、招牌等的装饰,也可用作景观建筑的其他局部装饰。采用彩色不锈钢板装饰墙面,不仅坚固耐用,美观新颖,而且具有强烈的时代感。

9.彩色涂层钢板

彩色涂层钢板,又称为彩色有机涂层钢板,是在冷轧钢板或镀锌薄板表面喷涂烘烤了不同色彩或花纹的涂层。

彩色涂层钢板耐热、耐低温性能好,耐污染、易清洗,防水性、耐久性强,可用作建筑外墙板、屋面板、护壁板等;也可加工成瓦楞板用作候车厅、货仓的屋面;与泡沫塑料夹层制成的复合板一样具有保温隔热、防水、自重轻、安装方便等特点,可用作轻型钢结构建筑的屋面、墙壁;此外还可用作防水气渗透板、通风管道、电气设备罩等。

10.彩色压型钢板

彩色压型钢板是以镀锌钢板为基材,经成型机轧制成型,表面再涂敷各种耐腐蚀涂料,或喷涂彩色烤漆而制成的轻型围护结构材料。

彩色压型钢板的特点是自重轻、色彩鲜艳、耐久性强、波纹平直坚挺、安装施工方便、进度快、效率高,适用于景观建筑的屋面、墙面等围护结构,或用于表面装饰。

11.轻钢龙骨

轻钢龙骨是用冷轧钢板(带)、镀锌钢板(带)或彩色涂层钢板(带)经轧制而成的薄壁型钢。轻钢龙骨按断面形状分为 U 形、C 形、T 形和 L 形,按用途分为隔断龙骨(代号 Q)和吊顶龙骨(代号 D),吊顶龙骨又分为主龙骨(承重龙骨)、次龙骨(覆面龙骨),隔断龙骨又分为竖龙骨、横龙骨和通贯龙骨等。

轻钢龙骨主要用于装配各种类型的石膏板、钙塑板、吸声板等,用作室内隔墙和吊顶的龙骨支架,与木龙骨相比具有强度高、防火、耐潮、便于施工安装等特点。与轻钢龙骨配套使用的还有各种配件,如吊挂件、连接件等,可在施工中选用。

二、铝及铝合金

(一)铝及铝合金特性

铝属于有色金属中的轻金属,密度为 2.7 g/cm³,熔点较低,为 6 600℃。铝呈银白色,对光和热有较强的反射能力。铝的导电性和导热性较好,仅次于钢,所以被广泛用来制作导电材料和导热材料。铝的强度和硬度较低,延展性和塑性很好,容易加工成各种型材、线材,以及铝箔、铝粉等。

为了提高铝的强度和改善其性能,常在铝中加入镁、锰、铜、锌、硅等元素形成铝合金,如Al-Mg 合金、Al-Mn 合金、Al-Cu-Mg 系硬铝合金、Al-Zn-Mg-Cu 系超硬铝合金等。铝合金既提高了铝的强度和硬度,同时又保持了铝的轻质、耐腐蚀、易加工等优良性能。在建筑工程中,特别是在装饰领域中铝合金的应用越来越广泛。

(二)景观工程中常用的铝合金制品

景观工程中常用的铝合金制品主要有铝合金门窗、铝合金装饰板、铝合金龙骨、铝箔、铝粉等。

1.铝合金门窗

铝合金门窗是将按特定要求成型并经表面处理的铝合金型材,经过下料、钻孔、铣槽、攻丝、配制等加工工艺而制成的门窗框料构件,再与连接件、密封件、开闭五金件等一起组合装配而成。

铝合金门窗按性能还可分为普通型、隔声型和保温型三种。

(1)铝合金门窗的技术标准

随着铝合金门窗生产的发展,国家已颁布了一系列标准,主要有《铝合金门窗》(GB/T 8478—2008)。

(2)铝合金门窗的分类

铝合金门窗按其开启形式的分类与代号见表 5-4。

表 5-4 铝合金门窗

铝合金门				
开启形式	折叠	平开	推拉	地弹簧	平开下悬
代号	Z	P	T	DH	PX

开启形式	固定	上悬	中悬	下悬	立转	平开	滑轴平开	滑轴	推拉	推拉平开	平开下悬
代号	G	S	C	X	L	P	HP	H	T	TP	PX

注:1.固定部分与平开门或推拉门组合时为平开门或推拉门;2.百叶门符号为 Y,纱扇门符号为 S;3.固定窗与平开窗或推拉窗组合时为平开窗或推拉窗;4.百叶窗符号为 Y,纱扇窗符号为 A。

(3)品种规格

平开铝合金门窗和推拉铝合金门窗的品种规格见表 5-5。

表 5-5　　　　　　　　平开铝合金门窗和推拉铝合金门窗品种规格

名　称	洞口尺寸/mm		厚度基本尺寸系列/mm
	高	宽	
平开铝合金窗	600,900,1 200,1 500, 1 800,2 100	600,900,1 200,1 500, 1 800,2 100	40,45,50,55, 60,65,70
平开铝合金门	2 100,2 400,2 700	800,900,1 000,1 200, 1 500,1 800	40,45,50,55, 60,70,80
推拉铝合金窗	600,900,1 200,1 500, 1 800,2 100	1 200,1 500,1 800,2 100, 1 240,2 700,3 000	45,55,60,70, 80,90
推拉铝合金门	2 100,2 400,2 700,3 000	1 500,1 800,2 100, 2 400,3 000	70,80,90

　　铝合金门窗安装采用预留洞口后安装的方法,预留洞口尺寸应符合《建筑门窗洞口尺寸系列》(GB/T 5824—2008)的规定。选用铝合金门窗时,应注明门窗的规格型号。铝合金门窗的规格型号是以门窗的洞口尺寸表示的。例如,洞口宽和高分别为 2 400 mm 和 2 100 mm 的窗,其规格型号为"2421";洞口宽为 1 000 mm,高为 2 100 mm 的门,其规格型号为"1021"。

　　(4)技术性能

　　铝合金门窗需经检测达到规定的技术性能后才能安装使用,主要检测项目如下:

　　①抗风压性能。抗风压性能是指关闭着的外门窗在风压作用下不发生损坏和功能障碍的能力。采用定级检测压力差为分级指标,根据分级指标 Pa 的大小分为 9 级。

　　②水密性能。水密性能是指关闭着的外门窗在风雨同时作用下,阻止雨水渗漏的能力。采用严重渗漏压力差的前一级压力差作为分级指标,根据分级指标 ΔP 的大小分为 6 级。

　　③气密性能。气密性能是指外门窗在关闭状态下,阻止空气渗透的能力。采用压力差为 10 Pa 时的单位缝长空气渗透量 q_1 和单位面积空气渗透量 q_2 作为分级指标,根据分级指标,q_1 和 q_2 的大小分为 4 级。

　　④保温性能。根据分级指标热导率 K 的大小分为 6 级。

　　⑤空声隔声性能。采用门窗空气隔声性能的单值评价量——计权隔声量 Rw 作为分级指标,根据分级指标的大小分为 5 级。

　　⑥启闭力。门窗的启闭力应不大于 50 N。

　　⑦反复启闭性能。铝合金门的反复启闭应不少于 10 万次,铝合金窗的反复启闭应不少于 1 万次,启闭无异常,使用无障碍。

　　另外,铝合金门还有撞击性能、垂直荷载强度的要求,铝合金窗还有采光性能的要求。

　　(5)产品标记规则

　　铝合金门窗产品应印有标记,现以铝合金推拉窗的标记规则示例如下:铝合金推拉窗标记为 TLC1521－P32.0－ΔP150－q_1(或 q_2)1.5－K3.5－Rw30－Tr40－A。其中,T 为推拉开启形式代号;L 为铝合金材质代号;C 为窗代号;1521 为洞口宽度 1 500 mm,洞口高度 2 100 mm;P32.0 为抗风压性能 2.0 kPa;ΔP150 为水密性能 150 Pa;q_1(或 q_2)1.5 为气密性能 1.5 $m^3/(m \cdot h)$;K3.5 为保温性能 3.5 $W/(m^2 \cdot K)$;Rw30 为隔声性能 30 dB;Tr40 为采光性能 0.40;A 为带纱扇窗。

2. 铝合金装饰板

（1）铝合金花纹板

铝合金花纹板是采用防锈铝合金坯料,用有一定花纹的轧辊轧制而成。花纹美观大方,筋高适中,不易磨损,防滑性好,耐腐蚀性强,便于冲洗,通过表面处理可以获得各种颜色。花纹板板材平整,裁剪尺寸精确,便于安装,广泛应用于现代建筑的墙面装饰以及楼梯踏板等处。

（2）铝质浅花纹板

以冷作硬化后的铝材为基础,表面加以浅花纹处理后得到的装饰板,称为铝质浅花纹板。它的花纹精巧别致,色泽美观大方,除具有普通铝合金板的优点外,刚度提高20%,抗污垢、抗划伤、抗擦伤能力均有提高。

铝质浅花纹板对日光的反射率达75%～90%,热反射率达85%～95%。对酸的耐腐蚀性好,通过表面处理可得到不同色彩和立体图案的浅花纹板。

（3）铝合金波纹板

铝合金波纹板主要用于墙面装饰,也可用作屋面。用于屋面时,一般采用强度高、耐腐蚀性能好的防锈铝制成。

铝合金波纹板的特点是自重轻,对日光反射能力强,防火、防潮、耐腐蚀,在大气中可使用20年以上,可多次拆卸、重复使用。主要用于饭店、旅馆、商场等建筑的墙面和屋面装饰。

（4）铝合金穿孔板

铝合金穿孔板是将铝合金平板经机械冲压成多孔状。孔形根据设计有圆孔、方孔、长圆孔、长方孔、三角孔、大小组合孔等。

铝合金穿孔板材质较轻、耐高温、耐腐蚀、防火、防潮、防震、造型美观、质感强、吸声和装饰效果好,主要用于对音质效果要求较高的各类建筑中,如影剧院、播音室、会议室等。

3. 铝合金龙骨

铝合金龙骨是以铝合金板材为主要原料,轧制成各种轻薄型材后组合安装而成的一种金属骨架,按用途分为隔墙龙骨和吊顶龙骨两类。

铝合金龙骨具有强度大、刚度大、自重轻、不锈蚀、美观、防火、抗震、安装方便等特点,适用于外露龙骨的吊顶装饰。

4. 铝箔

铝箔是用纯铝或铝合金加工成0.006 3～0.2 mm的薄片制品,具有良好的防潮、绝热、隔蒸汽和电磁屏蔽作用。建筑上常用的有铝箔牛皮纸、铝箔布、铝箔泡沫塑料板、铝箔波形板。

5. 铝粉

铝粉俗称银粉,是以纯铝箔加入少量润滑剂,经捣击压碎为极细的鳞状粉末,再经抛光而成。

铝粉质轻,漂浮力强,遮盖力强,对光和热的反射性能均很高。在建筑工程中常用它调制装饰涂料或金属防锈涂料,也可用作土方工程中的发热剂和加气混凝土的发泡剂。

三、铜及铜合金

铜为紫红色重金属,故又称紫铜,具有良好的延展性,是电、热的良导体,但强度较低,易生锈。按合金成分的不同分为黄铜和青铜,景观工程上主要使用黄铜。

黄铜为铜和锌的合金,呈金黄色或黄色,色泽随锌含量的提高而逐渐变淡。黄铜的强度、硬度、耐磨性均高于纯钢,不易生锈,延展性较好。黄铜的装饰性好,其金黄色光泽可使建筑物显得光彩夺目,富丽堂皇。黄铜在建筑上主要用于生产门窗、门窗花格、栏杆、抛光板材、铜管等,用于各种装饰工程。用黄铜生产的铜粉(又称金粉)用作涂料,起到装饰和防腐作用。

第二节　金属材料的防腐

一、金属的防护及保护方法

(一)金属的防护

针对金属腐蚀的原因采取适当的方法防止金属腐蚀,常用的方法有以下几种。

(1)改变金属的内部组织结构

例如制造各种耐腐蚀的合金,如在普通钢铁中加入铬、镍等制成不锈钢。

(2)保护层法

在金属表面覆盖保护层,使金属制品与周围腐蚀介质隔离,从而防止腐蚀。如在钢铁制件表面涂上机油、凡士林、油漆或覆盖搪瓷、塑料等耐腐蚀的非金属材料;用电镀、热镀、喷镀等方法,在钢铁表面镀上一层不易被腐蚀的金属,如锌、锡、铬、镍等,这些金属常因氧化而形成一层致密的氧化物薄膜,从而阻止水和空气等对钢铁等金属的腐蚀。

(3)化学方法

使钢铁表面生成一层细密稳定的氧化膜。如在机器零件、枪炮等钢铁制件表面形成一层细密的黑色的四氧化三铁薄膜等。

(4)电化学保护法

利用原电池原理进行的金属保护,设法消除引起电化学腐蚀的原电池反应。电化学保护法分为阳极保护法和阴极保护法两大类,应用较多的是阴极保护法。

(二)对腐蚀介质进行处理

消除腐蚀介质,如经常擦净金属器材、在精密仪器中放盆干燥剂和在腐蚀介质中加入少量能减慢腐蚀速度的缓蚀剂等。

二、防腐前金属材料的处理

通常金属材料表面会附有尘埃、油污、氧化层、锈蚀层、盐或松脱的旧漆膜,其中氧化层是比较常见但最容易被忽略的部分。氧化层是在钢铁高温锻压成型时所产生的一层致密氧化层,通常附着比较牢固,但相比钢铁本身则较脆,并且其本身为阴极,会加速金属腐蚀。如果不清除这些物质直接涂装,势必会影响整个涂层的附着力及防腐能力。据统计,大约有70％以上的金属板生锈是因为施工时对金属表面油漆处理不适当所引起的。因此,合适的表面处理是至关重要的。

(一)金属材料防腐表面的清理步聚

(1)铲除各种松脱物质。

(2)溶剂清洗,除去油脂。

（3）使用各种手工、电动工具或喷砂等方法处理表面至上漆标准。

（二）金属材料防腐涂装表面的处理方法

1. 溶剂清洗

溶剂清洗是一种利用溶剂或乳液除去表面的油脂及其他类似的污染物的处理方法。由于各种手工或电动工具甚至喷砂处理均无法除去金属表面的油脂，因此溶剂清洗一定要在其他处理方式进行前先行处理。

2. 手工工具清洁

手工工具清洁是一种传统的清洁方法。通常使用钢丝刷刷洗、砂纸打磨、工具刮凿或其组合等方法，以除去钢铁及其他金属表面的疏松氧化层、旧漆膜及锈蚀物。这种方法一般速度较慢，只有在其他处理方法无法使用时才会采用。通常这种方法处理过的金属表面的清洁程度不会非常高，仅适合轻防腐场合。

3. 机动工具清洁

机动工具清洁，即使用手持机动工具如旋转钢丝刷、砂轮或砂磨机、气锤或针枪等进行清洁。使用这种方法可以除去金属表面的疏松氧化层、损伤旧漆膜及锈蚀物等。这种方法较手工工具清洁有更高的效率，但不适合重度防腐场合。

4. 喷砂处理

实践证明，无论是在施工现场还是在装配车间，喷砂处理都是除去氧化层的最有效的方法，这是成功使用各种高性能油漆系统的必要处理手段。喷砂处理的清洁程度必须有一个通用标准，最好有标准图片参考，并且在操作过程中规定并控制金属表面粗糙度。表面粗糙度取决于几方面的因素，但主要受到所使用的磨料种类及其粒径和施力方法（如高压气流或离心力）的影响。对于高压气流，喷嘴的高压程及其对工件的角度是表面粗糙度的决定因素，而对于离心力或机械喷射方法来说，喷射操作中的速度是非常重要的。喷砂处理完成后必须立即上底漆。

喷砂处理也有一些局限性。它不能清除各种油脂及热塑性旧涂层，如沥青涂料；它不能清除金属表面可能附有的盐；它还会带来粉尘的问题，且处理废弃物的成本较高；磨料本身的成本也比较高。

5. 酸洗清洁

酸洗清洁是一种古老的车间处理方法，用于除去钢铁等金属上的氧化层。目前仍采用酸腐蚀及酸钝化的方法。酸洗清洁的一个缺点是虽然将钢铁表面清洁了，但是所生成的表面没有了粗糙度，而粗糙度则有助于提高防腐油漆的附着力。

6. 燃烧清洁

此方法是利用高温、高速的乙炔火焰处理金属表面，可去除所有的松散的氧化层、铁锈及其他杂质，然后以钢丝刷打磨。处理的表面必须无油污、油脂、尘埃、盐和其他杂质。

（三）有色金属及镀锌铁的化学防腐

1. 铝材

对于铝材，溶剂清洗、蒸汽清洗及认可的化学预处理均为可接受的表面处理方法，上漆前打磨表面并选用合适的底漆。

2. 镀锌铁

选用相对活泼金属，使得原来作为阳极的钢铁转变为阴极，从而控制其腐蚀。此种情况下,作为阳极的活泼金属不可避免地会被腐蚀,因而此方法也叫作牺牲阳极防腐控制法。富锌涂层或镀锌铁均采用这种机理进行防腐控制。对于镀锌铁表面,在上漆前必须用溶剂清洗以除去表面污染物,同时也可使用腐蚀性底漆或富锌底漆进行预处理,镀锌后立即进行钝化处理的镀锌铁必须先老化数月,然后才可用腐蚀性底漆或富锌底漆进行预处理。

3.铜和铅

对于铜和铅,采用溶剂清洗及手工打磨,或非常小心的喷砂处理(使用低压力及非金属磨料),均可获得满意的表面处理结果。

三、金属防锈颜料的作用

(一)防锈颜料的常见防锈作用

(1)与成膜剂起反应,形成致密的防腐涂层。

(2)颜料是碱性物质,溶于水则形成碱性环境。

(3)水溶性的成分到达金属表面,使表面钝化。

(4)与酸性物质反应,使其失去腐蚀能力。

(5)水溶性成分或与成膜剂反应的生成物在水中溶解变为防腐成分等。

(二)防锈颜料的其他防锈作用

防锈颜料的上述防锈作用通常是同时存在的,其防腐机理包括下列物理、化学、电化学三个方面。

(1)物理防腐作用

适当配以与油性成膜剂起反应的颜料,可以得到致密的防腐涂层,使物理防腐作用加强。例如含铅类颜料与油性成膜剂反应形成铅皂,使防腐涂层致密,从而减少了水、氧有害物质的渗透。磷酸盐类颜料水解后形成难溶的碱式酸盐,具有堵塞防腐涂层中孔隙的效果。而铁的氧化物或具有鳞片状的云母粉、铝粉、玻璃薄片等颜料、填料均可以使防腐涂层的渗透性降低,起到物理防腐作用。

(2)化学防腐作用

当有害的酸性、碱性物质渗入防腐涂层时,能起中和作用,使其变为无害的物质,这也是有效的防腐方法。尤其是巧妙地采用氧化锌、氢氧化铝、氢氧化钡等两性化合物,可以很容易地实现中和酸性或碱性物质起到防腐作用,或者能与水、酸反应生成碱性物质。这些碱性物质吸附在钢铁表面使其表面保持碱性,在碱性环境下钢铁不易生锈。

(3)电化学防腐作用

从涂层的针孔渗入的水分和氧通过防腐涂层时,与分散在防腐涂层中的防锈颜料反应,形成防腐离子。这种含有防腐离子的湿气到达金属表面,使钢铁表面钝化(电位上升),防止铁离子的溶出,铬酸盐类颜料就具有这种特性。或者利用电极电位比钢铁低的金属来保护钢铁,例如富锌涂料就是由于锌的电极电位比钢铁低,起到牺牲阳极的作用而使钢铁不易被腐蚀。

四、常用防腐材料

常用防腐材料有高氯化聚乙烯防腐漆、环氧防腐漆、氯化橡胶漆、氟碳树脂漆、氨基树脂漆、醇酸树脂漆等。

第三节 金属材料的施工工艺

一、金属装饰材料施工机具

常用施工机具有:金属材料切割机、台钻、手提曲线锯、角磨机、电锤、手枪钻、抛光机、冲击钻、电动修边机、液压拉铆枪、拉铆枪。

二、不锈钢地面的施工工艺

(一)基层处理

清理基层,地面扫水泥浆,在高效界面剂中加入 $5\%\sim8\%$ 的防水剂,找平高度约 20 mm,完工 24 h 后浇水养护。地面钻孔,预埋不锈钢螺栓,安装不锈钢钢板,钢板拼缝焊接(等离子焊接)。

(二)施焊前的准备工作

(1)根据图纸要求用机械加工的方法在接头处去除不锈钢复合层,对接焊缝需开合适的坡口。

(2)在焊缝两侧各 $10\sim20$ mm 宽度范围内做好清理工作,用钢丝刷刷洗或打磨的方法去除氧化物、锈、油、水分等影响焊接质量的物质。

(3)按产品图纸进行装配,在碳钢侧用CJ422、$\phi3.2$ mm 焊条定位焊,定位焊焊工应具有有效的岗位操作证书,保证定位焊的质量。定位焊的有效长度为 $25\sim30$ mm。

(三)焊接过程

1.不锈钢复合钢板对接缝的焊接工艺

(1)基层碳钢焊接

①采用埋弧自动焊的方法,正面焊一层,翻身后反面先用碳弧气刨方法清根,再封底焊一层。焊接规范见表5-6。

表 5-6 焊接规范

位置	焊丝	焊剂	焊丝直径	电弧电压	焊接电流	焊接速度
正面	H08 A	J431	$\phi5$ mm	$31\sim33$V	$500\sim500$ A	$44\sim46$ cm/min
反面	H08 A	J431	$\phi5$ mm	$32\sim34$V	$580\sim620$ A	$44\sim46$ cm/min

②焊后清渣并打磨。

③焊后用 X 射线抽样检查,抽样比例为 $10\%\sim20\%$,或用 UT 探伤检查。

(2)过渡层焊接

采用 CO_2 半自动气体保护焊的方法,焊接一层,焊接规范如下所述。

药芯焊丝:TS—309(天泰)。

焊丝直径:$\phi1.2$ mm。

电弧电压:$19\sim21$ V。

焊接电流:$130\sim150$ A。

(3)复层焊接

采用 CO_2 半自动气体保护焊的方法,焊接一层,焊接规范如下所述。

药芯焊丝:TS-316 L(天泰)。

焊丝直径:ϕ1.2 mm。

层间温度:150 ℃。

(4)清理

焊后清理焊渣,并打磨光顺,然后进行外观检查。

2. 不锈钢复合钢板角接缝焊接工艺

(1)基层碳钢焊接

①按图纸要求的焊脚尺寸,采用 CO_2 半自动气体保护焊的方法,进行角接缝焊接。焊接规范如下所述。

药芯焊丝:TS-711(天泰)或 SF－71(现代)。

焊丝直径:ϕ1.2 mm。

电弧电压:19～21 V。

焊接电流:150～180 A。

②焊后对焊缝进行清理,去除飞溅物和焊渣,并对不锈钢两侧的焊缝进行打磨。

(2)过渡层焊接

①采用 CO_2 半自动气体保护焊的方法,焊接一层,焊接规范如下所述。

药芯焊丝:7S-316(天泰)。

焊丝直径:ϕ1.2 mm。

电弧电压:20～22 V。

焊接电流:140～160 A。

层间温度:150 ℃。

②焊后做好清理工作,去除飞溅物和焊渣,并检查焊缝。

(3)注意事项

①不锈钢复合钢板角接缝焊接时,基准面为不锈钢复层面,防止错边过大,影响复层面焊接质量。

②装配、焊接过程中,严防机械碰伤、电弧烧伤不锈钢复层面。

③严防碳钢焊丝焊接在复层上或过渡层焊丝焊接在复层上。

④碳钢焊接时的飞溅物落在复层面上时,要仔细清除。

⑤焊接过渡层时,为了减少稀释率,在保证焊透的情况下,应尽可能采用规范要求中的较小的焊接数值。

⑥凡是参与焊接的电焊工,均须持有效的合格上岗证书,并经过相应机械考核认可,方可上岗操作。

⑦所用焊接材料均须有效相应的材质认可证书。

(4)施工工艺

清理基层→地面找平→钻孔、植筋→不锈钢板开孔→安装不锈钢板地面→拼缝焊接→焊缝抛光打磨→竣工验收。

第二篇 家居空间与商业空间中的装饰材料与施工工艺

第六章 家居空间与商业空间中的装饰涂料与施工工艺

涂料是指涂敷于物体表面,能够与基体材料很好地黏结并形成完整而坚韧保护膜的物质。由于在物体表面结成干膜,故又称涂膜或涂层,用于建筑物的装饰和保护的涂料称为建筑涂料。涂料在物体表面干结形成的薄膜称为涂膜,又称涂层。建筑涂料主要指用于建筑物表面的涂料,其主要功能是保护建筑物、装饰作用、标志作用及提供特种功能。建筑装饰中涂料的选用原则主要体现在以下三个方面。

一、建筑装饰效果

建筑装饰效果主要是由质感、线型和色彩三个方面决定的,其中线型是由建筑结构及饰面方法所决定的,而质感和色彩则是涂料装饰效果优劣的基本要素。所以在选用涂料时,应考虑到所选用的涂料与建筑的协调性及对建筑形体设计的补充效果。

二、耐久性

耐久性包括两个方面的含义,即对建筑物的保护效果和装饰效果。涂膜的变色、沾污、剥落、粉化、龟裂等都会影响装饰效果或保护效果。

三、经济性

经济性与耐久性是辩证统一的。经济性表现在短期经济效果和长期经济效果,有些产品短期经济效果好,而长期经济效果差,有些产品则反之。因此要综合考虑,权衡其经济性,对不同建筑部位选择不同的涂料。

第一节 装饰涂料的基础知识

涂料最早以天然植物油脂、天然树脂如桐油、松香、生漆等为主要原料,故以前称为油漆。目前,许多新型涂料已不再使用植物油脂,合成树脂已经在很大程度上取代天然树脂。因此,我国已正式采用涂料这个名称,而油漆仅仅是一类油性涂料而已。

一、涂料的组成

按涂料中各组分所起的作用,可分为主要成膜物质、次要成膜物质和辅助成膜物质,见表6-1。

表 6-1　　　　　　　　　　　　　涂料的组成

涂料	主要成膜物质	油料	干性油	挥发成分
			半干性油	
			不干性油	
		树脂	天然树脂	
			人造树脂	
			合成树脂	
	次要成膜物质	填料	着色颜料	
			体质颜料	
		颜料	防锈颜料	
	辅助成膜物质	助剂	催干剂	挥发成分
			固化剂	
			增塑剂	
			抗氧剂	
		溶剂	助溶剂	固体成分
			催化剂	

（一）主要成膜物质

主要成膜物质也称胶黏剂或固着剂，是涂料黏附于物体表面形成覆盖膜的基础物质。它是决定涂料性质的主要成分，是涂料不可缺少的组分。它可以单独成膜，也可以与颜料等共同成膜。主要成膜物质包括天然的干性油、半干性油等油料和天然树脂、合成树脂等树脂。

1. 油料

油料主要成分是甘油三脂肪酸酯，是最早使用的成膜物质。脂肪酸部分是含有双键的不饱和脂肪酸和不含双键的饱和脂肪酸。把油料涂在物体表面时，通过不饱和脂肪酸中双键的氧化和聚合反应，涂层会逐渐干燥成膜。在涂料工业中，它是一种主要的原料，用来制造各种油类加工产品、清漆、色漆、油改性合成树脂及作为增塑剂使用。

2. 树脂

树脂是可以溶解在一定溶剂中的高分子化合物，当溶剂挥发以后，能在物体表面迅速成膜。它分为天然树脂、人造树脂和合成树脂。天然树脂是从天然的动、植物体中提取的天然产物，如虫胶、大漆、松香、沥青等。人造树脂是纤维素经过化学加工得到的衍生物，如纤维素酯、纤维素醚等。合成树脂是通过有机合成所得到的高分子聚合物，包括天然橡胶的衍生物及合成橡胶、酚醛树脂、环氧树脂、二氨基树脂、丙烯酸树脂、乙烯类树脂、聚氨酯树脂等。其中合成树脂涂料是现代涂料工业中产量最大、品种最多、应用最广的涂料。

（二）次要成膜物质

次要成膜物质的主要组分是颜料和填料（有的称为着色颜料和体质颜料），它不能离开主要成膜物质而单独构成涂膜。

1. 颜料

颜料是一种微细粉末状的有色物质，能均匀地分散在涂料介质中，涂于物体表面形成色层。颜料可使涂膜呈一定的颜色，具有一定的遮盖作用，阻挡水、氧气、化学品等透过，如铝粉、玻璃鳞片等。颜料能填充涂膜的体积，增强涂膜的机械性能，减少涂膜干燥时收缩，保持附着力,如重晶石粉等;使涂料具有特种功能,如防污、防腐蚀、反光、耐热、导电等;抵抗阳光尤其是紫外线对涂料的破坏,抗老化,提高涂料的耐久性。此外,颜料还具有调节涂料的流变性的作用。

2. 填料

填料又称为体质颜料。它不具有遮盖力和着色力,包括许多化合物,从自然界得来,直接制造或作为副产品获得,价格便宜。常用的填料有碳酸钙、硅酸镁、硅酸铝、硫酸钙、结晶氧化硅、硅藻土、硫酸钡等。

(三)辅助成膜物质

1. 溶剂

溶剂把成膜物质溶解,以便均匀地涂覆于物体表面。溶剂的选择对涂料的储存稳定性、涂膜的性能、质量及其施工性能都有重要的影响。正确地使用溶剂,可改善涂膜的致密性、表面光泽等物理性能。同时,可按施工需要,用溶剂调节涂料的黏度。溶剂选用不当,会引起涂膜产生白斑、失光、白化等弊病,还可能使涂料发生凝聚、凝胶、分层、析出沉淀,甚至报废。

常用的涂料溶剂有烃、醇、醚、酯、酮类溶剂等,更多的是采用混合溶剂。评价溶剂对于涂料的适用性的根据是:溶解能力、相对密度、沸点、燃点、挥发性、色泽、夹杂物、气味、毒性、化学稳定性、抗腐蚀性、货源及价格等。溶剂在涂料中的比例较小,但对涂料的施工性、储存性及涂膜的物理性能有明显的影响。

2. 助剂

助剂是除了主要成膜物质、颜料、填料、溶剂之外的一种添加到涂料中的成分,是能使涂料或涂膜的某一特定性能起到明显改进作用的物质,在涂料配方中的用量很小,主要是多种无机化合物和有机化合物,包括高分子聚合物。涂料使用的助剂品种繁多,常用的有催干剂、固化剂、引发剂、增塑剂、抗氧剂、防老剂等;特种性能的有紫外线吸收剂、光稳定剂、阻燃剂、抗静电剂、防霉剂等。

二、建筑涂料的名称及型号

(一)建筑涂料的命名原则

国家标准《涂料产品分类和命名》(GB/T 2705—2003)对涂料的命名,作了如下规定。

(1)涂料全名＝颜色或颜料名称＋成膜物质名称＋基本名称

涂料颜色应位于涂料名称的最前面。若颜料对涂膜性能起显著作用,则可用颜料的名称代替颜色的名称,仍置于涂料名称的最前面。

(2)涂料名称中的成膜物质名称应作适当简化,如硝基纤维素(酯)简化为硝基,如果硝基中含有多种成膜物质,可选取起主要作用的那一种成膜物质命名。

(3)基本名称仍采用我国已广泛使用的名称,如清漆、磁漆、底漆等。

(4)在成膜物质和基本名称之间,必要时可标明专业用途、特性等。

(二)建筑涂料型号

国家标准《涂料产品分类和命名》(GB/T 2705—2003)对涂料型号作了如下规定。

1. 涂料型号

涂料的型号分三部分:第一部分是涂料的类别,用汉语拼音字母表示;第二部分是基本名称,用两位数字表示;第三部分是序号。

2. 辅助材料型号

辅助材料型号分两部分:第一部分是辅助材料种类;第二部分是序号。辅助材料种类按用途划分为:X—稀释剂,P—防潮剂,G—催干剂,T—脱漆剂,H—固化剂。涂料类别及代号见表6-2。

表6-2 涂料类别及代号

序 号	代 号	类 别	序 号	代 号	类 别
1	Y	油脂漆类	10	X	烯树脂漆类
2	T	天然树脂漆类	11	B	丙烯酸漆类
3	F	酚醛漆类	12	Z	聚酯漆类
4	L	沥青漆类	13	H	环氧漆类
5	C	醇酸漆类	14	S	聚氨酯漆类
6	A	氨基漆类	15	W	元素有机漆类
7	Q	硝基漆类	16	J	橡胶漆类
8	M	纤维素漆类	17	E	其他漆类
9	G	过氯乙烯漆类			

涂料的基本名称代号按《涂料产品分类和命名》(GB/T 2705—2003)规定见表6-3。

表6-3 涂料基本名称代号

代 号	代表名称	代 号	代表名称	代 号	代表名称
00	清 油	31	(覆盖)绝缘漆	54	防油漆
01	清 漆	32	绝缘(磁烘)漆	55	防水漆
02	厚 漆	33	(黏合)绝缘漆	60	防火漆
03	调和漆	34	漆包线漆	61	耐热漆
04	磁 漆	35	硅钢片漆	62	变色漆
05	烘 漆	36	电容器漆	63	涂布漆
06	底 漆	37	电阻漆	64	可剥漆
07	腻 子		电位器漆	65	粉末涂料
08	水溶漆、乳胶漆	38	半导体漆	80	地板漆
09	大 漆	40	防污漆、防蛆漆	81	渔网漆
10	锤纹漆	41	水线漆	82	锅炉漆
11	皱纹漆	42	甲板漆	83	烟囱漆
12	裂纹漆		甲板防滑漆	84	黑板漆
14	透明漆	43	船壳漆	85	调色漆
20	铅笔漆	50	耐酸漆	86	标志漆
22	木器漆	51	耐碱漆		路标漆
23	罐头漆	52	防腐漆	98	胶 液
30	(浸渍)绝缘漆	53	防锈漆	99	其 他

三、建筑涂料的分类

建筑涂料的品种繁多,从不同角度可以有不同的分类方法,从涂料的化学成分、溶剂类型、主要成膜物质的种类、产品的稳定状态、使用部位、形成效果及所具有的特殊功能等不同角度来加以分类。建筑涂料分类见表6-4。

表 6-4   建筑涂料分类

序　号	分类方法	涂料种类
1	按涂料状态	1.溶剂型涂料　2.乳液型涂料　3.水溶性涂料　4.粉末涂料
2	按涂料的装饰质感	1.薄质涂料　2.厚质涂料　3.复层涂料
3	按主要成膜物质	1.油脂　2.天然树脂　3.酚醛树脂　4.沥青　5.醋酸树脂　6.氨基树脂　7.硝基纤维素　8.纤维酯、纤维醚　9 烯类树脂　10.丙烯酸树脂　11.聚酯树脂　12.环氧树脂　13.聚氨基甲酸酯　14.有机聚合物　15.橡胶
4	按建筑物涂刷部位	1.外墙涂料　2.内墙涂料　3.地面涂料　4.顶棚涂料　5.屋面涂料
5	按涂料的特殊功能	1.防火涂料　2.防水涂料　3.防霉涂料　4.防结露涂料　5.防虫涂料

四、建筑涂料的功能

建筑涂料具有以下功能。

（一）保护作用

建筑涂料通过刷涂、滚涂或喷涂等施工方法，涂敷在建筑物的表面上，形成连续的薄膜，厚度适中，有一定的硬度和韧性，并具有耐磨、耐候、耐化学侵蚀以及抗污染等功能，可以提高建筑物的使用寿命。

（二）装饰作用

建筑涂料所形成的涂层能装饰美化建筑物。若在涂料施工中运用不同的方法，可以获得各种纹理、图案及质感的涂层，使建筑物产生不同凡响的艺术效果，达到美化环境，装饰建筑的目的。

（三）改善建筑的使用功能

建筑涂料能提高室内的亮度，起到吸声和隔热的作用；一些特殊用途的涂料还能使建筑具有防火、防水、防霉、防静电等功能，如图 6-1 和图 6-2 所示。

图 6-1　家居空间中涂料的运用

图 6-2   商业空间中涂料的运用

第一节   外墙涂料

一、外墙涂料的功能

外墙涂料主要功能是装饰和保护建筑物的外墙面,使建筑物外貌整洁美观,从而达到美化城市环境的目的;同时能够起到保护建筑物外墙的作用,延长其使用时间。为了获得良好的装饰与保护效果,外墙涂料一般应具有以下特点。

1. 装饰性好

外墙涂料色彩丰富多样,保色性好,能较长时间保持良好的装饰性。

2. 耐水性好

外墙面暴露在大气中,要经常受到雨水的冲刷,因而作为外墙涂料应具有很好的耐水性能。某些防水型外墙涂料其耐水性能更佳,当基层墙发生小裂缝时,涂层仍有防水的功能。

3. 耐沾污性好

大气中的灰尘及其他物质沾污涂层后,涂层会失去装饰性能,因而要求外墙装饰层不易被这些物质沾污或沾污后容易清除。

4. 耐候性好

暴露在大气中的涂层,要经受日光、雨水、风沙、冷热变化等作用。在这类因素反复作用下,一般的涂层会发生开裂、剥落、脱粉、变色等现象,使涂层失去原有的装饰和保护功能。因此作为外墙装饰的涂层要求在规定的年限内不发生上述破坏现象,即有良好的耐候性。此外,外墙涂料还应有施工及维修方便、价格合理等特点。外墙涂料特点、技术性能、用途见表 6-5。

表 6-5　　　　　　　　　　　　　　　　　外墙涂料特点、技术性能、用途

品　种	特　点	技术性能	用　途
外墙饰面涂料	由有机高分子胶黏剂和无机胶黏剂制成。无毒无味,涂层厚且呈片状,防水、防老化性能良好,涂层干燥快,黏结力强,色泽鲜艳,装饰效果好	黏结力:0.8 MPa 耐水性:20 ℃浸 1 000 h 无变化 紫外线照射:520 h 无变化 人工老化:432 h 无变化 耐冻融性:25 次循环无脱落	适用于各种工业、民用建筑外墙装饰
乙丙外墙乳胶漆	由乙丙乳液、颜料、填料及各种助剂制成。以水作稀释剂,安全无毒,施工方便,干燥迅速,耐候性、保光性较好	黏度:≥17 s 固体含量:不小于 45% 干燥时间:表干≤30 min 实干≤24 h 遮盖力:≤170 g/m² 耐湿性:浸 96 h 破坏<5% 耐碱性:浸 48 h 破坏<5% 耐冻融循环:>3 个循环不破坏	适用于住宅、商店、宾馆、工矿、企事业单位的建筑外墙装饰
彩砂涂料	丙烯酸酯乳液以胶黏剂、彩色石英砂为集料,加各种助剂制成。无毒、无溶剂污染、快干、不燃、耐强光、不褪色、耐污染性好	耐水性:浸水 1 000 h 无变化 耐碱性:浸碱盐液 1 000 h 无变化 耐冻融性:50 次循环无变化 耐洗净性:1 000 次无变化 黏结强度:1.5 MPa 耐污染性:高档<10%,一般 35%	用于板材及水泥砂浆抹面的外墙装饰
新型无机外墙涂料	以碱金属硅酸盐为主要成膜物质,加以固化剂、分散剂、稳定剂及颜料和填料调制而成。具有良好的耐候、保色、耐水、耐洗刷、耐酸碱等特点	固体含量:35%~40% 黏度:30~40 s 表面干燥时间:<1 h 遮盖力:<300 g/m² 附着力:100% 耐水性:25 ℃浸 24 h 无变化 耐热性:80 ℃,5 h 无发黏开裂现象 紫外线照射:20 h 稍有脱粉 涂刷性能:无刷痕 沉淀分层情况:24 h 沉淀 5 mL	用于宾馆、办公楼、商店、学校、住宅等建筑物的外墙装饰或门面装饰

二、常用外墙涂料

1. 过氯乙烯外墙涂料

过氯乙烯外墙涂料的主要特性为干燥速度快,常温下 2 h 全干;耐大气稳定性好;具有良好的化学稳定性,在常温下能耐 25% 的硫酸和硝酸、40% 的烧碱以及酒精、润滑油等物质。但这种涂料的附着力较差;热分解温度低(一般应在 60℃以下使用)以及溶剂释放性差。此外,含固量较低,很难形成厚质涂层,且苯类溶剂的挥发污染环境、伤害人体。

2. 氯化橡胶外墙涂料

氯化橡胶外墙涂料又称橡胶水泥漆。它是以氯化橡胶为主要成膜物质,再辅以增塑剂、颜料、填料和溶剂经一定工艺制成。为了改善综合性能有时也加入少量其他树脂。这种涂料具有优良的耐碱、耐候性,且易于重涂维修。

3. 聚氨酯系列外墙涂料

这类涂料是以聚氨酯树脂或聚氨酯与其他树脂复合物为主要成膜物质的优质外墙涂

料。一般为双组分或多组分涂料。固化后的涂膜具有近似橡胶的弹性,能与基层共同变形,有效地阻止开裂。这种涂料还具有许多优良性能,如耐酸碱性、耐水性、耐老化性、耐高温性等均十分优良,涂膜光泽度极好,呈瓷质感。

4.苯-丙乳胶漆

苯一丙乳胶漆是由苯乙烯和丙烯酸酯类单体通过乳液聚合反应制得的苯一丙共聚乳液,是目前质量较好的乳液型外墙涂料之一。

这种乳胶漆具有丙烯酸酯类的高耐光性、耐候性和不泛黄性等特点,而且耐水、耐酸碱、耐湿擦洗性能优良,外观细腻、色彩艳丽、质感好,与水泥混凝土等大多数建筑材料有良好的黏附力。

5.氯-偏共聚乳液厚涂料

它是以氯乙烯一偏氯乙烯共聚乳液为主要成膜物质,添加其他高分子溶液(如聚乙烯醇水溶液)等混合物为基料制成的。这类涂料产量大,价格低,使用十分广泛,常用于6层以下住宅建筑外墙装饰。耐光、耐候性较好,但耐水性较差,耐久性也较差,一般只有2~3年的装饰效果,容易沾污和脱落。

6.彩色砂壁状外墙涂料

彩色砂壁状外墙涂料(图6-3)简称彩砂涂料,是以合成树脂乳液和着色骨料为主体,外加增稠剂及各种助剂配制而成的。着色骨料一般采用高温烧结彩色砂料、彩色陶料或天然带色石屑。彩砂涂料可用不同的施工工艺做成仿大理石、仿花岗石质感和色彩的涂料,因此又称为仿石涂料、石艺漆、真石漆。涂层具有丰富的色彩和质感,保色性、耐水性、耐候性好,涂膜坚实,骨料不易脱落,使用寿命可达10年以上。

图6-3 彩色砂壁状外墙涂料

7. 水乳型合成树脂乳液外墙涂料

这类涂料是由合成树脂配以适量乳化剂、增稠剂和水通过高速搅拌分散而成的稳定乳液为主要成膜物质配制而成。

其他乳液型外墙涂料品种还很多,如乙-丙乳胶漆、丙烯酸酯乳胶漆、乙－丙乳液厚涂料等。所有乳液型外墙涂料由于以水为分散介质,故无毒,不易发生火灾,环境污染少,对人体毒性小,施工方便,易于刷涂、滚涂、喷涂,并可以在潮湿的墙面上施工,涂膜的透气性好。目前存在的主要问题是低温成膜性差,通常必须在 10℃ 以上施工才能保证质量,因而冬季施工一般不宜采用。

8. 复层建筑涂料

它是由两种以上涂层组成的复合涂料。复层建筑涂料一般由 4 层封闭涂料(底层涂料)、主层涂料、面层涂料所组成。复层建筑涂料按主层涂料主要成膜物质的不同,分为聚合物水泥系、硅酸盐系、合成树脂乳液系和反应固化型合成树脂乳液系 4 大类。

9. 硅溶胶无机外墙涂料

它是以胶体二氧化硅为主要成膜物质,加入多种助剂经搅拌、研磨、调制而成的水溶性建筑涂料。涂膜的遮盖力强、细腻、颜色均匀明快、装饰效果好,而且涂膜致密性好,坚硬耐磨,可用水砂纸打磨抛光,不易吸附灰尘,渗透力强,耐高温性及其他性能均十分优良。硅溶胶还可与某些有机高分子聚合物混溶硬化成膜,兼有无机和有机涂料的优点。

第三节　内墙涂料

一、内墙涂料的功能

内墙涂料的主要功能是装饰及保护室内墙面,使其美观整洁,让人们处于舒适的居住环境中。为了获得良好的装饰效果,内墙涂料应具有以下特点,如图 6-4 所示。

图 6-4　内墙涂料的运用

1. 色彩丰富,涂层细腻

内墙的装饰效果主要由质感、线条和色彩 3 个因素构成。内墙涂料一般应色彩适宜、淡雅柔和,突出浅淡和明亮,营造出舒适的居住环境。

2. 耐碱性、耐水性、耐粉化性好,具有一定的透气性

由于墙面 4 层是碱性的,因而涂料的耐碱性要好。同时为了清洁方便,要求涂层有一定的耐水性及耐刷洗性。透气性不好的墙面材料易结露或挂水,使人产生不适感,因而内墙涂料应有一定的透气性。

3. 施工性好,价格合理

二、内墙涂料的分类

石灰浆、大白粉和可赛银等是我国传统的内墙装饰涂料。石灰浆又称石灰水,具有刷白作用,是一种最简便的内墙涂料,其主要缺点是颜色单调,容易泛黄及脱粉;大白粉亦称滑石粉、老粉或白土等,为具有一定细度的碳酸钙粉,在配制浆料时应加入胶黏剂,以防止脱粉。大白粉遮盖力较高,价格便宜,施工及维修方便,是一种常用的内墙涂料。可赛银是以碳酸钙和滑石粉等为填料,以酪素为胶黏剂,掺入颜料混合制成的一种粉末状材料,也称酪素涂料。表 6-6 为涂料品种、特点、技术性能及用途。

表 6-6 涂料品种、特点、技术性能及用途

品　　种	特　　点	技术性能	用　　途
106 涂料(聚乙烯醇水玻璃)	用聚乙烯醇树脂水溶液和水玻璃为基料,混合一定量的填料、颜料和助剂,经过混合、研磨、分散而成。无毒无味,能在稍湿的墙面上施工,具有一定的黏结力,涂层干燥快,表面光洁平滑,能形成一层类似无光泽的涂膜	容器中状态:经搅拌无结块、沉淀和絮凝现象 黏度:35～75 s 白度:≤80 度 涂料的外观:涂膜平整光滑,色泽均匀 附着力:划格试验无方格脱落 耐水性:浸水 24 h 涂层无脱落、起泡和皱皮现象	适用于住宅、商店、医院、宾馆、剧场、学校等建筑物的内墙装饰
803 内墙涂料(聚乙烯醇缩醛)	新型水溶性涂料,具有无毒无味、干燥快、遮盖力强、涂层光洁、在冬季较低温度下不易结冻、涂刷方便、装饰性好、耐湿擦性好、附着力强等优点	表面干燥时间:35 ℃时＜30 min 附着力:100% 耐水性:浸 24 h 不起泡不脱粉 耐热性:80 ℃,6 h 无发黏开裂 耐洗刷性:50 次无变化、不脱粉 黏度:50～70 s	适用于大厦、住宅、剧院、医院、学校等室内墙面装饰

1. 乳胶漆

乳胶漆是乳胶涂料的俗称,乳胶漆又称为合成树脂乳液涂料,是有机涂料的一种,是以合成树脂乳液为基料,加入颜料、填料及各种助剂配制而成的一类水性涂料。乳液型外墙涂料均可作为内墙装饰使用,但常用的建筑内墙乳胶漆以平光漆为主,其主要产品为醋酸乙烯乳胶漆。近年来乙-丙有光乳胶漆也开始应用,但价格较醋酸乙烯乳胶漆贵。

(1)醋酸乙烯乳胶漆

醋酸乙烯乳胶漆是由聚醋酸乙烯乳液加入颜料、填料及各种助剂,经研磨或分散处理而制成的一种乳液涂料。该涂料具有无毒、不燃、涂膜细腻、平滑、透气性好、价格适中等优点,但它的耐水性、耐碱性及耐候性不及其他共聚乳液,故仅适宜涂刷内墙,而不宜作为外墙涂

料使用。

（2）乙-丙有光乳胶漆

乙-丙有光乳胶漆是以乙-丙共聚乳液为主要成膜物质,掺入适当的颜料、填料及助剂,经过研磨或分散后配制而成的半光或有光内墙涂料,用于建筑内墙装饰,其耐水性、耐碱性、耐久性优于醋酸乙烯乳胶漆。乙-丙有光乳胶漆在共聚乳液中引入了丙烯酸丁酯、甲基丙烯酸甲酯、甲基丙烯酸、丙烯酸等单体,从而提高了乳液的光稳定性,使配制的涂料耐候性好,宜用于室外;在酸丁酯聚合物中引进丙烯,能起到内增塑的作用,提高了涂膜的柔韧性;不用有机溶剂,节省有机原料,减少空气污染,并且有光泽,是一种中高档内墙装饰涂料。

2. 聚乙烯醇类水溶性内墙涂料

（1）聚乙烯醇水玻璃内墙涂料

聚乙烯醇水玻璃内墙涂料是一种在国内普通建筑中广泛使用的内墙涂料,其商品名为"106",它是以聚乙烯醇树脂的水溶液和水玻璃为胶黏剂,加入一定量的体质颜料和少量助剂,经搅拌、研磨而成的水溶性涂料。

聚乙烯醇水玻璃内墙涂料的品种有白色、奶白色、湖蓝色、果绿色、蛋青色、天蓝色等,适用于住宅、商店、医院、学校等建筑物的内墙装饰。

（2）聚乙烯醇缩甲醛内墙涂料

聚乙烯醇缩甲醛内墙涂料是以聚乙烯醇与甲醛进行不完全缩醛反应生成的聚乙烯醇缩甲醛水溶液为基料,加入颜料、填料及其他助剂经混合、搅拌、研磨、过滤等工序制成的一种内墙涂料。聚乙烯醇缩甲醛内墙涂料的生产工艺与聚乙烯醇水玻璃内墙涂料相类似,成本相仿,而耐水洗擦性略优于聚乙烯醇水玻璃内墙涂料。

第四节　地面和顶棚涂料

地面、顶棚涂料的整个施工环境温度应在 5 ℃以上,否则,乳胶涂料无法滚涂。若顶棚也施涂乳胶涂料,操作顺序是先顶棚后墙柱。表 6-7 为涂料品种、特点、技术性能及用途。

表 6-7　　　　　涂料品种、特点、技术性能及用途

品　种	特　点	技术性能	用　途
膨胀珍珠岩喷砂涂料	是一种粗质感喷砂涂料,装饰效果类似小拉毛效果,但质感比小拉毛好,对基层要求低,遮盖效果好	含固量:41.7% 表观密度:0.86 g/cm³ 黏度:25.5 s 黏结强度:0.11 MPa 耐水性:1.5 h 无变化 耐热性:47 ℃,168 h 无变化	适用于走廊的天棚、办公室、会议室及住宅天花板
毛面顶棚涂料	涂层表面有一定颗粒状毛面质感,对顶棚不平有一定的遮盖力,装饰效果好。施工工艺简单,喷涂工效高,可减轻强度	耐水性:48 h 无脱落 耐碱性:8 h 无变化,48 h 无脱落 渗水性:无水渗出 耐擦洗:250 次无掉粉 储存稳定性:半年后有沉淀	产品分高、中、低档,适用于宾馆、饭店、影剧院、办公楼等公共建筑物的空间较大的房间或走廊的顶棚装饰

（续表）

品　种	特　点	技术性能	用　途
777 地面涂层材料	以水溶性高分子聚合物为基料加入填料、颜料制成。分为A、B、C 三个组分。A 组分 425 号水泥；B 组分色浆；C 组分面层罩光涂料。具有无毒、不燃、经济、干燥快、施工简便、经久耐用等特点	耐磨性：0.06 g/cm² 黏结强度：0.25 MPa 抗冲击性：50 J/cm² 耐火性：20 ℃，7 d 无变化 耐热性：105 ℃，1 h 无变化	用于公共建筑、住宅建筑以及一般实验室、办公室水泥地面的装饰
聚氨酯弹性地面涂料	具有较高的强度和弹性，良好的黏结力，涂敷地面光洁不滑、弹性好、耐磨、耐压、行走舒适、不积尘、易清扫，施工简单等优点，可代替地毯使用。	硬度：60%～70% 耐撕力：5～6 MPa 断裂强度：5 MPa 伸长率：200% 黏结强度：4 MPa 耐腐蚀：10% HCl 3 个月无变化	适用于会议室、图书馆作装饰地面以及车间耐磨、耐油、耐腐蚀地面

第五节　防火涂料

防火涂料可用于钢材、木材、混凝土等材料，常用的阻燃剂有含磷化合物和含卤素化合物等，如氯化石蜡、磷酸三氯乙醛酯等。裸露的钢结构耐火极限仅为 0.25 h，在火灾中钢结构温升超过 500 ℃时，其强度明显降低，导致建筑物迅速垮塌。钢结构必须采用防火涂料进行涂饰，才能使其达到《建筑设计防火规范》的要求。

防火涂料包括钢结构防火涂料、木结构防火涂料、混凝土楼板防火隔热涂料等。

一、钢结构防火涂料

1. ST1-A 型钢结构防火涂料

这种防火涂料采用特别保温蛭石骨料、无机胶结材料、防火添加剂与复合化学助剂调配而成，具有密度高、热导率低、防火隔热性好的特点，可用作各类建筑钢结构和钢筋混凝土结构梁、柱、墙及楼板的防火阻挡层。

ST1-A 涂料的耐火性能：用该种涂料作钢结构防火层，涂层厚度为 2～2.5 cm 时，即可满足建筑物一级耐火等级的要求。

ST1-A 涂料的耐候性能：这种涂料经过 65 ℃和－150 ℃循环试验 15 次后，其抗拉强度、抗压强度均无降低，试件不裂。

2. LG 钢结构防火隔热涂料

这种涂料是以改性无机高温黏结剂，配以空心微珠、膨胀珍珠岩等吸热、隔热、增强材料和化学助剂合成的一种新型涂料；具有密度小、热导率低、防火隔热性优良、附着力强、干燥固化快、无毒、无污染等特点；适用于建筑物室内钢结构，也可用于防火墙、防火挡板及电缆沟内铁支撑架等构筑物。表 6-8 为该涂料的物理力学性能。其防火隔热性能按 GN 15-1982 标准试验，防火涂层为 1.5 cm，钢梁耐火极限达 1.5 h，增减涂层厚度可满足钢结构不同耐火极限的要求。

表 6-8 LG 钢结构防火隔热涂料物理力学性能

项 目	指 标	项 目	指 标
耐水性	水泡 2 000 h 无溶损	热导率	0.09 W/(m·K)
耐腐蚀性	pH＝12 不腐蚀	抗压强度	0.46 MPa
黏结性能	不开裂脱落		

LG 钢结构防火隔热涂料的耐老化性能:空气冻融循环 15 次,外观完整,湿热交替循环 25 次,不裂不粉,经实际考核无异常发生。

二、木结构防火涂料

1. YZL-858 发泡型防火涂料

这种涂料由无机高分子材料和有机高分子材料复合而成;具有轻质、防火、隔热、耐候、坚韧不脆、装饰良好、施工方便等特点;适用于饭店、旅店、展览馆、礼堂、学校、办公大楼、仓库等公用建筑和民用建筑的室内木结构,如木条、木板、木柱等。该涂料的防火性能、理化性能、装饰性见表 6-9。

表 6-9 YZL—858 发泡型防火涂料性能

名 称		指 标
防火性能	火焰传播比值	10
	阻燃性	失重 2.5 g,炭化体积 0.16 m³
	耐火性	耐火时间 33.7 min
理化性能	颜 色	白色,根据需要可调成多种颜色
	干燥时间	表干 1~2 h,实干 4~5 h
	耐水性	在水中浸泡一周涂层完整无缺
	附着力	＞3 MPa
	耐候性	45 ℃、100%湿度的 CO_2 气氛下 48 h 无变化
装饰性	色泽、光泽	可配成颜色,带有瓷釉的光泽,而无瓷质的脆性

2. YZ-196 发泡型防火涂料

这种涂料由无机高分子材料和有机高分子材料复合而成。涂膜退火膨胀发泡,生成致密的蜂窝状隔热层,有良好的隔热防火效果。这种涂料不但隔热、防火,而且耐候、抗潮等性能良好,附着力强,黏结力高,涂膜有瓷釉的光泽,装饰效果良好;适用于各类工业与民用建筑的防火隔热及装饰。这种涂料的防火性能及理化性能见表 6-10。

表 6-10 YZ—196 发泡型防火涂料性能

名 称		指 标
防火性能	火焰传播比值	10
	阻燃性	失重 3.14 g,炭化体积 0.052 cm³
	耐火性	耐火时间 30.3 min
理化性能	颜 色	白色,根据需要可调成多种颜色
	干燥时间	表干 1~2 h,实干 4~5 h
	耐水性	在水中浸泡一周涂层无变化
	附着力	＞3 MPa
	耐候性	45 ℃、100%湿度的 CO_2 气氛下 48 h 无变化

3. 膨胀乳胶防火涂料

这种涂料以丙烯酸乳液为黏合剂,与多种防火添加剂配合,以水为介质加上颜料和助剂配制而成。该涂料遇火膨胀,产生蜂窝状炭化泡层,隔火隔热效果显著;适用于涂刷工业与民用建筑物的内层架、隔墙、顶棚(木质、纤维板、胶合板、纸板)等易燃材料,此外也可用于发电厂、变电所及建筑物的沟道和竖井的电缆涂刷。

这种涂料隔火隔热效果好。如涂刷在 3 mm 厚的纤维板上,经 800 t 左右的酒精火焰垂直燃烧 10~15 min 不穿透;涂刷在油纸绝缘和塑料绝缘的电缆线上,经 830 t 煤气火焰喷烧 20 min 内部绝缘完好,可继续通电。这种涂料呈中性,对被涂物基本无腐蚀,干膜附着力为 2~3 MPa,冲击强度 >3 MPa,在 25 ℃蒸馏水中浸泡 24 h 不起泡、不脱落,颜色可调成黄、红、蓝、绿等浅色。

4. A60-1 改性氨基膨胀涂料

这种涂料以改性氨化树脂为胶黏剂,与多种防火添加剂配合,加上颜料和助剂配制而成。该涂料遇火生成均匀致密的海绵状泡沫隔热层,有显著的隔热、防火、防潮、防油及耐候性等,能调配成多种颜色,有较好的装饰效果。适用于建筑、电缆等火灾危险性较大的物件保护,也适用于车、船及地下工程作防火处理。其防火性能、物理性能见表 6-11。

表 6-11   A60—1 改性氨基膨胀涂料性能

名　称		指　标
防火性能	氧指数	38
	火焰传播数值	10
	阻燃性	失重 2.2 g,炭化体积 9.8 cm³
	耐火性	耐火时间 43 min
物理性能	干燥时间	表干 1 h,实干 24~72 h
	附着力情况	100%
	柔韧性	1 级
	耐水性	浸泡 48 h 无变化
	耐油性	25 号变压器油浸泡 120 h 无变化

三、混凝土楼板防火隔热涂料

混凝土材料本身是不会着火燃烧的,但它不一定耐火。实践证明,当预应力混凝土楼板遇火灾时,其耐火极限仅为 0.5 h,也就是说在 0.5 h 左右楼板就会断裂垮塌。如果用涂料保护混凝土楼板,则它可满足《建筑设计防火规范》的要求。

混凝土楼板防火隔热涂料是以无机、有机复合物作胶黏剂,配以珍珠岩、硅酸铝纤维等多种成分原料,用水作溶剂,经机械混合搅拌而成。该涂料具有容重轻、热导率低、隔火隔热、耐老化性能好等特点,原料来源丰富,易于生产,主要用于喷涂预应力混凝土楼板,提高其耐火极限,也可喷涂钢筋混凝上梁、板及普通混凝土结构,起防火隔热保护作用。其主要性能见表 6-12。

表 6-12   混凝土楼板防火隔热涂料性能

名　称	指　标
颜　色	灰白色,或按需要配色
表观密度	303 kg/m³
导温系数	0.000 78 m²/h
热导率	0.089 5 W/(m·K)
比热	1.397 6 J/(kg·K)
抗压强度	1.34 MPa
抗冻融性	−20~20 ℃,15 次循环无变化
防火隔热性能	按 GN 15—1982 标准试验,5 mm 厚涂层,YKB—33A 预应力混凝土楼板耐火极限为 2.4 h

第六节　漆类涂料

一、天然漆

天然漆称"土漆",又称"国漆"或"大漆",它是从漆树上采割的乳白色胶状液体,一旦接触空气后转为褐色,数小时后表面干涸硬化而生成漆皮,有生漆和熟漆之分。

天然漆的特性是:漆膜坚硬,富有光泽、耐久、耐磨、耐油、耐水、耐腐蚀、绝缘、耐热(≤250 ℃),表面结合力强。缺点是黏度高而不易施工(尤其是生漆),漆膜色深,性脆,不耐阳光直射,抗强氧化和抗碱性差。天然漆有生漆和熟漆之分。生漆有毒,干燥后漆膜粗糙,所以很少直接使用。生漆经加工制成熟漆,或改性后制成各种精制漆。熟漆适于在潮湿环境中使用,所形成的漆膜光泽好、坚韧、稳定性高、耐酸性强,但干燥较慢,甚至需 2～3 个星期。精制漆有广漆和催光漆等品种,具有漆膜坚韧、耐水、耐热、耐久、耐腐蚀等良好性能,光泽动人,装饰性强,适用于木器家具、工艺美术品及某些建筑制品等。

二、调和漆

调和漆是在熟干性油中加入颜料、溶剂、催干剂等调和而成的,是最常用的一种油漆。调和漆质地均匀,较软,稀稠适度,漆膜耐腐蚀,耐晒,经久不裂,遮盖力强,耐久性好,施工方便,适用于室内外钢铁、木材等表面的涂刷。

常用的调和漆有油性调和漆、磁性调和漆等品种。油性调和漆是用干性油与颜料研磨后,加入催干剂及溶剂配制而成的。这种漆附着力好,不易脱落,不起龟裂,不易粉化,经久耐用,但干燥较慢,漆膜较软,故适用于室外面层涂刷。磁性调和漆是由甘油松香酯、干性油与颜料研磨后,加入催干剂、溶剂配制而成的。这种漆干燥性比油性调和漆好,漆膜较硬,光亮平滑,但耐气候的能力较油性调和漆差,易失光、龟裂,故用于室内较为适宜。

三、清漆

它以树脂为主要成膜物质,分为油基清漆和树脂清漆两类。油基清漆俗称凡立水,由合成树脂、干性油、溶剂、催干剂等配制而成。油料用量较多时,漆膜柔韧、耐久且富有弹性,但干燥较慢;油料用量少时,则漆膜坚硬、光亮、干燥快,但较易脆裂。油基清漆有钙酯清漆、酚醛清漆、醇酸清漆等。树脂清漆不含干性油,这种清漆干燥迅速,漆膜硬度高,绝缘性好,色泽光亮,但膜脆、耐热、抗大气影响较差。现将建筑上常用的清漆分述如下。

1. 酯胶清漆

又称耐水清漆,是以干性油和甘油松香为胶黏剂而制成的。这种清漆膜光亮,耐水性较好,但光泽不持久,干燥性较差,适合用于木制家具、门窗、板壁等的涂刷及金属表面的罩光。

2. 酚醛清漆

俗称永明漆,是由纯酚醛树脂或改性酚醛树脂与干性植物油经熬炼后,再加入催干剂和溶剂等配制而成的清漆。根据溶剂介质的性质可分为油溶性酚醛清漆和醇溶性酚醛清漆。它的涂膜光亮坚韧,耐久性、耐水性、耐酸性好,干燥快,并耐热、耐弱酸碱,缺点是涂膜容易泛黄,用于室内外木器和金属面涂饰,可得到很好的效果。

3. 醇酸清漆

又叫三宝漆,是以干性油和改性醇酸树脂溶于溶剂中而制得的。这种漆的附着力、光泽度、耐久性比酯胶清漆和酚醛清漆都好,漆膜干燥快,硬度高,绝缘性好,可抛光,打磨,色泽光亮,但膜脆,耐热,抗大气性较差。醇酸清漆主要用于涂刷室内门窗、木地面、家具等,不宜外用。

4. 虫胶清漆

又名泡立水、酒精凡立水,也简称漆片,它是虫胶片(干切片)用酒精(95度以上)溶解而得的溶液,这种漆使用方便,干燥快,漆膜坚硬光亮。缺点是耐水性和耐候性差,日光曝晒会失光,热水浸烫会泛白,一般用于室内涂饰。

5. 硝基清漆

又称清喷漆,是漆中另一类型,它的干燥是通过溶剂的挥发,而不包含有复杂的化学变化。它是以硝化棉即硝化纤维素为基料,加入其他树脂、增塑剂制成的,具有干燥快、坚硬、光亮、耐磨、耐久等优点。它是一种高级涂料,适用于木材和金属表面的涂敷装饰。在建筑上用于高级建筑的门窗、板壁、扶手等装饰,但不宜用湿布擦。

四、磁漆

磁漆是在清漆的基础上加入无机颜料而制成的,因漆膜光亮、坚硬,酷似瓷器,故为其名,磁漆色泽丰富,附着力强,适用于室内装饰和家具,也可用于室外的钢铁和木材表面。磁漆的品种有:酯胶磁漆、醇酸磁漆、酚醛磁漆、硝基内用磁漆、丙烯酸磁漆。

五、特种油漆

建筑上常用的特种油漆有各种防锈漆和防腐漆。

防锈漆是用精炼的亚麻仁油、桐油等优质干性油做成膜剂,加入红丹、锌铬黄、铁红、铝粉等防锈颜料制成,也可加入适量的滑石粉、瓷土等作填料。

红丹漆是目前使用较广泛的防锈漆,呈碱性,能与侵蚀性介质、中酸性物质起中和作用。红丹还有较高的氧化能力,能使钢铁表面氧化成均匀的 Fe_2O_3 薄膜,与内层紧密结合,起强力的表面钝化作用;红丹与干性油结合所形成的铅皂,能使漆膜紧密,不透水,因此有显著的防锈作用。

在建筑工程中,常用于化工防腐工程的特种漆有:生漆、过氯乙烯漆、酯胶漆、环氧漆、沥清漆等。

第七节 装饰涂料的施工工艺

一、外墙涂料的施工工艺

1. 基层处理

(1)基层要有足够的强度,无酥松、脱皮、起砂、粉化等现象。

（2）施工前，必须将基层表面的灰浆、浮灰、附着物等清除干净，用水冲洗更好。

（3）基层的油污、铁锈、隔离剂等必须用洗涤剂洗净，并用水冲洗干净。

（4）基层的空鼓必须剔除，连同蜂窝、孔洞等提前2～3天用聚合物水泥腻子修补完整。配合比为水泥∶108胶∶纤维素（2%浓度）∶水＝1∶0.2∶适量∶适量（重量比）。

（5）抹灰面要用铁抹子压平，再用毛刷带出小麻面，其养护时间一般3天即可。

（6）新抹水泥砂浆湿度、碱度均高，对涂膜质量有影响，因此，抹灰后需间隔3天以上再行涂饰。

（7）基层表面应平整，纹理质感应均匀一致，否则由于光影作用，会造成颜色深浅不一的错觉，影响装饰效果。

2. 施工操作要求

（1）采用喷涂施工，空气压缩机压力需保持在0.4～0.7 MPa，排气量0.63 m³/s以上，以将涂料喷成雾状为准，其喷口直径如下：

①如果喷涂砂粒状：保持在4.0～4.5 mm；

②如果喷涂云母片状：保持在5～6 mm；

③如果喷涂细粉状：保持在2～3 mm。

（2）要垂直墙面，不可上、下做料，以免出现虚喷发花，不能漏喷、挂流，漏喷及时补上，挂流及时除掉。喷涂厚度以盖底后最薄为佳，不宜过厚。

（3）刷涂时，先清洁墙面，一般刷涂两次，本涂料干燥很快，注意刷涂摆幅放小，以便均匀一致。

（4）滚涂时，先将涂料按刷涂做法的要求刷在基层上，随即滚涂，滚刷上必须蘸少量涂料，滚压方向要一致，操作应迅速。

3. 注意事项

（1）施工后4～8 h内避免淋雨，预计有雨时，停止施工。

（2）风力4级以上时不宜施工。

（3）施工器具不能沾上水泥、石灰等。

（4）本类涂料在5 ℃以上方可施工，施工后4 h内，温度不能低于0 ℃。

二、内墙涂料的施工工艺

（1）基层处理：先将装修表面的灰块、浮渣等杂物用刀铲除，若表面有油污，应用清洗剂和清水洗净，干燥后再用棕刷将表面灰尘清扫干净。

（2）用腻子将墙面、麻面、蜂窝、洞眼等残缺处补好。

（3）磨平：等腻子干透后，先用开刀将凸起的腻子铲开，然后用粗砂纸磨平。

（4）满刮腻子：先用胶皮刮板满刮第一遍腻子，要求横向刮抹平整、均匀、光滑、密实、线角及边棱整齐。满刮时，不漏刮，接头不得留槎，不沾污门窗框及其他部位。干透后用粗砂纸打磨平整。

（5）第二遍满刮腻子与第一遍方向垂直，方法相同，干透后用细砂纸打磨平整、光滑。

（6）涂刷乳胶：涂刷前用手提电动搅拌枪将涂料搅拌均匀，若稠度较大，可加清水稀释，但稠度应控制，不得稀稠不匀。然后将乳胶倒入托盘，用滚刷蘸乳胶进行滚涂，滚刷先作横向滚涂,再作纵向滚压,将乳胶赶开,涂平,涂匀。滚涂顺序一般自上而下,从左到右,先边角后棱角,先小面后大面。防止涂料局部过多而发生流坠,滚刷涂不到的阴角处,需用毛刷补齐,不得漏涂。要随时剔除墙上的滚子毛。一面墙要一气呵成,避免出现刷迹重叠,沾污到其他部位的乳胶要及时清洗干净。

(7)磨光:第一遍滚涂乳胶结束 4 h 后,用细砂纸磨光,若天气潮湿,4 h 后未干,应延长间隔时间,待干后再磨。

(8)涂刷乳胶一般为两遍,亦可根据要求适当增加遍数。每遍涂刷应厚薄一致,充分盖底,表面均匀。

(9)清扫:清扫飞溅乳胶,清除施工准备时预先覆盖在踢脚板、水、暖、电、卫设备及门窗等部位的遮挡物。

三、防火涂料的施工工艺

1. 钢件预处理

(1)将钢件表面处理干净。

(2)固定六角孔铅丝网或用底胶水喷扫基面。

2. 涂料抹合

涂料:水=1:1(重量比),用搅拌机搅拌 5~10 min,即可使用。

3. 喷(刷)涂

喷(刷)涂要在底胶成膜干燥后进行,第一遍厚度控制在 1.5 mm,待干后方可喷涂第二遍。涂料固化快,故需随用随配制,施工时以 15~35 ℃为好,4 ℃以下不宜施工。

4. 手工抹光

在最后一遍达到设计厚度时即可。

四、油漆的施工工艺

(一)硝基清漆

1. 工艺要求

(1)对木料表面进行清扫、起钉、除尘土、除污垢等脏物,并用砂纸打磨,水渍、胶渍须打磨干净,铅笔线必须擦干净,边角要磨光。

(2)刷一遍漆片水,调腻子补洞、缺陷、枪眼等不平处,腻子必须略高于平面,后用砂纸打磨,达到表面平整的要求,且木料表面无浮灰。

(3)对有色调要求的清漆,应在腻子中调入所需颜料成糊状,用棉纱蘸糊状腻子,均匀涂于木质表面上,干后用砂纸打磨掉浮灰且露出木纹。

(4)刷一遍漆片水,用毛笔修补颜色,然后用砂纸打磨之后刷第一遍硝基清漆。

(5)共刷六遍硝基清漆且每刷一遍清漆后都用砂纸磨光。

(6)配件必须用油漆带封贴后方可油漆(包括铜铰链、门锁、猫眼、电器等)。

2. 质量要求

(1)一般油漆应在地面工程,抹灰工程、木装修工程、水暖电气工程等其他对油漆质量有影响的工程完工后进行,且施工环境温度不宜低于 10 ℃。

(2)油漆涂刷时,基层表面应充分干燥,且表面无尘土、污垢,涂刷后应加以保护防止损伤和尘土污染。

(3)木基层刷油漆时,应做到横平竖直,交错均匀一致,涂刷顺序为先上后下,先内后外,先浅色后深色,按板的方向理平理直。

(4)每一遍油漆应待前一遍油漆干燥后进行,木工艺要求硝基清漆涂刷一般不少于六遍。若刷亚光清漆在刷第六遍漆时换刷亚光硝基清漆,清漆和稀料用量大致为比为1:2。

(5)对柜内抽斗内不需涂刷油漆处应用腻子进行大面积修补,打磨后刷一遍漆片。

(6)清漆表面质量要求见表6-13。

表6-13   **清漆表面质量要求**

项 次	项 目	中级涂料(清漆)	高级涂料(清漆)
1	漏刷、脱皮、斑迹	不允许	不允许
2	木纹	棕眼刮平、木纹清楚	棕眼刮平、木纹清楚
3	光亮和光滑	光亮足、光滑	光亮柔和、光滑无挡手感
4	裹棱、流坠、皱皮	大面允许、小面明显处不允许	不允许
5	颜色、刷纹	颜色基本一致、无刷纹	颜色一致、无刷纹
6	五金、玻璃等	洁净	洁净

(7)在涂刷前应按要求颜色制作油漆样板,并经甲方确认后方可施工,并保留样板。

(8)木地板施涂涂料不得少于三遍,且常用聚氨酯清漆,先刷靠窗处地板,然后向门口方向退刷,长条地板要顺木纹方向刷。刷清漆时,要充分用力刷开,刷匀不得漏刷,刷完一遍后应仔细检查,若发现不平处应用腻子补平,干后打磨,若有大块腻子疤痕,进行处理,待第一遍干燥后再刷第二遍,并关闭门窗防止污染。

(9)对表面有色斑,颜色不均的木料,或有高级透明涂饰要求的,或需露浅木色的应对木材进行脱色处理。

(二)混水漆

1. 工艺要求

(1)先补洞,砂光,批灰再砂光,将浮灰擦净。

(2)刷漆片水一遍后刷带色硝基漆一遍,待油漆干燥后磨光,再刷第二遍带色硝基漆。

(3)共刷三遍带色硝基漆,且每遍刷之前应先打磨,用干布净擦。木材表面刷涂溶剂型混色涂料的主要操作程序见表6-14。

表6-14   **木材表面刷涂溶剂型混色涂料的主要操作程序**

项 目	工序名称	普通级	中级	高级
1	清扫、起钉子、除油污等	+	+	+
2	铲去胶水、修补平整	+	+	+
3	磨砂纸	+	+	+
4	节疤处点漆片	+	+	+
5	局部刮腻子、磨光	+	+	+
6	第一遍满刮腻子		+	+
7	磨光		+	+
8	第二遍满刮腻子			+

（续表）

项　目	工序名称	普通级	中级	高级
9	磨光			+
10	刷涂底层涂料		+	+
11	第一遍涂料	+	+	+
12	复补腻子	+	+	+
13	磨光	+	+	+
14	湿布擦净		+	+
15	第二遍涂料	+	+	+
16	磨光（高级涂料用水砂纸）	+	+	+
17	湿布擦净		+	+
18	第三遍涂料		+	+

注：①表中"+"号表示应进行工序；②木地板刷涂料不得少于3遍。

2. 质量要求

木材表面刷涂溶剂型混色涂料的质量要求见表6-15。

表6-15　　　　　　　　**木材表面刷涂溶剂型混色涂料的质量要求**

项次	项　目	普通级涂料	中级涂料	高级涂料
1	脱皮、漏刷、反锈	不允许	不允许	不允许
2	透底、流坠、皱皮	大面不允许	大面和小面明显处不允许	不允许
3	光亮和光滑	光亮均匀一致	光亮、光滑均匀一致	光亮足、光滑无挡手感
4	分色裹棱	大面不允许 小面允许偏差3 mm	大面不允许、小面允许偏差2 mm	不允许
5	装饰线、分色线平直（拉5 m线检查）	偏差不大于3 mm	偏差不大于2 mm	偏差不大于1 mm
6	颜色、刷纹	颜色一致	颜色一致、刷纹通顺	颜色一致，无刷纹

注：①大面是门窗关闭后的里、外面；
　　②小面明显处是指门窗开启后，除大面外，视线能见到的部位；
　　③设备管道喷、刷涂银粉涂料，涂抹应均匀一致，光亮足；
　　④施涂无光涂料、无光混色涂料时，不检查光亮。

（三）实木门及门套、窗刷（喷）清油漆

1. 基层处理

先将木门窗基层表面上的灰尘、斑迹、胶迹等用刮刀或碎玻璃片刮干净，但须注意不要刮出毛刺，也不要刮破抹灰墙面。然后用1号以上砂纸顺木纹精心打磨，先磨线角，后磨四口平面，直到光滑为止。木门窗基层有小块翘皮时，可用小刀撕掉。重皮的地方应用小钉子钉牢固，若重皮较大或有烤糊印疤，应由木工修补，并用酒精漆片点刷。

2. 润色油粉

用大白粉 24、松香水 16、熟桐油 2(重量比)等混合搅拌成色油粉(颜色同样板颜色),盛在小油桶内。用棉丝蘸油粉反复擦木材表面,擦进木材鬃眼内,然后用麻布或棉丝擦净,线角应及时用竹片除去余粉。应注意墙面及五金上下不得沾染油粉。待油粉干后,用 1 号砂纸顺木纹轻轻打磨,先磨线角、裁口、后磨四口平面,直到光滑为止。注意保护棱角,不要将鬃眼内油粉磨掉,磨完后用潮布将磨下的粉末、灰尘擦净。

3. 满刮油腻子

腻子配合比为石膏粉:熟桐油＝20∶7,水适量(重量比),并加颜料调成石膏腻子(颜色浅于样板 1-2 色),要注意腻子油性不可过大或过小,若过大,涂刷时不易浸入木质内;若过小,则钻入木质中,这样刷的油色不易均匀,颜色不能一致。用腻子刀或牛角板将腻子刮入钉孔、裂缝、鬃眼内。刮抹时要横抹竖起,遇接缝或节疤较大时,应用铲刀、牛角板将腻子挤入缝隙内,然后抹平,一定要刮平,不留松散腻子。待腻子干透后,用 1 号砂纸顺木纹轻轻打磨,先磨线角、裁口、后磨四口平面,注意保护棱角,来回打磨至光滑为止,并用潮布将磨下的粉末擦净。

4. 刷油色

先将铅油(或调和漆)、汽油、光油、清油等混合在一起过筛(小笋),然后倒在小油桶内,使用时经常搅拌,以免沉淀造成颜色一致(颜色同样板颜色)。刷油的顺序应从外向内、从左向右、从上至下进行,并顺着木纹涂刷。刷门窗框时不得碰到墙面上,刷到接头处要轻飘,达到颜色一致;因油色干燥较快,所以刷油动作应快速、敏捷,要求无疤无节,横平竖直,顺油时刷子要轻飘,避免出刷络。刷木窗时,先刷好框子上部后再刷亮子;待亮子全部刷完后,将挺钩钩住,再刷窗扇;若为双扇窗,应先刷左扇后刷右扇;三扇窗应最后刷中间扇;纱窗扇先刷外面后刷里面。刷木门时,先刷亮子后刷门框、门扇背面,刷完后用小木楔子将门扇固定,前后刷门扇正面;全部刷好后检查是否有漏刷,小五金上沾染的油色要及时擦净。油色涂刷要求木材色泽一致,而又不盖住木纹,所以每一个刷面必须一次刷,不留接头,两个刷面交接棱口不要相互沾油,沾油后要及时擦掉,达到颜色一致。

5. 刷第一遍清漆

(1)刷清漆

刷清漆的方法与油色相同,但刷第一遍清漆时应略加一些稀料(汽油)撤光,便于快干。因清漆黏性较大,最好使用已用出刷口的旧刷子,刷时要少蘸油,要注意不流、不坠、涂刷均匀。待清漆完全干透后,用 1 号旧砂纸彻底打磨一遍,将头遍漆面上的光亮基本打磨掉,再用潮布将粉尘擦掉。

(2)修补腻子

一般要求刷油色后不抹腻子,特殊情况下,可以用油性略大的带色石膏腻子,修补残缺不全之处,操作时必须用牛角板刮抹,不得损伤漆膜,腻子要收刮干净,光滑无腻子疤(补腻子疤必须点漆片处理)。

(3)修色

木材表面上的黑斑、节疤、腻子疤和材色不一致处,应用漆片、酒精加色调配(颜色同样板颜色),材色深的应修浅,材色浅的应提深,将深或浅色木料拼成一色,并绘出木纹。

（4）打砂纸

使用细砂纸轻轻往返打磨,然后用潮布将粉尘擦净。

6. 刷第二遍清漆

使用原桶清漆不加稀释剂(冬期可略加催干剂),刷油操作同前,但刷油动作要敏捷,多刷多理,清漆涂刷得饱满一致,不流不坠,光亮均匀,刷后仔细检查一遍,有毛病及时纠正。刷此遍清漆时,周围环境要整洁,宜暂时禁止通行,最后木门窗用挺钩钩住或用木楔固定牢固。

7. 刷第三遍清漆

待第二遍清漆干透后首先要进行磨光,然后过水布,最后涂刷第三遍清漆。

第七章　家居空间与商业空间中的玻璃材料与施工工艺

第一节　玻璃材料的基础知识

玻璃是用石英砂、纯碱、长石和石灰石为主要原料,并加入一些如助熔剂、着色剂、发泡剂、澄清剂等辅助原料,在 1 550~1 660 ℃高温下熔融、急速冷却而得到的一种无定形硅酸盐制品,其主要化学成分是 SiO_2(70%左右)、Na_2O,CaO 和少量的 MgO,Al_2O_3,K_2O 等。

玻璃的生产主要由原料加工、计量、泥合、熔制、成型和退火等工艺组成。最常见的玻璃是平板玻璃。平板玻璃的生产主要不同之处在于成型方法,目前常见的成型方法有垂直引上法、水平拉引法、压延法、浮法等。

垂直引上法是引上机从玻璃液面垂直向上拉引玻璃带的方法。水平拉引法是将玻璃带由自由液面向上引拉 70 cm 后绕经转向辊再沿水平方向拉引,该方法便于控制拉引速度,可生产特厚和特薄玻璃。压延法是利用一对水平水冷金属压延辊将玻璃延展成玻璃带,由于玻璃是处于可塑状态下压延成型,因此会留下压延辊的痕迹,常用于生产压花玻璃和夹丝玻璃。浮法是使熔融的玻璃液流入锡抽,在干净的锡液面上自由摊平,逐渐降温退火加工成玻璃的方法。是最先进的玻璃生产方法,它具有质量好、产量高、生产的玻璃宽度和厚度调节范围大等特点,而且玻璃自身的缺陷如气泡、结石、玻筋、线道、疙瘩等较少,浮法生产的玻璃经过深加工后可制成各种特种玻璃,如图7-1所示。

图 7-1　特种玻璃

　　在玻璃的生产和使用过程中,常常进行表面加工处理。主要包括:控制玻璃表面的凸凹,使之形成光滑面或散光面,如玻璃的蚀刻、磨光和抛光等;改变表面的薄层,使之具有新的性能,如表面着色、离子交换等;用其他物质在玻璃表面形成薄层使之具有新的性能,如表面镀膜;用物理或化学方法在玻璃表面形成定向应力改善玻璃的力学性质,如钢化。

　　化学蚀刻和化学抛光是采用氢氟酸对玻璃的强烈腐蚀作用来加工玻璃表面的,如形成具有微小凸凹、极具立体感的文字画像或去除表面瑕疵形成非常光亮的抛光效果等。

　　玻璃在高温下的离子交换是着色离子扩散到玻璃表层使玻璃着色的过程。

　　镀膜是在玻璃表面形成金属、金属氧化物或有机物的薄膜,使其对光、热具有不同的吸收和反射效果,可制成热反射玻璃、导电膜玻璃、低辐射玻璃等。

　　玻璃的研磨和抛光是玻璃制品重要的冷加工方法。研磨可去除表面粗糙的部分,并达到所需要的形状和尺寸,抛光可去除玻璃表面呈毛面状态的裂纹层,使之变成光滑、透明、具有光泽的表面。目前,随着浮法玻璃的大量生产,由于其本身表面已十分平整光滑,所以目前平板玻璃的研磨和抛光已越来越少,但是对于形状特殊的玻璃制品仍需要进行研磨和抛光。

第二节　玻璃材料在室内设计中的运用

一、平板玻璃

　　平板玻璃(图 7-2)是指未经其他加工的平板状玻璃制品,也称白片玻璃或净片玻璃。平板玻璃按厚度不同分为薄玻璃、厚玻璃、特厚玻璃;按表面状态不同可分为普通平板玻璃、压花玻璃、磨光玻璃、浮法玻璃等;按生产方法不同,分为普通平板玻璃和浮法玻璃。平板玻璃是建筑玻璃中生产量最大、使用最多的一种,主要用于门窗,起采光、围护、保温、隔声等作用,也是进一步加工成其他技术玻璃的原片。

图 7-2　室内平板玻璃

(一)平板玻璃的品种和规格

1.品种

按照国家标准,平板玻璃根据其外观质量进行分等定级。普通平板玻璃分为优等品、一等品和二等品三个等级。浮法玻璃分为优等品、一等品和合格品三个等级。同时规定,玻璃的弯曲度不得超过3‰。

2.规格

平板玻璃按其用途可分为窗玻璃和装饰玻璃。根据国家标准《平板玻璃》(GB 11614—2009)的规定,玻璃按其厚度可分为以下几种规格:

引拉法生产的普通平板玻璃:2 mm、3 mm、4 mm、5 mm 四类。

浮法玻璃:3 mm、4 mm、5 mm、6 mm、8 mm、10 mm、12 mm 七类。

引拉法生产的玻璃其长宽比不得大于 2.5,其中 2 mm、3 mm 厚玻璃尺寸不得小于400 mm×300 mm,4 mm、5 mm、6 mm 厚玻璃尺寸不得小于 600 mm×400 mm,浮法玻璃尺寸一般不小于 1 000 mm×1 200 mm,5 mm、6 mm 厚玻璃尺寸最大可达 3 000 mm×4 000 mm。

(二)平板玻璃的质量标准和外观等级标准

平板玻璃的质量标准和外观等级标准见表 7-1 和表 7-2。

表 7-1　　　　　　　平板玻璃的质量标准(GB 11614—2009)

技术条件		
项　目		允许偏差范围指标
厚度偏差	2 mm	±0.15 mm
	3 mm,4 mm	±0.20 mm
	5 mm	±0.25 mm
	6 mm	±0.30 mm
矩形尺寸	长宽比	不得大于 2.5 mm
	最小尺寸[(2,3)×400×300,(4,5,6)×600×400]的尺寸偏差(包括偏斜)	不得超过±3 mm
	弯曲度	不得超过 0.2%
	边部凸出或残缺部分	不得超过 3 mm
	缺　角	一块玻璃只许有一个,沿原角等分线测量不得超过 5 mm
透光率(玻璃表面不许有擦不掉的白雾状或棕黄色的附着物)	2 mm 厚者	不小于 89%
	3 mm 厚者	不小于 88%
	4 mm 厚者	不小于 87%
	5 mm 厚者	不小于 86%
	6 mm 厚者	不小于 85%

表 7-2　　　　　　　　　　平板玻璃外观等级标准（GB 11614—2009）

缺陷种类	说明	优等品	一等品	合格品
波筋（包括波纹辊子花）	不产生变形的最大入射角	60°	45° 50 mm 边部，30°	30° 100 mm 边部，0°
气泡	长度 1 mm 以下的	集中的不许有	集中的不许有	不限
	长度大于 1 mm 的每平方米允许个数	≤6 mm，6	≤8 mm，8 >8～10 mm，2	≤10 mm，12 >10～20 mm，2 >20～25 mm，1
划伤	宽≤0.1 mm 每平方米允许条数	长≤50 mm 3	长≤100 mm 5	不限
	宽>0.1 mm，每平方米允许条数	不许有	宽>0.4 mm 长<100 mm 1	宽≤0.8 mm 长<100 mm 3
砂粒	非破坏性的，直径 0.5～2 mm，每平方米允许个数	不许有	3	8
疙瘩	非破坏性的疙瘩波及范围直径不大于 3 mm，每平方米允许个数	不许有		3
线道	正面可以看到的每片玻璃允许条数	不许有	30 mm 边部 宽≤0.5 mm	宽≤0.5 mm 2
麻点	表面呈现的集中麻点	不许有	不许有	每平方米不超过 3 处
	稀疏的麻点，每平方米允许个数	10	15	30

注：集中气泡、麻点是指 100 mm 直径圆面积内超过 6 个。

二、安全玻璃

安全玻璃是指与普通玻璃相比，力学强度更高、抗冲击能力更强的玻璃。其主要品种有钢化玻璃、夹丝玻璃、夹层玻璃和钛化玻璃。安全玻璃被击碎时，其碎片不会伤人，并兼有防盗、防火的功能。根据生产时所用的玻璃原片不同，安全玻璃具有一定的装饰效果。

（一）钢化玻璃

钢化玻璃又称强化玻璃。钢化玻璃（图 7-3）是用物理或化学方法，在玻璃表面上形成一个压应力层，玻璃本身具有较高的抗压强度，不会造成破坏。当玻璃受到外力作用时，这个压力层可将部分拉应力抵消，避免玻璃的碎裂，虽然钢化玻璃内部处于较大的拉应力状态，但玻璃的内部无缺陷存在，不会造成破坏，从而达到提高玻璃强度的目的。

1. 性能特点

（1）高强度性能

同等厚度的钢化玻璃比普通玻璃的抗折强度高 4～5 倍，抗冲击强度也高出许多。钢化玻璃的冲击强度是普通玻璃的 80 倍，实心板是普通玻璃的 200 倍，可以防止在运输、安装、使用过程中破碎。

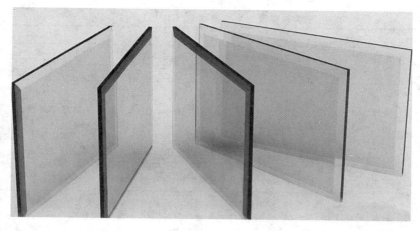

图 7-3　钢化玻璃

（2）弹性好

钢化玻璃的弹性比普通玻璃大得多，一块尺寸为 1 200 mm×350 mm×6 mm 的钢化玻璃，受力后可发生达 100 mm 的弯曲挠度，当外力撤除后，仍能恢复原状，而普通玻璃弯曲变形只能有几毫米。

（3）热稳定性高

在受急冷急热时，不易发生炸裂是钢化玻璃的又一特点，这是因为钢化玻璃的压应力可抵消一部分因急冷急热产生的拉应力。钢化玻璃耐热冲击，最大安全工作温度为 288 ℃，能承受 204 ℃ 的温差变化。

（4）阻燃性好

钢化玻璃的自燃温度为 630 ℃（木材为 220 ℃），经国家防火建筑材料质量监督检测中心测试，钢化玻璃燃烧性达到《建筑材料及制品燃烧性能分级》（GB 8624—2012）难燃 B1 级，属于难燃性工程材料。

（5）化学抗腐性强

钢化玻璃具有良好的化学抗腐性，在室温下能耐各种有机酸、无机酸、弱酸、植物油、中性盐溶液、脂肪族烃及酒精的腐蚀。

（6）透光性高

钢化玻璃在可见光和近红外线光谱内有较高透光率，透光率可达 12％～88％。

（7）抗紫外线，防老化

钢化玻璃表面含防紫外线共挤层，户外耐候性好，长期使用能保持良好的光学特性和机械特性。

（8）安全性好

通过物理方法处理后的钢化玻璃，由于内部产生了均匀的内应力，一旦局部破损就会破碎成无数小碎块，这些小碎块没有尖锐的棱角，不易伤人，所以物理钢化玻璃是一种安全玻璃。钢化玻璃的物理力学性能要求见表 7-3。

表 7-3　　　　　钢化玻璃的物理力学性能要求（GB 15763.2—2005）

项 目		试验条件	要 求
抗冲击性		用直径为 63.5 mm、质量为 1 040 g 的钢球，自 1 000 mm 处自由落下冲击试样（610 mm×610 mm）	6 块试样中，破坏数不超过 1 块
碎片状态	Ⅰ类	厚度为 4 mm 时，用直径为 63.5 mm、质量为 1 040 g 的钢球自 1 500 mm 处自由落下冲击试样（610 mm×610 mm），试样不破时，逐次将钢球提高 500 mm，直到试样破碎。并在 5 min 内称量	所有 5 块试样中最大碎片的质量不得超过 15 g
		厚度大于或等于 5 mm 时，用成品作为试样，用尖端曲率半径为(2.2±0.05)mm 的小锤或冲头将试样击碎	每块试样在 50 mm×50 mm 区域内的碎片数必须超过 40 个
	Ⅱ类	用质量为(45±0.1)kg 的冲击体（装有 φ2.5 mm 铅砂的皮革袋）从 1 200～2 300 mm 高处摆式自由落下冲击试样(864 mm×1 930 mm)，使之破坏	4 块试样全部破坏并且每块试样的最大 10 块碎片质量的总和不得超过相当于试样的 65 cm² 面积的质量
	Ⅲ类	应全部符合Ⅰ类和Ⅱ类钢化玻璃的规定	
抗弯强度		试样尺寸 300 mm×300 mm	30 块试样的平均值不得低于 200 MPa
可见光透射比		按《汽车安全玻璃试验方法　第 2 部分：光学性能试验》(GB/T 5137.2—2002)进行	供需双方商定
热稳定性		(1)在室温放置 2 h 的试样（300 mm×300 mm）的中心开始浇注熔融的铅液(327.5 ℃) (2)同一块试样加热至 200 ℃并保持 0.5 h，之后取出投入 25 ℃水中	均不应破碎

2. 钢化玻璃的应用

由于钢化玻璃具有较好的机械性能和热稳定性，所以在建筑工程、交通工具及其他领域内得到广泛的应用。平面钢化玻璃常用作建筑物的门窗、隔墙、幕墙、橱窗和家具等，曲面钢化玻璃常用于汽车、火车及飞机等。

（二）夹丝玻璃

夹丝玻璃（图 7-4）也称防碎玻璃或钢丝玻璃。它是由压延法生产的，即在玻璃熔融状态下将经预热处理的钢丝或钢丝网压入玻璃中，经退火、切割而成。夹丝玻璃表面可以是压花的或磨光的，颜色可以制成无色透明或彩色的。

图 7-4　夹丝玻璃

1. 夹丝玻璃的特点

夹丝玻璃的特点是安全性和防火性好。夹丝玻璃由于钢丝网的骨架作用,不仅提高了玻璃的强度,而且当受到冲击或温度骤变而破坏时,碎片也不会飞散,避免了碎片对人的伤害。在出现火情时,夹丝玻璃受热炸裂,由于金属丝网的作用,玻璃仍能保持固定,隔绝火焰,故又称为防火玻璃,如图 7-5 所示。

图 7-5　防火玻璃

2. 夹丝玻璃的规格

根据国家行业标准《夹丝玻璃》(JC 433—1991)规定,夹丝玻璃厚度分为:6 mm、7 mm、10 mm,规格尺寸一般不小于 600 mm×400 mm、不大于 2 000 mm×1 200 mm。夹丝玻璃的外观质量标准、尺寸允许偏差分别见表 7-4～表 7-5。

表 7-4　　　　　　　　　　　　　夹丝玻璃的外观质量标准

项　目	说　明	优等品	一等品	合格品
气泡	直径 3～6 mm 的圆泡,每平方米面积内允许个数	5	数量不限,但不允许密集	
	长泡,每平方米面积内允许个数	长 6～8 mm 2	长 6～10 mm 10	长 6～10 mm 10 长 10～20 mm 4
花纹变形	花纹变形程度	不允许有明显的花纹变形		不规定
异物	破坏性的	不允许		
	直径 0.5～2.0 mm 非破坏性的,每平方米面积内允许个数	3	5	10
裂纹	—	目测不能识别		不影响使用
磨伤	—	轻微	不影响使用	
金属丝	金属丝夹入玻璃内状态	应完全夹入玻璃内,不得露出表面		
	脱焊	不允许	距边部 30 mm 内不限	距边部 100 mm 内不限
	断线	不允许		
	接头	不允许	目测看不见	

表 7-5 夹丝玻璃的尺寸允许偏差

项 目			允许偏差范围
厚度	优等品	6	±0.5
		7	±0.6
		10	±0.9
	一等品、合格品	6	±0.6
		7	±0.7
		10	±1.0
弯曲度/%			夹丝压花玻璃应在1.0以内
			夹丝磨光玻璃应在0.5以内
玻璃边部凸出、缺口的尺寸不得超过			6 mm
偏斜的尺寸不得超过			4 mm
一片玻璃只允许有一个缺角,缺角的深度不得超过			6 mm

3. 夹丝玻璃的用途

夹丝玻璃主要用于天窗、天棚、阳台、楼梯、电梯井、易受震动的门窗以及防水门窗等处。以彩色玻璃原片制成的彩色夹丝玻璃,其色彩与内部隐隐出现的金属丝网相配,具有较好的装饰效果。

(三)夹层玻璃

夹层玻璃是在两片或多片玻璃原片之间,用 PVB(聚乙烯醇缩丁醛)树脂胶片,经过加热、加压黏合而成的平面或曲面的复合玻璃制品。用于夹层玻璃的原片可以是普通平板玻璃、浮法玻璃、钢化玻璃、彩色玻璃、吸热玻璃或热反射玻璃等。以下仅介绍两种。

夹层玻璃(图 7-6)的层数有 2、3、5、7 层,最多可达 9 层,对两层的夹层玻璃,原片的厚度常用的有(mm):2+3、3+3、3+5 等。夹层玻璃的透明性好,抗冲击性能要比普通平板玻璃高好几倍,用多层普通平板玻璃或钢化玻璃复合起来,可制成防弹玻璃。由于 PVB 树脂胶片的黏合作用,即使玻璃破碎时,碎片也不会飞扬伤人。通过采用不同的原片玻璃,夹层玻璃还可具有耐久、耐热、耐湿等性能。夹层玻璃的物理力学性能见表 7-6。

图 7-6 夹层玻璃

表 7-6　　　　　　　　　　　　　夹层玻璃的物理力学性能

项 目	试验条件	要 求
耐热性	试样(300 mm×300 mm)100 ℃下保持 2 h	允许玻璃出现裂缝,但距边部或裂缝超过 13 mm 处不允许有影响使用的气泡或其他缺陷产生
耐辐射性	750 W 无臭氧石英管中压水银蒸汽,弧光灯辐射 100 h。辐射时保持试样温度为(45±5)℃	3 块试样试验后均不可产生显著变色、气泡及浑浊现象,并且辐射前后可见光透射比的相对减少率不大于 10%
抗冲击性	用直径为 63. 5 mm、质量为 1 040 g 的钢球从 1 200 mm 处自由落下冲击试样(610 mm×610 mm)	6 块试样中应有 5 块或 5 块以上符合下述条件之一时为合格:①玻璃不得破坏;②如果玻璃破坏,中间膜不得断裂或不得因玻璃剥落而暴露
抗穿透性	用质量为(45±0.1)kg 的冲击体(装有 φ2.5 mm 铅砂的皮革袋)从 300~2 300 mm 高处摆式自由落下冲击试样(864 mm×1 930 mm)	构成夹层玻璃的两块玻璃板可全部破坏,但破坏部分不可产生使直径 75 mm 的球自由通过的开口

(四)钛化玻璃

　　钛化玻璃是将钛金箔膜紧贴在任意一种玻璃基材之上,使之结合成一体的新型玻璃。钛化玻璃具有高抗碎、高防热及防紫外线等性能。不同的玻璃基材与不同的钛金箔膜可组合成不同色泽、不同性能、不同规格的钛化玻璃。钛化玻璃常见的颜色有:无色透明、茶色、茶色反光、铜色反光等。

三、节能装饰型玻璃

　　应用在建筑物上的传统玻璃的主要作用是采光,随着建筑物门窗尺寸的加大,人们对门窗的保温隔热要求也相应地提高了,节能装饰型玻璃(图 7-7)就是能够满足这种要求,集节能性和装饰性于一体的玻璃。节能装饰型玻璃通常具有令人赏心悦目的外观色彩,而且还具有特殊的对光和热的吸收、透射和反射能力,建筑物的外墙窗玻璃幕墙,可以起到显著的节能效果,现已被广泛地应用于各种高级建筑物上。建筑上常用的节能装饰型玻璃有吸热玻璃、热反射玻璃和中空玻璃等。

图 7-7　节能装饰型玻璃

(一)吸热玻璃

　　吸热玻璃是指能吸收大量红外线辐射,并能保持较高可见光透过率的平板玻璃。生产吸热玻璃的方法有两种:一种是在普通钠钙硅酸盐玻璃的原料中加入一定量的有吸热性能的着色剂;另一种是在平板玻璃表面喷镀一层或多层金属或金属氧化物薄膜。

吸热玻璃有灰色、茶色、蓝色、绿色、古铜色、青铜色、粉红色和金黄色等。我国目前主要生产前三种颜色的吸热玻璃。吸热玻璃的厚度有 2 mm、3 mm、5 mm、6 mm 四种。吸热玻璃还可以进一步加工制成磨光、钢化、夹层或中空玻璃。

吸热玻璃与普通平板玻璃相比具有如下特点。

(1)吸收太阳辐射热,产生冷房效应,节约冷气消耗,如 6 mm 厚的透明浮法玻璃,在太阳光照下总透过热量为 84%,而同样条件下吸热玻璃的总透过热量为 60%。吸热玻璃的颜色和厚度不同,对太阳辐射热的吸收程度也不同。

(2)吸收太阳可见光,减弱太阳光的强度,起到反眩作用,可以使刺眼的阳光变得柔和、舒适。

(3)具有一定的透明度,并能吸收一定的紫外线,减轻了紫外线对人体和室内物品的损坏。

由于上述特点,吸热玻璃已广泛用于建筑物的门窗、外墙以及车、船挡风玻璃等,起到隔热、防眩、增加采光及装饰等作用。

(二)热反射玻璃

热反射玻璃是有较高的热反射能力而又保持良好透光性的平板玻璃,它采用热解法、真空蒸镀法、阴极溅射法等,在玻璃表面涂以金、银、铜、铝、铬、镍和铁等金属或金属氧化物薄膜,或采用电浮法等离子交换方法,以金属离子置换玻璃表层原有离子而形成热反射膜。热反射玻璃也称镜面玻璃,有金色、茶色、灰色、紫色、褐色、青铜色和浅蓝等颜色。

热反射玻璃的热反射率高,如 6 mm 厚浮法玻璃的热反射率仅为 16%,同样条件下,吸热玻璃的热反射率为 40%,而热反射玻璃的热反射率则可高达 61%,因而常用它制成中空玻璃或夹层玻璃,以增加其绝热性能。镀金属膜的热反射玻璃还有单向透像的作用,即白天能在室内看到室外的景物,而室外看不到室内的景象。

四、结构玻璃

结构玻璃可用于建筑物的各主要部位,如门窗、内外墙、透光屋面、顶棚材料以及地坪等,是用于现代建筑的一种围护结构结构材料,这种围护材料不仅具有特定的功能,而且能使建筑物多姿多彩。结构玻璃主要品种有:玻璃幕墙、玻璃砖、异形玻璃、仿石玻璃等。以下仅介绍四种。

(一)玻璃幕墙

1. 玻璃幕墙的作用与形式

玻璃幕墙(图 7-8)建筑是用铝合金或其他金属轧成的空腹型杆件做骨架,用玻璃封闭而成围护墙的建筑。玻璃幕墙是以铝合金型材为边框,玻璃为外敷面,内衬以色热材料的复合墙体,并用结构胶进行密封。玻璃幕墙所用的玻璃已由浮法玻璃、钢化玻璃发展到吸热玻璃、热反射玻璃、中空玻璃等,其中热反射玻璃是玻璃幕墙采用的主要品种。这种幕墙在专门的工厂生产,按建筑设计和施工要求安装在建筑物外墙上,就成了装饰性良好的外墙。玻璃幕墙的结构形式分为元件式、单元式、元件-单元式、嵌板式、包柱式这五种形式。

图 7-8　玻璃幕墙

2. 玻璃幕墙的设计要点

(1)满足结构的强度及安全性

幕墙结构的强度和安全性是幕墙设计的首要任务。幕墙的自重可使横框构件产生垂直挠曲,全部元件都会沿着风荷载作用方向产生水平挠曲,而挠度的大小决定着幕墙的正常功能和接缝的密封性能。过大的挠度会导致玻璃破裂,同时框架构件在风荷载的作用下,由于竖挺和横框各自的惯性矩设计不当,挠曲得不到平衡,则使缝隙产生不同的挠度,从而导致幕墙的渗漏。

(2)控制活动量

幕墙设计时要考虑构件之间的相对活动量和附加于墙和建筑框架之间的相对活动量。这种活动不仅是由于风荷载作用,也是由于重力的作用而产生的。这些活动导致了建筑框架变形或移位,因此在设计中不能轻视这些活动量。温度变化产生的膨胀和收缩是产生活动量的重要因素,由于幕墙边框为铝合金材料,膨胀系数比较大,故设计幕墙时,必须考虑接缝的活动量。

(3)控制风雨泄漏

幕墙技术的最新发展是采用"等压原理"结构来防止雨水渗透的。简言之,就是要有一个通气孔,使外墙表面与内墙表面之间形成一个空气腔,腔内压力与腔外压力保持相等,而空气腔与室内墙表面密封隔绝,防止空气通过,这种结构大大提高了防风雨泄漏的能力。

(4)控制热量传递

幕墙构造的主要特点之一是采用高效隔热措施,嵌入金属框架内的隔热材料是至关重要的。如采用隔热性能良好的中空玻璃或热反射镀膜玻璃作为镶嵌隔热材料的透明部分,不透明部分多数是用低密度、多孔洞、抗压强度很低的保温隔热材料。因此,需进行密封处理和内外两面施加防护措施,一般由三个主要部分构成,即外表面防护层、中间隔热层和内表面防护层。

(5)控制噪声

幕墙建筑外部的噪声一般是通过幕墙结构的缝隙传递到室内的,应通过幕墙的精心设计与施工组装处理好幕墙结构之间的缝隙,避免噪声传入。幕墙建筑室内噪声可通过幕墙传递到同一建筑物的其他室内,因此可采用吸声天花板、吸声地板等措施加以克服。

（6）控制凝结水汽

在幕墙设计中，必须考虑将框架型腔内的冷凝水排出，同时还要充分考虑防止墙壁内部产生水凝结，否则会降低幕墙的保温性能，并产生锈蚀，影响使用寿命。

（7）调整方向

安装玻璃幕墙时必须对垂直、水平和前后三个方向进行调整。

（二）玻璃砖

玻璃砖有空心和实心两类，如图 7-9 和图 7-10 所示，它们均具有透光而不透视的特点。空心玻璃砖又有单腔和双腔两种。空心玻璃砖具有较好的绝热、隔声效果，双腔玻璃砖的绝热性能更佳，它在建筑上的应用更广泛。

图 7-9　空心玻璃砖　　　　　　　　　　图 7-10　实心玻璃砖

玻璃砖的形状和尺寸有多种，砖的内、外表面可制成光面或凹凸花纹面，有无色透明或彩色多种，形状有正方形、矩形以及各种异形，规格尺寸以边长为 115 mm、145 mm、240 mm、300 mm 的正方形居多。

玻璃砖的透光率为 40%～80%。对钠钙硅酸盐玻璃制成的玻璃砖，其膨胀系数与烧结黏土砖和混凝土均不相同，因此砌筑时在玻璃砖与混凝土或黏土砖连接处应加弹性衬垫，起缓冲作用。砌筑玻璃砖可采用水泥砂浆，还可用钢筋做加筋材料埋入水泥砂浆砌缝内。

玻璃砖主要用于建筑物的透光墙体、淋浴隔断、楼梯间、门厅、通道等和需要控制透光、眩光和阳光照射的场合。某些特殊建筑为了防火或严格控制室内温度、湿度等，不允许开窗，使用玻璃砖既可满足上述要求又解决了采光问题。

五、饰面玻璃

（一）彩色平板玻璃

彩色平板玻璃有透明和不透明两种。透明彩色平板玻璃是在玻璃原料中加入一定量的金属氧化物制成的。不透明彩色平板玻璃是经过退火处理的一种饰面玻璃，可以切割，但经过钢化处理的不能再进行切割加工。

彩色平板玻璃的颜色有茶色、海洋蓝色、宝石蓝色、翡翠绿等。彩色平板玻璃可以拼成各种图案，并有耐腐蚀、抗冲刷、易清洗等特点，主要用于建筑物的内外墙、门窗装饰及对光线有特殊要求的部位。

（二）釉面玻璃

釉面玻璃（图 7-11）是指在按一定尺寸裁切好的玻璃表面上涂敷一层彩色易熔的釉料，经过烧结、退火或钢化等处理，使釉层与玻璃牢固结合，制成具有美丽色彩或图案的玻璃。它一般以平板玻璃为基材。其特点是：图案精美，不褪色，易于清洗，可按用户的要求或艺术设计图案制作。釉面玻璃具有良好的化学稳定性和装饰性，广泛用于各种家具装饰外观材料，建筑装饰的内外墙面饰面、门窗和墙壁等。

图 7-11　釉面玻璃

（三）压花玻璃

压花玻璃（图 7-12）又称花纹玻璃或滚花玻璃，是采用压延方法制造的一种平板玻璃，制造工艺分为单辊法和双辊法。单辊法是将玻璃液浇注到压延成型台上，台面可以用铸铁或铸钢制成，台面或轧辊刻有花纹，轧辊在玻璃液面碾压，制成压花玻璃再送入退火窑。双辊法生产压花玻璃又分为半连续压延和连续压延两种工艺。玻璃液通过水冷的一对轧辊，随辊子转动向前拉引至退火窑，一般下辊表面有凹凸花纹，上辊是抛光辊，从而制成单面有图案的压花玻璃。压花玻璃分普通压花玻璃、真空冷膜压花玻璃和彩色膜压花玻璃三种，一般规格为 800 mm×700 mm×3 mm。

图 7-12　压花玻璃

压花玻璃具有透光不透视的特点,其表面有各种图案花纹且凹凸不平,当光线通过时产生漫反射,因此从玻璃的一面看另一面时,物像模糊不清。压花玻璃由于其表面有各种花纹,具有一定的艺术效果,多用于建筑物的室内间隔、卫生间门窗及需要阻断视线的各种场合。使用时应将花纹朝向室内。

(四)玻璃锦砖

玻璃锦砖又称玻璃马赛克,它含有未熔融的微小晶体(主要是石英)的乳浊状半透明玻璃质材料,是一种小规格的装饰玻璃制品。其一般尺寸为(mm):20×20、30×30、40×40,厚度为4~6 mm,背面有槽纹,有利于与基面黏结。其成联、黏结及施工与陶瓷锦砖基本相同。

玻璃锦砖颜色绚丽,色泽众多,且有透明、半透明和不透明三种。它的化学成分稳定,热稳定性好,是一种良好的外墙装饰材料。

(五)喷花玻璃

喷花玻璃又称胶花玻璃,是在平板玻璃表面贴以图案,抹以保护层,经喷砂处理形成透明与不透明相间的图案。喷花玻璃给人以高雅、美观的感觉,适用于室内门窗、隔断和采光,喷花玻璃的厚度一般为6 mm。

(六)乳花玻璃

乳花玻璃(图 7-13)是新出现的饰面玻璃,它的外观与喷花玻璃相近。乳花玻璃是在平板玻璃的一面贴上图案,抹以保护层,经化学处理蚀刻而成。它的花纹清新、美丽,富有装饰性。乳花玻璃一般厚度为3~5 mm,适用于门窗、隔断等。

图 7-13 乳花玻璃

(七)刻花玻璃

刻花玻璃是由平板玻璃经涂漆、雕刻、围蜡、酸蚀和研磨而成。图案的立体感非常强,似浮雕一般,在室内灯光的照射下,更是熠熠生辉。刻花玻璃主要用于高档场所的室内隔断或屏风。刻花玻璃一般是按用户要求定制加工,最大规格为 2 400 mm×2 000 mm。

(八)冰花玻璃

冰花玻璃(图 7-14)是表面具有冰花图案的平板玻璃,属于漫射玻璃。一般是在磨砂玻璃的表面均匀地涂骨胶水溶液,经自然干燥或人工干燥后,骨胶水溶液收缩而龟裂,从玻璃表面脱落。由于骨胶和玻璃表面之间的强大黏结力,骨胶在脱落时使一部分玻璃表面剥落,从而在玻璃表面上形成不规则的冰花图案。胶液浓度越高,冰花图案越大;反之则越小。冰花玻璃可用无色平板玻璃制造,也可用茶色、蓝色、绿色等彩色玻璃制造。其装饰效果优于压花玻璃,给人以清新之感,是一种新型的室内饰面玻璃,可用于宾馆、酒楼等场所的门窗、隔断、屏风和家庭装饰。目前最大规格为 2 400 mm×1 800 mm。

(九)镜面玻璃

镜面玻璃即镜子,指玻璃表面通过化学(银镜反应)或物理(真空铝)等方法形成反射率极强的镜面反射玻璃制品。为提高装饰效果,在镀镜之前可对原片玻璃进行彩绘、磨刻、喷砂、化学蚀刻等加工,形成具有各种花纹图案或精美字画的镜面玻璃。

图 7-14　冰花玻璃

常用的镜面玻璃有明镜、墨镜（也称黑镜）、彩绘镜和雕刻镜四种。在装饰工程中常利用镜子的反射和折射来增加空间感和距离感，或改变光照效果。

（十）磨（喷）砂玻璃

磨（喷）砂玻璃（图 7-15）又称为毛玻璃，是经研磨、喷砂加工，使表面均匀粗糙的平板玻璃。用硅砂、金刚砂或刚玉砂等作研磨材料，加水研磨制成的称为磨砂玻璃；用压缩空气将细砂喷射到玻璃表面而成的称为喷砂玻璃。

磨（喷）砂玻璃表面被处理成均匀粗糙毛面，使透入光线产生漫反射，具有透光而不透视的特点。用磨砂玻璃进行装饰可使室内光线柔和而不刺目。主要应用于建筑物的厕所、浴室、办公室门、窗、间隔墙等，可以隔断视线，柔和光环境。磨砂玻璃还可用作黑板。

图 7-15　磨砂玻璃

（十一）镭射玻璃

镭射（英文 Laser 的音译）玻璃是国际上十分流行的一种新型建筑装饰材料。在玻璃或透明有机涤纶薄膜上涂敷一层感光层，利用激光在上面刻画出任意的几何光栅或全息光栅，镀上铝（或银、铝）再涂上保护漆，就制成了镭射玻璃。

镭射玻璃的特点在于当它处于任何光源照射下时，都将因衍射作用而产生色彩的变化；而且，对于同一受光点或受光面而言，随着入射光角度及人的视角的不同，所产生的光的色彩及图案也将不同。五光十色的变幻给人以神奇、华贵和迷人的感受,其装饰效果是其他材料无法比拟的。

镭射玻璃大体上可分为两类:一类是以普通平板玻璃为基材制成的,主要用于墙面、窗户和顶棚等部位的装饰;另一类是以钢化玻璃为基材制成的,主要用于地面装饰。此外,还有专门用于柱面装饰的曲面镭射玻璃,专门用于大面积幕墙的夹层镭射玻璃以及镭射玻璃砖等。

镭射玻璃的技术性能十分优良。镭射玻璃地砖的抗冲击、耐磨、硬度等性能均优于大理石,与花岗石相近。镭射玻璃的耐老化寿命是塑料的 10 倍以上,在正常使用情况下,其寿命大于 50 年。镭射玻璃的反射率可在 10%～90% 的范围内任意调整,因此可最大限度地满足用户的要求。

目前国内生产的镭射玻璃的最大尺寸为 1 000 mm×2 000 mm。在此范围内有多种规格的产品可供选择。

镭射玻璃是用于宾馆、饭店、电影院等文化娱乐场所以及商业设施装饰的理想材料,也适用于民用住宅的顶棚、地面、墙面及封闭阳台等的装饰。此外,还可用于制作家具、灯饰及其他装饰性物品。

第三节　玻璃材料的施工工艺

一、玻璃安装方法

(一)工艺流程

玻璃挑选、裁制→规格码放→安装前擦净→刮底油灰→镶嵌玻璃→刮油灰→净边。

(二)将需要安装的玻璃按部位、规格、数量分别将已裁好的玻璃就位;分送的数量应以当天安装的数量为准,不宜过多,以便搬运和减少玻璃的损耗。

(三)一般安装顺序应按先安外门窗,后安内门窗,先西北面后东南面的顺序安装,若劳动力允许,也可同时进行安装。

(四)玻璃安装前应清理裁口。先在玻璃底面与裁口之间,沿裁口的全长均匀涂抹 1～3 mm 厚的底油灰,接着把玻璃推铺平整、压实,然后收净底灰。

(五)玻璃推平、压实后,4 边分别钉上钉子,钉子的间距为 150～200 mm,每边应不少于两个钉子,钉完后用手轻敲玻璃,响声坚实,说明玻璃安装平实;如果响声啪啦啪啦,说明底油灰不严,要重新取下玻璃,铺实底油灰后,再推压挤平,然后用油灰填实,将灰边压平压光;当采用木压条固定时,应先涂一遍干性油,并且不要将玻璃压得过紧。

(六)钢门窗安装玻璃时,应用钢丝卡固定,钢丝卡间距不得大于 300 mm,且每边不得少于两个,并用油灰填实抹光;如果采用橡皮垫,应先将橡皮垫嵌入裁口内,并用压条和螺钉加以固定。

(七)安装斜天窗的玻璃,当设计无要求时,应采用夹丝玻璃,并应从顺流水方向盖叠安装,盖叠搭接的长度应视天窗的坡度而定,当坡度为 1/4 或大于 1/4 时,不小于 30 mm;坡度小于 1/4 时,不小于 50 mm,盖叠处应用钢丝卡固定,并在缝隙中用密封膏嵌填密实;当采用平板玻璃时,要在玻璃下面加设一层镀锌铅丝网。

(八)若安装彩色玻璃和压花玻璃,应按照设计图案仔细裁割,拼缝必须吻合,不允许出现错位松动和斜曲等缺陷。

(九)玻璃砖的安装应符合下列规定。

安装玻璃砖的墙、隔断和顶棚的骨架时,应与结构连接牢固;玻璃砖应排列均匀整齐,图形符合设计要求,表面平整,嵌缝的油灰或密封膏应饱满密实。

(十)阳台、楼梯间或楼梯栏板等围护结构安装钢化玻璃时,应按设计要求用卡紧螺钉或压条镶嵌固定,在玻璃与金属框格相连接处,应衬垫橡皮条或塑料垫。

(十一)安装压花玻璃或磨砂玻璃时,压花玻璃的花面应向室外,磨砂玻璃的磨砂面应向室内。

(十二)安装玻璃隔断时,隔断上柜的顶面应有适量缝隙,以防止结构变形,将玻璃挤压损坏。

(十三)安装死扇玻璃时,应先用扁铲将木压条撬出,同时退出压条上的小钉子,并在裁口处抹上底油灰,把玻璃推铺平整,然后嵌好四边木压条将钉子钉牢,将底油灰修好、刮净。

(十四)安装中空玻璃及面积大于 $0.65\ m^2$ 的玻璃时,安装于竖框中的玻璃,应放在两块定位垫块上,定位垫块距玻璃垂直边缘的距离为玻璃宽的 1/4,且不宜小于 150 mm。安装窗户玻璃时,按开启方向确定定位垫块位置,定位垫块宽度应大于玻璃的厚度,长度不宜小于 25 mm,并应符合设计要求。

(十五)铝合金框扇玻璃安装时,玻璃就位后,其边缘不得与框扇及其连接件相接触,所留间隙应符合有关标准的规定。所用材料不得影响泄水孔;密封膏封贴缝口,封贴的宽度及深度应符合设计要求,必须密实、平整、光洁。

(十六)玻璃安装后,应进行清理,将油灰、钉子、钢丝卡及木压条等随手清理干净,关好门窗。

(十七)冬期施工应在已安装好玻璃的室内作业,温度应在正常温度以上;存放玻璃的库房与作业面温度不能相差过大,玻璃若从过冷或过热的环境中运入操作地点,应待玻璃温度与室内温度相近后再行安装。若条件允许,要将预先裁割好的玻璃提前运入作业地点。外墙铝合金框、窗玻璃不宜冬期安装。

二、玻璃安装要求

(一)玻璃品种、规格、色彩、朝向及安装方法等必须符合设计要求及有关标准的规定。

(二)玻璃裁割尺寸正确,安装必须平整、牢固,无松动现象。

(三)底油灰饱满,油灰与玻璃、裁口黏结牢固,边缘与裁口齐平,4 角成 8 字形,表面光滑,无裂缝、麻面和皱皮。

(四)固定玻璃的钉子或钢丝卡的数量应符合施工规范的规定,规格应符合要求,并不得露出油灰表面。

(五)木压条镶钉应与裁口边沿紧贴齐平,割角整齐,连接紧密,不露钉帽。

(六)橡皮垫与裁口、玻璃及压条紧贴,整齐一致。

(七)玻璃砖排列位置正确,均匀整齐,嵌缝应饱满密实,接缝均匀平直。

(八)彩色玻璃、压花玻璃拼装的图案、颜色应符合设计要求,接缝吻合。

(九)玻璃安装后表面应洁净,无油灰、浆水、密封膏、涂料等斑污,有正反面的玻璃安装的朝向应正确。

第八章　家居空间与商业空间中的陶瓷材料与施工工艺

第一节　陶瓷材料的基础知识

一、陶瓷概述

陶瓷是指所有以黏土为主要原料同其他天然矿物原料一起经过粉碎、加工、成形、烧结等工艺制成的制品。陶瓷是一种重要的建筑装饰材料,而且它也是一种传统的艺术品,如图8-1所示。

图 8-1　陶瓷艺术品

二、陶瓷原料

陶瓷原料主要来自岩石及其风化物黏土,这些原料大都是由硅和铝构成的,其中主要包括以下几部分。

1. 石英

石英(图8-2)化学成分为二氧化硅。这种矿物可用来改善陶瓷原料过黏的特性。

2. 长石

长石(图8-3)是以二氧化硅及氧化铝为主,又含有钾、钠、钙等元素的化合物。

图 8-2 石英

图 8-3 长石

3. 高岭土

高岭土(图 8-4)是一种白色或灰白色有丝绢般光泽的软质矿物,因产于中国景德镇附近的高岭而得名,其化学成分为氧化硅和氧化铝。高岭土又称为瓷土,是陶瓷的主要原料。

图 8-4 高岭土

三、釉

釉也是陶瓷生产的一种原料,是陶瓷艺术的重要组成部分。釉是涂刷并覆盖在陶瓷坯体表面的、在较低的温度下即可熔融液化并形成一种具有色彩和光泽的玻璃体薄层的物质。它可使制品表面变得平滑、光亮、不吸水,对提高制品的装饰性、艺术性、强度、抗冻性,改善制品热稳定性、化学稳定性具有重要的意义。

釉料的主要成分也是硅酸盐,同时采用盐基物质作为媒溶剂,盐基物质包括氧化钠、氧化钾、氧化钙、氧化镁、氧化铅等。另外釉料中还采用金属及其氧化物作为着色剂,着色剂包括铁、铜、锰、锑、铅以及其他金属。

四、陶瓷的表面装饰

陶瓷坯体表面粗糙,易沾污,装饰效果差。除紫砂地砖等产品外,大多数陶瓷制品都需要表面装饰加工。最常见的陶瓷表面装饰工艺是施釉、彩绘等。

(一)施釉

施釉是将深度一定的釉浆,即悬浮在水中的釉料,利用压缩空气喷到生坯表面上。生坯很快地吸收釉料中的水分形成一定的较硬的表面。在烧成后的制品表面就形成 $300\sim400\ \mu m$ 厚的釉面层。

釉面层可以改善陶瓷制品的表面性能并提高其力学强度。施釉面层的陶瓷制品表面平滑、光亮、不吸湿、不透气,易于清洗。

釉的种类繁多,组成也很复杂。按性质分,有瓷釉、陶釉及火石器釉;按烧成温度分,有低温釉、中温釉、高温釉;按釉面特征分,有白釉、颜色釉、结晶釉、窑变纹釉、裂纹釉。除上述外,现代的还有无光釉、乳浊釉、食盐釉等。近年来,随着科学技术的发展,出现了流动釉、变色釉、彩虹釉、夜光釉等新品种。施釉的方法有涂釉、浇釉、浸釉、喷釉、筛釉等。

(二)彩绘

在陶瓷制品表面用彩料绘制图案花纹是陶瓷的传统装饰方法。彩绘有釉下彩绘和釉上彩绘之分。

1. 釉下彩绘

釉下彩绘(图 8-5)是陶瓷制品的一种主要装饰手段,是用彩料在已成型晾干的素坯(即半成品)上绘制各种纹饰,然后罩以白色透明釉或者其他浅色面釉,入窑高温一次烧成。烧成后的图案被一层透明的釉膜覆盖在下边,表面光亮柔和、平滑不凸出,显得晶莹透亮。现在国内商品釉下彩料的颜色种类有限,基本上用手工彩绘,限制了它在陶瓷制品中的广泛应用。

2. 釉上彩绘

釉上彩绘(图 8-6)是先烧成白釉瓷器,在白釉上进行彩绘后,再入窑经 $600\sim900$ ℃烘烤而成。由于彩烧温度低,故使用颜料比釉下彩绘多,色调极其丰富。同时,釉上彩绘在高强度陶瓷体上进行,因此除手工绘画外,还可以用贴花、喷花、刷花等方法绘制,生产效率高,成本低廉,能工业化大批量生产。但釉上彩绘易磨损,表面有彩绘凸出感觉,光滑性差,且易发生彩料中的铅被酸溶出而引起铅中毒。

3. 饰金

用金、银或铂等贵金属在陶瓷釉上进行装饰,这种方法仅限于一些高档精细制品,饰金

图 8-5　釉下彩绘

图 8-6　釉上彩绘

较为常见,其他贵金属装饰较少。金装饰陶瓷有亮金、磨光金和腐蚀金等。亮金装饰以金水为着色材料,施于釉面,彩烧后可直接形成发亮的金层。磨光金装饰是将纯金熔化在王水中,再将所制的氯化金溶液加以还原,并经一系列技术处理,制成磨光金彩料,比较耐用。腐蚀金装饰是先在釉面涂一层柏油或其他防氢氟酸腐蚀的物质,然后在柏油上刻画图案,划掉部分柏油,露出瓷面,用氢氟酸涂刷,使之形成下凹花纹,再洗去余下柏油,在制品表面涂上磨光金彩料,彩烧后加以抛光,釉面金层光亮,花纹无光。

第二节　外墙面砖

外墙面砖(图 8-7)是以陶土为原料,经压制成型,而后在 1 100℃左右煅烧而成,外墙面砖的表面有上釉和不上釉、有光泽和无光泽、表面光平和表面粗糙之分,即具有不同的质感;颜色则有红、褐、黄等。背面为了与基层墙面能很好黏结,常有一定的吸水率,并有凹凸沟槽。

图 8-7　外墙面砖

一、外墙面砖特点及用途

外墙面砖(图 8-8)具有坚固耐用,色彩鲜艳,易清洗,防火,防水,耐磨,耐腐蚀和维修费用低等特点。用它作外墙饰面,装饰效果好,不仅可以提高建筑物的使用质量,美化建筑,改善城市面貌,而且能保护墙体,延长建筑物的使用年限。一般用于装饰等级要求较高的工程。但是造价偏高、工效低、自重大。因此只能重点使用。

图 8-8　建筑外墙面砖

二、外墙面砖的主要规格

外墙面砖的主要规格有 100 mm×100 mm,150 mm×150 mm,300 mm×300 mm,400 mm×400 mm,115 mm×60 mm,240 mm×60 mm,200 mm×200 mm,150 mm×75 mm,300 mm×150 mm,200 mm×100 mm,250 mm×80 mm 等。

三、外墙面砖的不同排列铺贴

不同表面质感的外墙面砖,具有不同的装饰效果,但同一种外墙面砖采用不同的排列方式进行铺贴,也可获得完全不同的装饰效果。

第三节 内墙面砖

一、内墙面砖概述

内墙面砖(图8-9)是用瓷土或优质陶土经低温烧制而成,内墙面砖一般都上釉,其釉层有不同类别,如有光釉、石光釉、花釉、结晶釉等。釉面有各种颜色,以浅色为主,不同类型的釉层各具特色,装饰优雅别致,经过专门设计、彩绘、烧制而成的内墙面砖,可镶拼成各式壁画,具有独特的艺术效果。

图8-9 内墙面砖

二、内墙面砖的技术性能

1.形状

内墙面砖按正面形状分为正方形、长方形和异形。常用的规格有:正面为正方形100 mm×100 mm×5 mm,150 mm×150 mm×5 mm,200 mm×200 mm×5 mm,400 mm×400 mm×5 mm,500 mm×500 mm×5 mm,600 mm×600 mm×5 mm,250 mm×250 mm×8 mm,316 mm×316 mm×8 mm,418 mm×418 mm×5 mm,528 mm×528 mm×10 mm;正面为长方形250 mm×316 mm×9 mm。

2.外观质量

内墙面砖按外观质量分为优等品、一等品、合格品,各等级的外观质量要求见表8-1。

表 8-1　　　　　　　　　内墙面砖的外观质量要求（GB/T 4100—2006）

项　目		优等品	一等品	合格品
	开裂、夹层、釉裂	不允许		
	背面磕碰	深度为砖厚的 1/2	不影响使用	
表面缺陷	剥边、落脏、釉泡、斑点、坯粉釉缕、桔釉、波纹、缺釉、棕眼裂纹、图案缺陷、正面磕碰	距离砖面 1 m 处目测无可见缺陷	距离砖面 2 m 处目测缺陷不明显	距离砖面 3 m 处目测缺陷不明显
	色差	基本一致	不明显	不严重
白度（白色釉面砖要求）		不小于 73°或供需双方自定		

第四节　地面砖

一、地面砖的种类及规格

地面砖规格、花色多样，有红、白、浅黄、深黄等色，分正方形、矩形、六角形三种；光泽性差，有一定粗糙度，表面平整或压有凹凸花纹，并有带釉和无釉两类。常见尺寸为：150 mm ×150 mm，100 mm×200 mm，200 mm×300 mm，300 mm×300 mm，300 mm×400 mm，400 mm×400 mm，500 mm×500 mm，600 mm×600 mm，800 mm×800 mm，1 000 mm× 1 000 mm，厚度为 8～20 mm。

二、地面砖的技术性能

1. 吸水率

红地面砖吸水率不大于 8%，其他各色均不大于 4%。

2. 冲击强度

30 g 钢球从 30 cm 高处落下 6～8 次不破坏。

3. 热稳定性

自 150 ℃冷至 19±1 ℃循环 3 次无裂纹。

4. 其他性能

由于地面砖采用难熔黏土烧制而成，故其质地坚硬，强度高（抗压强度为 40～400 MPa），耐磨性好，硬度高（莫氏硬度多在 7 以上），耐腐蚀，抗磨，抗冻性强（冻融循环在 25 次以上）。

第五节　陶瓷锦砖

陶瓷锦砖(图 8-10)俗称马赛克,是由各种颜色、多种几何形状的小块瓷片(长边一般不大于50 mm)铺贴在牛皮纸上形成色彩丰富、图案繁多的装饰砖,故又称纸皮砖(石)。

图 8-10　陶瓷锦砖

一、陶瓷锦砖外观及尺寸偏差

陶瓷锦砖外观缺陷及尺寸偏差见表 8-3 和表 8-4。

表 8-3　　　最大边长大于 25 mm 的陶瓷锦砖外观缺陷的允许范围

缺陷名称	表示方法	缺陷允许范围				备　注
		优等品		合格品		
		正面	背面	正面	背面	
夹层、釉裂、开裂		不允许				
斑点、黏疤、起泡、坯粉、麻面、波纹、缺釉、桔釉、棕眼、落脏		不明显		不严重		
缺角/mm	斜边长	<2.3	<4.5	2.3~4.3	4.5~6.5	正背面缺角不允许在同一角部 正面只允许缺角 1 处
	深　度	不大于砖厚的 2/3				
缺边/mm	长度	<4.5	<8.0	4.5~7.0	8.0~10.0	正背面缺边不允许出现在同一侧面 同一侧面边不允许有两处缺边 正面只允许两处缺边
	宽度	<1.5	<3.0	1.5~2.0	3.0~3.5	
	深度	<1.5	<2.5	1.5~2.0	3.0~3.5	
变形/mm	翘曲	0.3		0.5		
	大小头	0.6		1.0		

表 8-4　　　　　　最大边长不大于 25 mm 的陶瓷锦砖外观缺陷的允许范围

缺陷名称	表示方法	缺陷允许范围				备　注
		优等品		合格品		
		正面	背面	正面	背面	
夹层、釉裂、开裂		不允许				
斑点、黏疤、起泡、坯粉、麻面、波纹、缺釉、桔釉、棕眼、落脏		不明显		不严重		
缺角/mm	斜边长	<2.0	<4.0	2.0~3.5	4.0~5.5	正背面缺角不允许在同一角部 正面只允许缺角1处
	深　度	不大于砖厚的 2/3				
缺边/mm	长度	<3.0	<6.0	3.0~5.0	6.0~8.0	正背面缺边不允许出现在同一侧面 同一侧面边不允许有两处缺边 正面只允许两处缺边
	宽度	<1.5	<2.5	1.5~2.0	2.5~3.0	
	深度	<1.5	<2.5	1.5~2.0	2.5~3.0	
变形/mm	翘曲	不明显				
	大小头	0.2		0.4		

二、陶瓷锦砖主要技术性能

(1)尺寸偏差和色差

尺寸偏差和色差均应符合 JC/T 456—2015 陶瓷马赛克标准要求。

(2)吸水率

无釉陶瓷锦砖吸水率不宜大于 0.2%,有釉陶瓷锦砖不宜大于 1.0%。

(3)抗压强度

要求在 15~25 MPa。

(4)耐急冷急热

有釉陶瓷锦砖应无裂缝,无釉陶瓷锦砖不作要求。

(5)耐酸碱性

要求耐酸度大于 95%,耐碱度大于 84%。

(6)成联性

陶瓷锦砖与牛皮纸要黏结牢固,不得在运输或铺贴施工时脱落,但浸水后应脱纸方便。

三、陶瓷锦砖特点及用途

陶瓷锦砖是以优质瓷土烧制而成的小块瓷砖,有挂釉和不挂釉两种。具有色泽明净、图案美观、质地坚硬、抗压强度高、耐污染、耐酸碱、耐磨、耐水、易清洗等优点。陶瓷锦砖在室内装饰中,可用于浴厕、厨房、阳台等处的地面,也可用于墙面。在工业及公共建筑装饰中,陶瓷锦砖也被用于室内墙、地面,亦可用于外墙,如图 8-11 所示。

图 8-11 室内陶瓷锦砖

四、陶瓷锦砖性能规格

陶瓷锦砖产品,一般出厂前都已按各种图案粘贴在牛皮纸上,每张约 30 cm,其面积约 0.093 m²,重约 0.65 kg,每 40 张为一箱,每箱约 3.7 m²。

第六节 陶瓷材料的施工工艺

一、外墙面砖的铺贴方法

贴砖要点:先贴标准点,然后垫底尺、镶贴、擦缝。

(一)基层处理

1.混凝土基层

镶贴饰面的基体表面应具有足够的稳定性和刚度,同时,对光滑的基体表面应进行凿毛处理。凿毛深度应为 0.5~1.5 cm,间距为 3 cm 左右。

2.砖墙基体

墙面清扫干净,提前一天浇水湿润。

(二)抹底灰

当建筑物为高层时,应在四大角和门窗口边用经纬仪打垂直线找直;当建筑物为多层时,可从顶层开始用特制的大线坠绷铁丝吊垂直,然后根据面砖的规格尺寸分层设点、做灰饼。横线则以楼层为水平基线交圈控制,竖线则以四周大角和通天柱或垛子为基线控制,应全部是整砖。每层打底时则以此灰饼作为基准点进行冲筋,使其底层灰做到横平竖直。同时要注意找好突出檐口、腰线、窗台、雨篷等饰面的流水坡度和滴水线(槽)。

(三)弹线、排砖

外墙面砖镶贴前,应根据施工大样图统一弹线分格、排砖。方法可采取在外墙阳角用钢丝或尼龙线拉垂线,根据阳角拉线,在墙面上每隔 1.5～2 m 做出标高块。按大样图先弹出分层的水平线,然后弹出分格的垂直线。若是离缝分格,则应按整块砖的尺寸分匀,确定分格缝(离缝)的尺寸,并按离缝实际宽度做分格条,分格条一般是刨光的木条,其宽度为 6～10 mm,其高度为 15 mm 左右。

（四）浸砖

饰面砖在铺贴前应在水中充分浸泡,陶瓷无釉砖和陶瓷磨光砖应浇水湿润,以保证铺贴后不致因吸走灰浆中的水分而粘贴不牢。浸水后的瓷砖瓷片应阴干备用,阴干的时间视气温和环境温度而定,一般为 3～5 h,即以饰面砖表面有潮湿感但手按无水迹为准。

二、陶瓷锦砖的铺贴方法

（一）基层处理

(1)对光滑的水泥地面要凿毛或冲洗干净后刷界面处理剂。

(2)对油污地面,要用 10％浓度的火碱水刷洗,再用清水冲洗干净。对凹坑处要彻底洗刷干净并用砂浆补平。

(3)对混凝土毛面基层,铲除灰浆皮,扫除尘土,并用清水冲洗干净。

（二）扫水泥素浆结合层

在清理干净的地面上均匀洒水,然后用扫帚均匀地洒水灰比例为 0.5 的水泥素浆或水泥∶108 胶∶水＝1∶0.1∶4 的聚合物水泥浆。注意这层施工必须与下道砂浆找平层紧密配合。

（三）贴标块做标筋

先做标志块(贴灰饼),从墙面＋500 mm 水平线下返,在房间四周弹砖面上平线,贴标志块。标志块上平线应低于地面标高一个陶瓷锦砖加黏结层的厚度。根据标志块在房间四周做标筋,房间较大时,每隔 1～1.5 m 做一道标筋。有泛水要求的房间,标筋应朝地漏方向以 5％的坡度呈放射状汇集。

（四）抹找平层

标筋后,用 1∶3 的干硬性水泥砂浆(手捏成团、落地开花的程度)铺平,厚度 20～25 mm。砂浆应拍实,用木杠刮平,铺陶瓷锦砖的基础层平整度要求较严,因为其黏结层较薄。有泛水的房门要通过标筋做出泛水。水泥砂浆凝固后,浇水养护。

（五）铺贴陶瓷锦砖

对铺设的房间,应找好方正,在找平层上弹出方正的纵横垂直线。按施工大样图计算出所需铺贴的陶瓷锦砖张数,若不足整张的应甩到边角处。可用裁纸刀垫在木板上切成所需大小的半张或小于半张的条条铺贴,以保证边角处与大面积面层质量一致。在洒水润湿的找平层上,刮一道厚 2～3 mm 的水泥浆(宜掺水泥重的 15％～20％的 108 胶),或在湿润的找平层上刮 1∶1.5 的水泥砂浆(砂应过窗筛)3～4 mm 厚,在黏结层尚未初凝时,立即铺贴陶瓷锦砖,从里向外沿控制线进行(也可甩边铺贴,遇两间房相连亦可从门中铺起),铺贴时对正控制线,将纸面朝上的陶瓷锦砖一联一联地在准确位置上铺贴,随后用硬木拍板紧贴在纸面上用小锤敲木板,一一拍实,使水泥浆进入陶瓷锦砖缝隙内,直至纸面返出砖缝为止。还有一种铺贴法可称为双黏结层法,即在润湿的找平层上刮一层 2 mm 厚的水泥素浆或胶浆,同时在陶瓷锦砖背面也刮上一层 1 mm 厚的水泥浆,必须将所有砖缝刮满,将陶瓷锦砖按规定弹线位置,准确贴上,调整平直后,用木拍板拍平、拍实,并随时检查平整度与横平竖直情况。

（六）边角接茬修理

整个房间铺好后,在陶瓷锦砖面层上垫上大块平整的木板,以便分散对陶瓷锦砖的压力,操作人员站在垫板上修理好四周的边角,将陶瓷锦砖地面与其他地面接茬处修好,确保接缝平直美观。

（七）刷水揭纸

铺贴后 30 min 左右,待水泥初凝后,用长毛棕刷在纸面上均匀地刷水或用喷壶喷水润湿,常温下 15～30 min 纸面便可湿透,即可揭纸。揭纸手法应两手执同一边的两角与地面保持平行运动,不可乱扯乱撕,以免带起陶瓷锦砖或错缝。随后用刮刀轻轻刮去纸毛。

（八）拨缝

揭纸后,及时检查缝隙是否均匀,对不顺不直的缝隙,用小靠尺比着钢片开刀轻轻地拨顺、调直。要先拨竖缝后拨横缝,然后用硬拍板拍砖面,要边拨缝、边拍实、边拍平。遇到掉粒现象,立即补齐黏牢。在地漏、管道周围的陶瓷锦砖要预先试铺,用胡桃钳切割成合适形状后铺贴,做到管口衔接处镶嵌吻合、美观,此处衔接缝隙不得大于 5 mm。拨缝顺直后,轻轻扫去表面余浆。

（九）擦缝和灌缝

拨缝后次日或水泥浆黏结层终凝后,用与陶瓷锦砖相同颜色的水泥素浆擦缝,用棉纱蘸水泥素浆从里到外顺缝擦实擦严,或用 1∶2 的细砂水泥浆灌缝,随后,将砖上的余浆擦净,并撒上一遍干灰,将面层彻底洁净。陶瓷锦砖地面宜整间一次连续铺贴完,并在水泥浆黏结层终凝前完成拨缝、整理。若遇大房间一次贴不完时,须将接茬切齐,余灰清理干净。冬季施工时,操作环境必须保持在 5 ℃以上。

（十）养护

陶瓷锦砖地面擦净 24 h 后,应铺锯末子进行常温养护 4～5 d,达到一定强度才允许上人。

三、内墙和地面砖的铺贴方法

（一）施工准备

1.基层处理

(1)混凝土墙面处理:用火碱水或其他洗涤剂将施工面清洗干净,用 1∶1 水泥砂浆甩成小拉毛,两天后抹 1∶3 水泥砂浆做底层。

(2)砖墙面处理:将施工面清理干净,然后用清水打湿墙面,抹 1∶3 水泥砂浆做底层。

(3)旧建筑面处理:清理原施工面污垢,并将此建筑面用手凿处理成毛墙面。

2.铺贴前应充分浸水,以保证铺贴牢固。

（二）铺贴程序及方法

基层抹灰→选砖→浸泡→排砖→弹线→粘贴标准点→粘贴瓷砖→勾缝→擦缝→清理。

1.基层抹灰

此工序应严格控制垂直度,表面越毛越好。

2.结合层抹灰

底层抹灰一天后,用水泥砂浆抹灰。

3. 弹线分格

注意弹线时将异形块留在不显眼的阴角或最下一层。

4. 釉面砖铺贴

(1)以所弹分格线为依据进行铺贴,将1:2水泥砂浆用灰匙抹于釉面砖背面中部并迅速贴于结合层上。

(2)釉面砖铺贴过程中,在砖面之外,用碎釉面砖作两个基准点,以便铺贴过程中随时检查平整度。

5. 勾缝

釉面砖铺贴好后,应立即用湿布擦去砖面上的水泥等,并用水泥浆勾缝。

6. 清理

(三)注意事项

(1)注意外包装上标明的尺寸和色号,使用完同一尺寸和色号,才可使用邻近的尺寸和色号。

(2)铺贴前应先将防污剂擦拭干净,露出图案,许多有方向性的图案,应将产品按图示的方法铺贴,以求最佳装饰效果。

(3)产品铺贴前应按上述方法在空地上将要铺贴的产品每 10 m² 一组全部铺开观察,若有明显色差,应立即停止使用并与经销单位联系。

(4)铺贴前应用水泥砂浆找地面或墙面,并按砖体尺寸划好线,划线时需预留 3～5 mm 的灰缝,以防黏结物与砖体膨胀系数不一致而导致不良后果。

(5)铺贴地面时,最好先用水平尺校水平。

(6)铺贴 12 h 后应敲击砖面检查,若发现有空敲声应重新铺贴,所有砖铺贴完成 24 h 后方可行走,擦洗。

第九章 家居空间与商业空间中的装饰石材与施工工艺

第一节 装饰石材的基础知识

一、石材的种类

石材来自岩石,岩石按形成条件可分为火成岩、沉积岩和变质岩三大类。

(一)火成岩(岩浆岩)

火成岩(图 9-1)是由岩浆凝结形成的岩石,约占地壳总体积的 65%。由于岩浆冷却条件不同,所形成的岩石具有不同的结构性质,根据岩浆冷却条件,火成岩分为三类:深成岩、喷出岩和火山岩。

图 9-1 火成岩

1. 深成岩

深成岩是侵入到地壳一定深度上的岩浆经缓慢冷却而形成的岩石。深成岩多为巨大侵入体,如岩基、岩株等,通常岩性较均一,岩石致密,呈块状构造,结构相对复杂。深成岩通常颗粒均匀,多为中粗粒结构,致密坚硬,孔隙较少,力学强度高,透水性较弱,抗水性较强,所以深成岩体的工程地质性质一般较好,常被选作大型建筑物地基。深成岩的抗压强度高,吸水率小,表观密度及导热性大,孔隙率小,因此可以磨光,但坚硬难以加工。建筑上常用的深成岩有花岗岩、正长岩和橄榄岩等。

2. 喷出岩

喷出岩(图 9-2)是岩浆喷出或者溢流到地表,冷凝形成的岩石。喷出岩是在温度、压力骤然降低的条件下形成的,造成溶解在岩浆中的挥发成分以气体形式大量逸出,形成气孔状构造。在这种条件的影响下,岩浆来不及完全形成结晶体,而且也不可能完全形成粗大的结晶体。喷出岩大多具有气孔、杏仁和流纹等构造,多呈玻璃质、隐晶质或斑状结构。玻璃质的黑曜岩、珍珠岩、松脂岩、浮岩等喷出岩称为火山玻璃岩。工程中常用的喷出岩有辉绿岩、玄武岩及安山岩等。

图 9-2　喷出岩

3. 火山岩

火山爆发时岩浆喷入空气中,由于冷却极快,压力急剧降低,落下时形成的具有松散多孔,表观密度小的玻璃质物质称为散粒火山岩;当散粒火山岩堆积在一起,受到覆盖层压力作用及岩石中的天然胶黏物质的胶黏,即形成胶黏的火山岩,如浮石,如图 9-3 所示。

图 9-3　火山岩

(二)沉积岩(旧称水成岩)

沉积岩是在地壳表层的环境下,由母岩的风化产物、火山物质、有机物质等沉积岩的原始物质成分,经搬运、沉积作用而形成的一类岩石。其主要特征是层理构造显著;沉积岩中常含古代生物遗迹,经石化作用形成化石;有的具有干裂、孔隙、结核等。沉积岩中的所含矿产极为丰富,有煤、石油、锰、铁、铝、磷、石灰石和盐岩等。

沉积岩仅占地壳质量的 5%,但其分布极广,约占地壳表面积的 75%,因此,它是一种重要的岩石。建筑中常用的沉积岩有石灰岩、砂岩和碎屑石等。

(三)变质岩

变质岩是地壳中原有的岩石(包括火成岩、沉积岩和早先生成的变质岩)由于岩浆活动和构造运动的影响,原岩石变质(再结晶,使矿物成分、结构等发生改变)而形成的新岩石,一般由火成岩变质成的称为正变质岩,由沉积岩变质成的称为副变质岩。变质岩占地壳质量的 65%。

二、装饰石材的一般加工

由采石场采出的天然石材荒料,或大型工厂生产出的大块人造石基料,需要按用户要求加工成各类板材或特殊形状的产品。石材的加工一般有锯切和表面加工。

(一)锯切

锯切是将天然石材荒料或大块人造石基料用锯石机锯成板材的作业。锯切设备主要有框架锯(排锯)、盘式锯、钢丝绳锯等。锯切花岗石等坚硬石材或较大规格石料时,常用框架锯,锯切中等硬度以下的小规格石料时,则可以采用盘式锯,如图 9-4 所示。

图 9-4　盘式锯

(二)表面加工

锯切的板材表面质量不高时,需进行表面加工。表面加工有各种形式:粗磨、细磨、抛光、烧毛加工和琢面加工等。

(1)研磨工序一般分为粗磨、细磨、半细磨、精磨、抛光 5 道工序。研磨设备有摇臂式手扶研磨机和桥式自动研磨机。前者通常用于小件加工,后者用于加工 1 m² 以上的板材。磨料多用碳化硅加结合剂(树脂和高铝水泥等),或者用 60~1 000 网的金刚砂,石材研磨机如图 9-5 所示。

(2)抛光是石材研磨加工的最后一道工序。进行这道工序后,石材表面就会具有很大的反射光线的能力以及良好的光滑度,并使石材固有的花纹色泽最大限度地显示出来,石材抛光机如图 9-6 所示。

图 9-5 石材研磨机   图 9-6 石材抛光机

　　石材加工采用的抛光方法有两种。一种方法是用散状磨料与液体或软膏混合成抛光悬浮液或抛光膏作为抛光剂,用适当的装置加到磨具或工件上进行抛光。所用磨料有金刚石微粉、碳化硅微粉和白刚玉微粉等。不同的磨料要配合采用不同材质的磨具。使用碳化硅磨料时要用灰铸铁磨具,而使用金刚石磨料时则最好用镀锡磨具。另一种方法是用黏结磨料,即用烧结、电镀或者黏结的方法把金刚石、碳化硅或白刚玉微粉作磨料与结合剂一起制成磨块,固定到磨盘上制成抛光磨头。小磨块一般用沥青或硫黄等材料连接,大磨块则用燕尾槽连接到磨盘上。

　　(3)烧毛加工是一种热加工方法,利用火焰加热石材表面,使其温度达到 600 ℃以上。当石材表面产生热冲击及快速的水冷却后,石材表面的石英产生炸裂,形成平整的均匀凸凹表面,很像天然的表面,没有任何加工痕迹,组成石材的各种晶粒呈现出自然木色。烧毛加工主要适用于石英含量较高的花岗岩和沉积岩。这种加工方法比较经济,加工效率也高。

　　(4)琢面加工是用琢石机加工由排锯锯切的石材表面的加工方法。经过表面加工的大理石、花岗石板材一般采用细粒金刚石小圆盘锯切割成一定规格的成品。

第二节　大理石

　　大理石(图 9-7)由石灰岩、白云质灰岩、白云岩等碳酸盐岩石经区域变质作用和接触变质作用形成,方解石和白云石的含量一般大于 50%,有的可达 99%。抗压强度高,为 100～300 MPa,质地紧密而硬度不大,比花岗岩易于雕琢磨光。大理石的构造多为块状构造,也有不少大理石具有大小不等的条带、条纹、斑块或斑点等构造,它们经加工后便成为具有不同颜色和花纹图案的装饰建筑材料。

图 9-7　大理石

一、天然大理石的主要化学成分

天然大理石的主要化学成分见表 9-1。

表 9-1　　　　　　　　　　　天然大理石的主要化学成分

化学成分	CaO	MgO	SiO_2	Al_2O_3	Fe_2O_3	SO_3	其他(Mn、K、Na)
含量/%	28～54	13～22	3～23	0.5～2.5	0～3	0～3	微量

二、天然大理石的特点

天然大理石的特点是组织细密、坚实、耐风化、色彩鲜明,但硬度不大、抗风化能力差、价格昂贵、容易失去表面光泽。除少数的,如汉白玉、艾叶青等质纯、杂质少的比较稳定耐久的品种可用于室外装饰外,其他品种不宜用于室外,一般只用于室内装饰,如图 9-8 所示。

图 9-8　室内大理石

三、天然大理石的性能

国内部分天然大理石品种及性能见表 9-2,部分天然大理石饰面板名称、规格、花色见表 9-3。

表 9-2 部分天然大理石品种及性能

品　种	性　能	产　地
玉锦、齐灰、斑绿、斑黑、水晶白、竹叶青	抗压强度:70 MPa　抗折强度:18 MPa	青岛
香蕉黄、孔雀绿、芝麻黑	抗压强度:127～162 MPa　抗折强度:12～20 MPa	陕西
丹东绿、铁岭红、桃红	抗压强度:80～100 MPa　密度:2.71～2.78 g/cm³	沈阳
雪花白、彩绿、翠绿、锦黑、咖啡、汉白玉	抗压强度:90～142 MPa　抗折强度:8.5～15 MPa 吸水率:0.09%～0.16%	江西
紫底满天星、晓霞、白浪花	抗压强度:58～69 MPa　密度:2.7 g/cm³	重庆
木纹黄、深灰、浅灰、杂紫、紫红英	抗压强度:86～239 MPa　光泽度:大于90	桂林
海浪、秋景、雾花	抗压强度:140 MPa　抗折强度:24 MPa 吸水率:0.16%　抗剪强度:20 MPa	山西
咖啡、奶油、雪花	抗压强度:58～110 MPa　抗折强度:13～16 MPa 密度:2.75～1.82 g/cm³	江苏
雪浪、球景、晶白、虎皮	抗压强度:91～102 MPa　抗折强度:14～19 MPa 吸水率:1.07%～1.31%	湖北
汉白玉	抗压强度:153 MPa　抗折强度:19 MPa	北京
雪花白	抗压强度:80 MPa　抗折强度:16.9 MPa	山东
苍山白玉	抗压强度:133 MPa　抗折强度:11.9 MPa	云南
杭灰、红奶油、余杭白、莱阳绿	抗压强度:128 MPa　抗折强度:12 MPa 吸水率:0.16%	杭州

表 9-3　部分天然大理石饰面板名称、规格、花色

名　称	规格/mm	花　色
孔雀绿	400×400×20	绿色
丹东绿	400×400×20	浅绿色
雪花白	各种规格均有	白色
汉白玉	100×100×20 以上	白色
棕红	600×300×20	棕红
济南青	各种规格均有	正黑
白浪花	305×152×20	海水波浪花色彩
云灰	各种规格均有	灰色
大青花	不定型	浅蓝色、黑色相间
乳白红纹	600×600×20	白底红线
翠雪	500×300×20	白色

四、天然大理石的分类

除以上常用大理石花色品种外,现在市面上主要常用的国产及进口大理石包括以下几个系列。

(一)白色大理石系列,如图 9-9 所示。

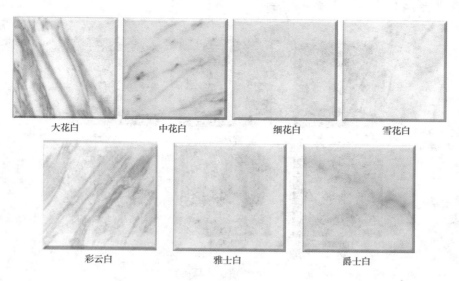

大花白	中花白	细花白	雪花白
彩云白	雅士白	爵士白	

图 9-9　白色大理石系列

（二）黑色大理石系列，如图 9-10 所示。

黑白根　　　　　　黑金花　　　　　　希腊黑

图 9-10　黑色大理石系列

（三）红色大理石系列，如图 9-11 所示。

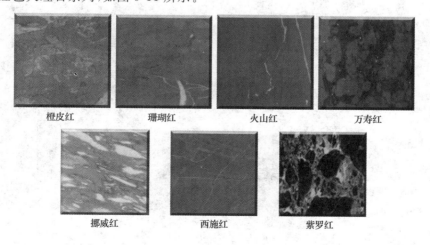

橙皮红	珊瑚红	火山红	万寿红
挪威红	西施红	紫罗红	

图 9-11　红色大理石系列

（四）咖啡色大理石系列，如图 9-12 所示。

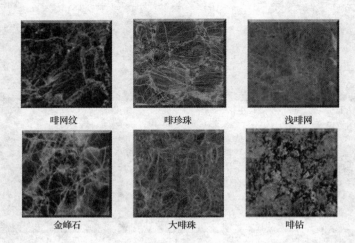

图 9-12　咖啡色大理石系列

（五）米黄色大理石系列，如图 9-13 所示。

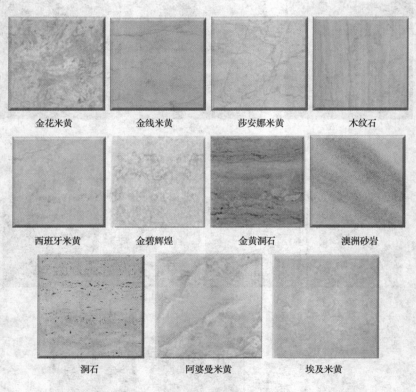

图 9-13　米黄色大理石系列

（六）绿色大理石系列，如图 9-14 所示。

图 9-14　绿色大理石系列

（七）透光薄板大理石系列，如图 9-15 所示。

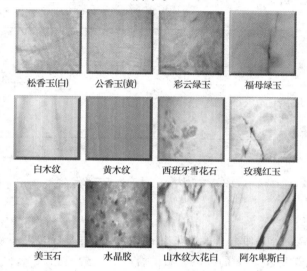

图 9-15　透光薄板大理石系列

五、天然大理石板材标准

（一）天然大理石板材规格

天然大理石板材规格分为定型和非定型两类，定型板材规格见表 9-4。

表 9-4　　　　　　　　　　　天然大理石定型板材规格　　　　　　　mm

长	宽	厚	长	宽	厚
300	150	20	1 200	900	20
300	300	20	305	152	20
400	200	20	305	305	20
400	400	20	610	610	20
600	600	20	610	305	20
900	600	20	915	762	20
1 070	750	20	1 067	915	20
1 200	600	20			

（二）技术要求

1.规格公差

（1）平板允许公差（表9-5）。

表 9-5　　　　　　　　　　　平板允许公差　　　　　　　　　　　　　mm

产品名称	一级品			二级品		
	长	宽	厚	长	宽	厚
单面磨光板材	0 −1	0 −1	+1 −2	0 −1.5	0 −1.5	+2 −3
双面磨光板材	±1	±1	±1	+1 −2	+1 −2	+1 −2

（2）单面磨光板材厚度公差不得超过 2 mm；双面磨光板材不得超过 1 mm。

（3）双面磨光板材拼接处的宽、厚相差不得大于 1 mm。

（4）平板与雕刻板的规格公差，要根据设计要求来定。

2.平度允许偏差（表9-6）

表 9-6　　　　　　　　　　　平度允许偏差　　　　　　　　　　　　　mm

平板长度范围	平度允许最大偏差值		角度允许最大偏差值	
	一级品	二级品	一级品	二级品
<400	0.3	0.5	0.4	0.6
≥400	0.6	1.8		
≥800	0.8	1.0	0.6	0.8
≥1 000	1.0	1.2		

第三节　人造石材

人造石材一般指人造大理石和人造花岗岩，以人造大理石的应用较为广泛。其价格大大低于天然石材，尤其是含 90% 的天然原石的合成花岗岩，克服了天然石材易断裂、纹理不易控制的缺点。它具有重量轻、强度高、装饰性强、耐腐蚀、耐污染、生产工艺简单以及施工方便等优点，因而得到了广泛应用。

人造大理石在国外已有 40 年历史，如意大利在 1948 年已生产水泥基人造大理石花砖，德国、日本等国在人造大理石的研究、生产和应用方面也取得了较大成绩。

由于人造大理石生产工艺与设备简单，很多发展中国家也已生产人造大理石。我国 20世纪 70 年代末期才开始由国外引进人造大理石技术与设备，但发展极其迅速，质量、产量与花色品种上升很快。

一、人造大理石的特点

人造大理石之所以能得到较快发展，是因为人造大理石具有类似天然大理石的机理特点，并且花纹图案可由设计者自行控制确定，重现性好；而且人造大理石重量轻，强度高，厚度薄，耐腐蚀性好，抗污染，并有较好的可加工性，能制成弧形、曲面等形状，施工方便。

二、人造石材的种类

人造石材是一种人工合成的装饰材料。按照所用黏结剂不同,可分为有机类人造石材和无机类人造石材两类。人造石材按其生产工艺过程和使用的原材料的不同分为 4 类:水泥型(硅酸盐型)人造石材、树脂型(聚酯型)人造石材、复合型人造石材及烧结型人造石材。四种人造石材中,以树脂型(聚酯型)最常用,其物理、化学性能也较好。

(一)水泥型(硅酸盐型)人造石材

水泥型人造石材是以各种水泥为胶结材料,砂、天然碎石粒为粗细骨料,经配制、搅拌、加压蒸养、磨光和抛光后制成的人造石材。配制过程中,混入色料,可制成彩色水泥石。通常所用的水泥为硅酸盐水泥,现在也用铝酸盐水泥作黏结剂,用它制成的人造大理石表面光泽度高、花纹耐久、抗风化、耐火性、防潮性都优于一般的人造大理石。现在市面上主要常用的水泥型人造石材花色如图 9-16 所示。

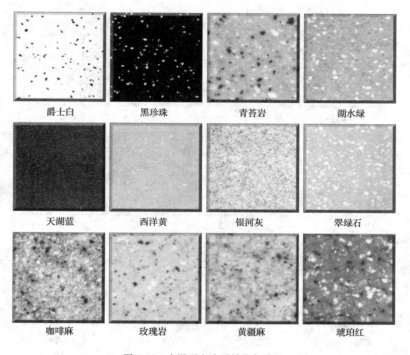

爵士白　　黑珍珠　　青苔岩　　湖水绿

天湖蓝　　西洋黄　　银河灰　　翠绿石

咖啡麻　　玫瑰岩　　黄疆麻　　琥珀红

图 9-16　水泥型人造石材花色系列

(二)树脂型(聚酯型)人造石材

树脂型人造石材是以不饱和聚酯树脂为黏结剂,与天然大理石碎石、石英砂、方解石、石粉或其他无机填料按一定的比例配合,再加入催化剂、固化剂、颜料等外加剂,经混合搅拌、固化成型、脱模烘干、表面抛光等工序加工而成。不饱和聚酯产品的光泽好、颜色鲜艳丰富、可加工性强、装饰效果好;这种树脂黏度低,易于成型,常温下可固化。成型方法有振动成型、压缩成型和挤压成型。室内装饰工程中采用的人造石材主要是树脂型的。现在市面上主要常用的树脂型人造石材花色如图 9-17 所示。

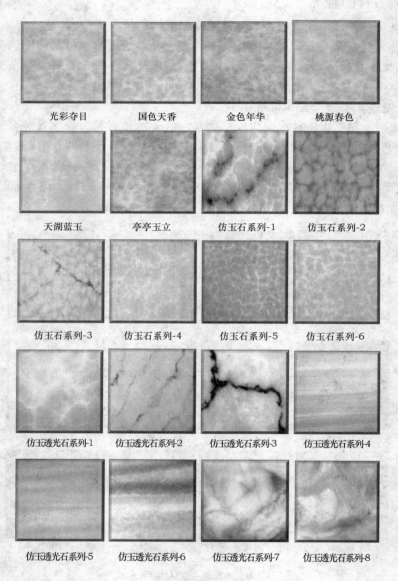

光彩夺目	国色天香	金色年华	桃源春色
天湖蓝玉	亭亭玉立	仿玉石系列-1	仿玉石系列-2
仿玉石系列-3	仿玉石系列-4	仿玉石系列-5	仿玉石系列-6
仿玉透光石系列-1	仿玉透光石系列2	仿玉透光石系列-3	仿玉透光石系列-4
仿玉透光石系列-5	仿玉透光石系列-6	仿玉透光石系列-7	仿玉透光石系列-8

图 9-17　树脂型人造石材花色系列

(三)复合型人造石材

复合型人造石材采用的黏结剂中,既有无机材料,又有有机高分子材料。其制作工艺如下。先用水泥、石粉等制成水泥砂浆的坯体,再将坯体浸于有机单体中,使其在一定条件下聚合而成。对板材而言,底层用性能稳定而价廉的无机材料,面层用聚酯和大理石粉制作。无机胶结材料可用快硬水泥、白水泥、普通硅酸盐水泥、铝酸盐水泥、粉煤灰水泥、矿渣水泥以及熟石膏等。有机单体可用苯乙烯、甲基丙烯酸甲酯、醋酸乙烯、丁二烯等,这些单体可单独使用,也可组合使用。复合型人造石材制品的造价较低,但它受温差影响聚酯面易产生剥落或开裂。现在市面上主要常用的复合型人造石材花色如图 9-18 所示。

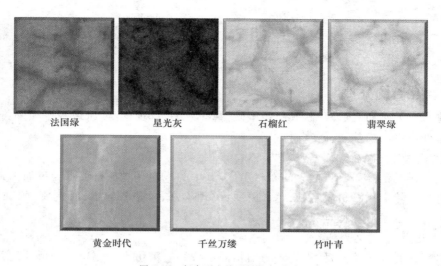

| 法国绿 | 星光灰 | 石榴红 | 翡翠绿 |

| 黄金时代 | 千丝万缕 | 竹叶青 |

图 9-18　复合型人造石材花色系列

(四)烧结型人造石材

烧结型人造石材的生产方法与陶瓷工艺相似,是将长石、石英、辉绿石、方解石等粉料和赤铁矿粉,以及一定量的高岭土共同混合,一般配比为石粉 60%,黏土 40%,采用混浆法制备坯料,用半干压法成型,再在窑炉中以 1 000 ℃左右的高温焙烧而成。烧结型人造石材的装饰性好,性能稳定,但需经高温焙烧,因而能耗大,造价高,如图 9-19 所示。

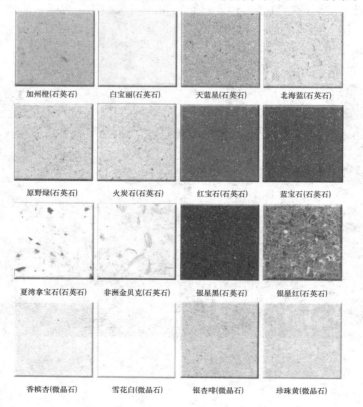

| 加州橙(石英石) | 白宝丽(石英石) | 天蓝星(石英石) | 北海蓝(石英石) |

| 原野绿(石英石) | 火炭石(石英石) | 红宝石(石英石) | 蓝宝石(石英石) |

| 夏湾拿宝石(石英石) | 非洲金贝克(石英石) | 银星黑(石英石) | 银星红(石英石) |

| 香槟杏(微晶石) | 雪花白(微晶石) | 银杏啡(微晶石) | 珍珠黄(微晶石) |

图 9-19　烧结型人造石材系列

第四节　文化石

一、文化石的分类

文化石有天然和人造两种,其材质坚硬、色泽鲜明、纹理丰富、风格各异,但不够平整,一般用于室外或室内局部装饰。

(一)天然文化石

天然文化石是开采于自然界的石材矿床,其中的板岩、砂岩、石英石经过加工,成为一种装饰建材。天然文化石材质坚硬、色泽鲜明、纹理丰富、风格各异,具有抗压、耐磨、耐火、耐寒、耐腐蚀、吸水率低等特点。

(二)人造文化石

人造文化石是采用硅钙、石膏等材料精制而成。它模仿天然石材的外形纹理,具有质地轻、色彩丰富、不霉、不燃、便于安装等特点。

二、文化石的花色品种

文化石本身并不具有特定的文化内涵。但是文化石具有粗砺的质感、自然的形态,可以说,文化石是人们回归自然、返朴归真的心态在室内装饰中的一种体现。这种心态,我们也可以理解为是一种生活文化。

天然文化石最主要的特点是耐用,不怕脏,可无限次擦洗。但其装饰效果受石材原纹理限制,除了方形石外,其他的施工较为困难,尤其是拼接时。现在市面上主要常用的"文化石"花色品种如下。

(一)蘑菇石系列(图 9-20)

图 9-20　蘑菇石

（二）片岩石系列（图 9-21）

图 9-21　片岩石

（三）板岩石系列（图 9-22）

图 9-22　板岩石

三、人造文化石的优点

人造文化石的突出优点如下：

（1）质地轻

比重为天然石材的 1/4～1/3，无须额外的墙基支撑。

（2）经久耐用

不褪色、耐腐蚀、耐风化、强度高、抗冻与抗渗性好。

（3）绿色环保

无异味、吸音、防火、隔热、无毒、无污染、无放射性。

（4）防尘自洁功能

经防水剂工艺处理，不易黏附灰尘，风雨冲刷即可自行洁净如新，免维护保养。

（5）安装简单，节省费用

无须将其铆在墙体上，直接粘贴即可；安装费用仅为天然石材的 1/30。

（6）可选择性多

风格颜色多样，组合搭配使墙面极富立体效果。

第五节　装饰石材的施工工艺

一、石材的干挂法

（一）墙面修整

当混凝土外墙表面的局部凸出处影响扣件安装时，须进行凿平修整。

（二）弹线

石材安装前要事先用经纬仪打出大角两个面的竖向控制线，最好弹在离大角 20 cm 的位置上，以便随时检查垂直挂线的准确性，保证顺利安装。竖向挂线宜用 $\phi0.1\sim\phi0.2$ 的钢丝，下边沉铁质量随高度而定，一般 40 m 以下高度沉铁质量为 $8\sim10$ kg，上端挂在专用的挂线角钢架上，角钢架用膨胀螺栓固定在建筑物大角的顶端，一定要挂在牢固、准确、不易碰动的地方，并要注意保护和经常检查，并在控制线的上、下端做出标记。

（三）墙面涂防水剂

由于板材与混凝土墙身之间不填充砂浆，为了防止因材料性能或施工质量可能造成的渗漏，在外墙面上涂刷一层防水剂，以加强外墙的防水性能。

（四）打孔

根据设计尺寸和图纸要求，将专用模具固定在台钻上，进行石材打孔。为保证位置准确垂直，要钉一个石板托架，将石板放在托架上，要打孔的小面与钻头垂直，使孔成型后尺寸准确无误，孔深为 20 mm，孔径为 5 mm，钻头为 4.5 mm。由于它关系到板材的安装精度，因而要求钻孔位置正确。

（五）固定连接件

在结构上打孔、下膨胀螺栓。在结构表面弹好水平线，按设计图纸及石板材料孔位置，准确地弹在围护结构墙上并做好标记，然后按点打孔，打孔可使用冲击钻，上 $\phi2.5$ 的冲击钻头，打孔时，先在预先弹好的点上凿一个点，然后用钻打孔，孔深为 $60\sim80$ mm，当遇到结构中的钢筋时，可以将孔位在水平方向移动或往上抬高，当连接铁件时利用可调余量再调回。成孔要求与结构表面垂直，成孔后，把孔内的灰粉用小勾勺掏出，安放膨胀螺栓，宜将所需的膨胀螺栓全部安装就位。将扣件固定，用扳手扳紧，安装节点，连接板上的孔洞均呈椭圆形，以便于安装时调节位置。

（六）固定板块

底层石板安装。把侧面的连接铁件安装好，便可把底层面板靠角上的一块就位。方法是用夹具暂时固定，先将石板侧孔抹胶，调整铁件，插固定钢针，调整面板固定。依次按顺序安装底层面板，待底层面板全部就位后，检查一下各板水平线是否在一条线上，若有高低不平的，要进行调整。低的可用木楔垫平；高的可轻轻适当退出点木楔，退到面板上口在一条水平线上为止。先调整好面板的水平与垂直度，再检查板缝，板缝宽应按设计要求，板缝均匀，将板缝嵌紧被衬条，嵌缝高度要高于 25 cm。之后用 1∶2.5 的白水泥配制的砂浆，灌于底层面板内 20 cm 高处，砂浆表面上设排水管。

石板上孔抹胶及插连接钢针，把 1∶1.5 的白水泥环氧树脂倒入固化剂、促进剂，用小棒搅匀，用小棒将配好的胶抹入孔中，再把长 40 mm 的 $\phi4$ 连接钢针通过平板上的小孔插入，直至面板孔，上钢针前检查其有无伤痕，长度是否满足要求，钢针安装要保证垂直。

（七）调整固定

面板暂时固定后，调整水平度，若板面上口不平，可在板底一端下口的连接平钢板上垫一相应的双股铜丝垫，若铜丝粗，可用小锤砸扁；若高，可把另一端下口用以上方法垫一下。调整垂直度，并调整面板上口的不锈钢连接件的距墙空隙，直至面板垂直。

（八）顶部板安装

顶部最后一层面板除了按一般石板安装要求外，安装调整后，在结构与石板的缝隙里吊一个20 mm厚的木条，木条上平位置为石板上口下去250 mm，吊点可设在连接铁件上，可采用铅丝吊木条，木条吊好后，即在石板与墙面之间的空隙里塞放聚苯板条，聚苯板条要略宽于空隙，以便填塞严实，防止灌浆时漏浆，造成蜂窝、孔洞等，灌浆至石板口下20 mm作为压顶盖板之用。

（九）嵌缝

每一施工段安装后经检查无误，可清扫拼接缝，填入橡胶条，然后用打胶机进行硅胶涂封，一般硅胶只封平接缝表面或比板面凹少许即可。雨天或板材受潮时，不宜涂硅胶。

（十）清理

清理石板表面，用棉丝将石板擦干净，若有胶等其他黏结杂物，可用开刀轻铲、用棉丝蘸丙酮擦干净。

二、石材湿挂安装施工

室内装饰中的石材运用很广，宾馆饭店、大型商场、办公楼等公共场所的立面、柱面，经石材装饰后，既实用又美观，是十分理想的主要装饰材料。石材湿挂是常用的一种安装施工方法，也就是灌水泥浆的方法，其石材的选用、切割、运输、验收与干挂的要求基本相同，有区别的是石材使用的厚度不必达到干挂石材的要求。

（一）石材湿挂安装施工的设备

(1)根据设计要求，现场核对实际尺寸，将精确尺寸报切割石材码单，并规划施工编号图，石材切割加工须按现场码单及编号图进行分批。现场实际尺寸误差较大的应及时报告原设计单位做适当调整。对于复杂形状的饰面板，要用不变形的板材放足尺寸大样。

(2)对需挂贴石材的基层进行清理，基层必须牢固结实，无松动、洞隙；应具有足够承受石材重量的稳定性和刚度。钢架铁丝网粉刷必须连接牢固、无缝隙、无漏洞，基层表面应平整粗糙。

(3)在需挂贴基层上拉水平、垂直线或弹线确定挂贴位置，安装施工环境必须无明显垃圾和有碍施工的材料，安装施工现场应有足够的光线和施工空间。

(4)湿挂墙面、柱面上方的吊顶板必须待石材灌浆结束后，方可封板。

(5)有纹理要求的必须进行预拼，对明显的色差应及时撤换，石材后背的玻纤网应去除，以免出现空鼓现象。

（二）湿挂石材的安装

(1)湿挂石材应在石材上方端面用切割机开口，采用不锈钢丝或铜丝与墙体连接牢固，每块石材不应少于两个连接点，大于600 mm的石材应用两个以上的连接点加以固定。

(2)石板固定后应用水平尺检查调整其水平与垂直度，并保持石板与贴挂基体有20～40 mm的灌浆空隙。过宽的空隙应事先用砖砌实。石板与基层间可用木质楔体加以固定，防止石材松动。

（3）采用 1：3 的水泥砂浆灌注，灌注时要灌实，动作要慢，切不可大量倒入致使石板移动，灌浆时可一边灌、一边用细钢筋捣实，灌浆不宜过满，一般至板口留 20 mm 为好，对灌注时沾在石材表面的水泥砂浆应及时擦除。

（4）石板左右、上下连接处，可采用 502 胶水固定，对湿挂面积较大的墙面，一般湿挂两层后待隔日或水泥砂浆初凝后方能继续安装。

（5）石材湿挂环境温度应控制在 5～35 ℃。冬季施工应根据实际情况在水泥砂浆中添加防冻剂，并做好施工后的保温措施；夏季施工应在灌浆前将墙面充分潮湿后进行，否则容易引起空鼓与脱落。

（6）石材湿挂安装后的缝隙应及时填补并加以保护。

（7）石材湿挂的线条等较小面积的石材施工也应用不锈钢丝或铜丝与墙体连接，切不能图省力而予以疏忽与轻视。

第十章 家居空间与商业空间中的地面装饰材料与施工工艺

地面装饰板材作为地坪或楼板的表面,首先起到保护作用,使地坪和楼板坚固耐久。按不同用途的使用要求,地面应具有耐磨、防水、防潮、防滑、易于清扫等特点;在高级宾馆内,还有一定的隔声、吸声、弹性、保温、阻燃等作用。

地面装饰板材按材质分类,有木制地板、塑料地板、橡胶地板等。

第一节 木制地板

一、实木地板

实木地板(图 10-1)是天然木材经烘干、加工后形成的地面装饰材料。它呈现出的天然原木纹理和色彩图案,给人以自然、柔和、富有亲和力的质感,同时它冬暖夏凉、触感好的特性使其成为卧室、客厅、书房等地面装饰的理想材料。

据科学研究发现,木材中带有芬多精等挥发性物质,具有抵抗细菌、稳定神经、刺激黏膜等功效,对视觉、嗅觉、听觉、触觉有洗涤效果,因此,木材是理想的室内装饰材料。

木制地板具有自重轻、弹性好、热导率低、构造简单、施工方便等优点。其缺点是不耐火、不耐腐、耐磨性差等,但较高级的木制地板在加工过程中已进行防腐处理,其防腐性、耐磨性有显著的提高,其使用寿命可提高 5~10 倍。

用作地板的木材,应注意选择抗弯强度较高,硬度适当,胀缩性小,抗劈裂性好,比较耐磨、耐腐、耐湿的木材。杉木、杨木、柳木、七叶树、横木等适于制作轻型地板;铁杉、柏木、红豆杉、桦木、楸木、榆木等适于制作普通地板;槐木、核桃木、悬铃木、黄檀木和水曲柳等适于制作高级地板。

图 10-1 实木地板

(一)普通木制地板

普通木制地板(图 10-2)由龙骨、水平撑、地板等部分组成。地板一般用松木或杉木,宽度不大于 12 cm,厚 2~3 cm,拼缝做成企口或错口,直接铺钉在木龙骨上,端头拼缝要互相错开。

普通木制地板铺完后,经过一段时间,待木材变形稳定后再进行刨光、清扫、刷地板漆。普通木制地板受潮容易腐朽,适当保护可以延长其使用年限。

图 10-2　普通木制地板

（二）硬木地板

　　硬木地板（图 10-3）多采用水曲柳、椴木、榉木、柞木、红木等硬杂木作面层板，松木、杨木等作毛地板、搁栅、垫木、剪刀撑等。裁口缝硬木地板应采用粘贴法。这种地板施工复杂、成本高，适用于高级住宅房间、室内运动场等。

图 10-3　硬木地板

（三）硬质纤维板地板

　　硬质纤维板地板是利用热压工艺制成的 3～6 mm 厚并裁剪成一定规格的板材，再按图案铺设而成的地板。这种地板既是树脂加强，又是用热压工艺成型的，因此，质轻强度高，收缩性小，克服了木材易于开裂、翘曲等缺点，同时又保持了木制地板的某些特性。

（四）拼木地板

　　拼木地板（图 10-4）分高、中、低三个档次。高档产品适合于高级宾馆及大型会场会议室室内地面装饰；中档产品适合于办公室、疗养院、托儿所、体育馆、舞厅等地面装饰。

　　拼木地板的优点如下：

图 10-4 拼木地板

(1)有一定弹性,软硬适中,并有一定的保温、隔热、隔声功能。

(2)容易使地面保持清洁,拼木地板使用寿命长,铺在一般居室内,可用 20 年以上,可视为永久性装修。

(3)款式多样,可铺成多种图案,经刨光、油漆、打蜡后木纹清晰美观,漆膜丰满光亮,易与家具色调、质感相协调,给人以自然、高雅的享受。

目前市场上出售的拼木地板一般为硬杂木,如水曲柳、柞木、榷木、柯木、栲木等。前两种特别是水曲柳木纹美观,但售价高,多用于高档建筑装修。江浙一带多用浙江、福建产的柯木;西南地区多用当地产的带有红色的栲木;北京地区常用产于东北和秦岭的柞木。

由于各地气候差异,湿度不同,制拼木地板时木材的烘干程度不同,其含水率也有差异,对使用过程中是否出现脱胶、隆起、裂缝有很大影响。北方若用南方产的含水率高的拼木地板,则会产生变形,铺贴困难,或者安装后出现裂纹,影响装饰效果。一般来说,西北地区(包头、兰州以西)和西藏地区,选用拼木地板的含水率应控制在 10% 以内;华北、东北地区选用拼木地板的含水率应控制在 12% 以内;中南、华南、华东、西南地区选用拼木地板的含水率应控制在 15% 以内。一般居民无法测定木材含水率,所以购买时要凭经验判断拼木地板干湿,买回后放置一段时间再铺贴。

拼木地板分带企口和不带企口两种。带企口地板规格较大较厚,具有拼缝严密、有利于邻板之间的传力、整体性好、拼装方便等优点,不带企口的拼木地板较薄。

二、复合木地板

复合木地板(图 10-5)又叫强化木地板,由硬质纤维、中密度纤维板为基材的浸渍纸胶膜贴面层复合而成,表面再涂以三聚氰胺和三氧化二铝等耐磨材料。原有的以刨花板为基材的木地板已经逐渐被市场淘汰。这种复合木地板既改掉了普通木地板的一些缺点,保持了优质木材具有天然花纹的良好装饰效果,又达到了节约优质木材的目的。

复合木地板具有典雅美观、色泽自然、花色丰富、防潮、阻燃、耐磨、抗冲击、不开裂变形、安装便捷、保养简单、打理方便等优点。

复合木地板的规格有 900 mm×300 mm×11 mm,900 mm×300 mm×14 mm 两种。

三、竹制地板

竹制地板(图 10-6)是用经过脱去糖分、淀粉、脂肪、蛋白质等特殊无害处理后的竹板通

图 10-5　复合木地板

过胶黏剂拼接,施以高温高压而成的。地板无毒,牢固稳定,不开胶,不变形,具有超强的防虫蛀功能。地板六面用优质耐磨漆密封,阻燃、耐磨、防霉变。地板表面光洁柔和,几何尺寸好,品质稳定,是住宅、宾馆和写字间等的高级装饰材料。

图 10-6　竹制地板

竹制地板的优点有以下几个方面:

(1)具有别具一格的装饰性。竹制地板色泽自然,色调高雅,纹理通直,刚劲流畅,可为居室平添许多文化氛围。

(2)具有良好的质地和质感。竹制地板富有弹性,硬度强,密度大,质感好。

(3)适合地热采暖。竹制地板的热传导性能、热稳定性能、环保性能、抗变形性能都要比木制地板好一些,而且非常适合地热采暖,在越来越多房地产楼盘采用地热采暖的情况下,竹制地板的优势就更为突出。

第二节　塑料地板

　　塑料地板(图 10-7)是指由高分子树脂及其助剂通过适当的工艺所制成的片状地面覆盖材料。塑料地板的优点很多,如装饰效果好,其色彩图案不受限制,能满足各种用途需要,也可模仿天然材料,十分逼真。塑料地板的种类也较多,有适用于公共建筑的硬质地板,也有适用于住宅建筑的软质发泡地板。塑造料地板能满足各种建筑的使用要求,施工铺设和维修保养方便,耐磨性好,使用寿命长,并具有隔热、隔声、隔潮等多种功能,脚感舒适有暖和感。

图 10-7　塑料地板

一、塑料地板的分类

(一)按形状分类

　　塑料地板按形状可分为块状和卷状两种。块状塑料地板可拼成各种不同图案,卷状塑料地板具有施工效率高的优点。

(二)按生产工艺分类

　　塑料地板按生产工艺分类有压延法塑料地板、热压法塑料地板和涂布法塑料地板等。

(三)按使用的树脂分类

　　塑料地板按使用的树脂分类有聚氯乙烯塑料地板;氯乙烯-醋酸乙烯塑料地板;聚乙烯、聚丙烯塑料地板三种。目前各国生产的塑料地板绝大部分为聚氯乙烯塑料地板。

二、塑料地板的结构与性能

　　目前市场上有多种弹性塑料地板。弹性塑料地板有单层的和多层的。单层的弹性塑料地板多为低发泡塑料地板,一般厚 3~4 mm,表面压成凹凸花纹,吸收冲击力好,防滑、耐磨,多用于公共建筑,尤其在体育馆应用较多,如图 10-8 所示。

　　多层的弹性塑料地板由上层、中层和下层构成。上层填料最少,耐磨性好;中层一般为弹性垫层(压成凹形花纹或平面)材料;下层为填料较多的基层。上、中、下层一般用热压法黏结在一起。透明的面层往往是为了使中间垫层的各种花色图案显露出来,以增添艺术效

图 10-8　用于体育馆的塑料地板

果。面层都是采用耐磨、耐久的材料。发泡塑料垫层凹凸花纹中的凹下部分,是在该处的油墨中添有化学抑制剂,发泡时能抑制局部的发泡作用而减少发泡量,形成凹下花纹,其他材料采用压制成型。

　　弹性垫层一般采用泡沫塑料、玻璃棉、合成纤维毡或用合成树脂胶结在一起的软木屑、合成纤维及亚麻毡垫。多层的弹性塑料地板立体感和弹性好,不易污染,耐磨及耐烟头烫的性能好,适用于豪华商店和旅馆等。弹性塑料地板类型很多,所用的材料不同时地板的性质和生产工艺也不同,因此原料配比也不同。

三、聚氯乙烯塑料地板(图 10-9)

（一）聚氯乙烯塑料地板的性能特点

1. 尺寸稳定性

尺寸稳定性是指塑料地板在长期使用后尺寸的变化量。

图 10-9　聚氯乙烯塑料地板

2. 翘曲性

　　质量均匀的聚氯乙烯塑料地板一般不会发生翘曲。非匀质的塑料地板,即由几层性质不同的材料组成的地板,底面层的尺寸稳定性不同就会发生翘曲。

3. 耐凹陷性

耐凹陷性是塑料地板在长期受静止负载后造成凹陷的恢复能力,它表示对室内家具等静止负载的抵抗能力。半硬质塑料地板比软质的或发泡的塑料地板耐凹陷性好。

4. 耐磨性

一般塑料地板的耐磨性好,聚氯乙烯塑料地板的耐磨性与填料加入量有关,填料加入越多,耐磨性越好。具有透明聚氯乙烯面层的印花卷材耐磨性最好。

5. 耐热、耐燃和耐烟头性

聚氯乙烯是一种热塑性塑料,受热会软化,耐热性不及一些传统材料。因此,聚氯乙烯塑料地板上不宜放置温度较高的物体,以免变形。

6. 耐污染性和耐刻画性

聚氯乙烯塑料地板的表面比较致密,吸收性很小,耐污染性很好,有色液体、油脂等在表面不会留下永久的斑点,容易擦去。聚氯乙烯塑料地板表面沾的灰尘也容易清扫干净。

7. 耐化学腐蚀性

耐化学腐蚀性好是聚氯乙烯塑料地板的特点之一,不仅对民用住宅中的酒、醋、油脂、皂、洗涤剂等有足够的抵抗力,不会软化或变形变色,而且在工业建筑中对许多有机溶剂、酸、碱等腐蚀性气体或液体有很好的抵抗力。

8. 抗静电性

在存放易燃品的室内应使用防静电的塑料地板。

9. 机械性能

塑料地板其机械强度要求并不高。一般在塑料地板中掺入较多的填充料,其目的是在不影响使用性能的前提下降低产品成本,而且还能改善其耐高压性、尺寸稳定性等物理性能。

10. 耐老化性

塑料地板长期使用后会不同程度地出现老化现象,表现出褪色、龟裂。耐老化性能主要取决于材料本身的质量,也与使用环境和保养条件有关。从目前使用实际效果来看,塑料地板使用年限可达 20 年左右。

（二）聚氯乙烯塑料块状地板

聚氯乙烯塑料块状地板是以聚氯乙烯及其共聚树脂为主要原料,加入填料、增塑剂、稳定剂、着色剂等辅料,经压延、挤出或挤压工艺生产而成,有单层和同质复合两种。其规格为 300 mm×300 mm,厚度为 1.5 mm。

1. 单色半硬质聚氯乙烯塑料地板块

单色半硬质聚氯乙烯塑料地板块是以聚氯乙烯为主要材料,掺入增塑剂、稳定剂、填充料等经压延法、热压法或挤出法制成的硬质或半硬质塑料地板。这是较早生产的一种塑料地板,国内主要采用热压法生产,适用于各种公共建筑及有洁净要求的工业建筑的地面装饰。这种板材硬度较大,脚感略有弹性,行走无噪声;单层型的不翘曲,但多层型的翘曲性稍大;耐凹陷、耐沾污。

单色半硬质聚氯乙烯塑料地板块可以分为素色和杂色拉花两种。杂色拉花就是在单色的底色上拉出直条的其他颜色花纹,有的类似大理石花纹,花纹的颜色一般是白色、黑色和铁红色。杂色拉花不仅增加装饰效果,同时对表面划伤有遮盖作用。

单色半硬质聚氯乙烯塑料地板块按其结构不同有三种形式:单层均质型塑料地板块,复合多层型塑料地板块,石英加强型塑料地板块。

2. 印花聚氯乙烯塑料地板砖

(1)印花贴膜聚氯乙烯塑料地板砖

印花贴膜聚氯乙烯塑料地板砖由面层、印刷层和底层组成。面层为透明聚氯乙烯薄膜,厚度约0.2 mm;底层为加填料的聚氯乙烯树脂,也有的产品用回收的旧塑料。印刷图案有单色和多色两种,表面是单色的,也有的压上橘皮纹或其他花纹,起消光作用。

(2)压花印花聚氯乙烯地板砖

压花印花聚氯乙烯地板砖表面没有透明聚氯乙烯薄膜;印刷图案是凹下去的,通常是线条、粗点等,使用时沾上油墨不易磨去。其性能除了有压花印花图案外,其余均与单色半硬质聚氯乙烯塑料地板块相同,其应用范围也基本相同。

(3)碎粒花纹聚氯乙烯地板砖

碎粒花纹聚氯乙烯地板砖由许多不同颜色(2~3色)的聚氯乙烯碎粒互相黏合而成,因此整个厚度上都有花纹。碎粒的颜色虽然不同,但基本是同一色调,粒度为3~5 mm。碎粒花纹聚氯乙烯地板砖的性能基本上与单色半硬质聚氯乙烯塑料地板块相同,主要特点是装饰性好,碎粒花纹不会因磨耗而丧失,也不怕烟头危害。

(4)水磨石聚氯乙烯地板砖

水磨石聚氯乙烯地板砖(图10-10)由一些不同色彩的聚氯乙烯碎粒和其周围的“灰缝”构成,碎粒的外形与碎石一样,所以外观很像水磨石,砖的整个厚度上都有花纹。

图10-10 水磨石聚氯乙烯地板砖

(三)聚氯乙烯塑料卷材地板

聚氯乙烯塑料卷材地板是以聚氯乙烯树脂为主要原料,加入适当助剂,在片状连续基材上,经涂敷工艺生产而成。分为带基材的发泡聚氯乙烯塑料卷材地板和带基材的致密聚氯乙烯塑料卷材地板两种,其宽度有1 800 mm、2 000 mm,每卷长度20 mm、30 mm,总厚度有1.5 mm、2 mm。

1. 软质聚氯乙烯单色卷材地板

这种卷材地板通常是均质的,底层、面层的组成性质相同。除表面平滑的外,还有表面压花的,如直线条、菱形花、圆形花等,起防滑作用。其性能如下:

(1)质地较软,有一定的弹性和柔性。

(2)耐烟头性中等,不及半硬质地板块。

(3)由于是均质的,表面平伏,所以不会发生翘曲现象。

(4)耐沾污性和耐凹陷性中等,不及单色半硬质聚氯乙烯塑料地板块。

(5)机械强度较高,不易破损。

2.不发泡印花聚氯乙烯卷材地板

这种卷材地板与印花聚氯乙烯塑料地板砖的结构相同，也可由三层组成。面层为透明聚氯乙烯薄膜，起保护印刷图案的作用；中间层为印花层，是一层印花的聚氯乙烯色膜；底层为填料较多的聚氯乙烯树脂，有的产品以回收料为底料，这样可降低生产成本。其表面一般有橘皮、圆点等压纹，以减少表面的反光，但仍保持一定的光泽。不发泡印花聚氯乙烯卷材地板通常采用压延法生产。其尺寸外观、物理机械性能基本上与软质聚氯乙烯单色卷材地板相近，印花卷材还要有一定的层间剥离强度，且不允许严重翘曲。它可用于通行密度不高、保养条件较好的公共和民用建筑。

3.印花发泡聚氯乙烯卷材地板

印花发泡聚氯乙烯卷材地板的结构与不发泡印花聚氯乙烯卷材地板的结构相近，其底层是发泡的，表面有浮雕感，它一般都由三层组成。面层为透明聚氯乙烯薄膜；中间层为发泡的聚氯乙烯树脂；底层为底布，通常用矿棉纸、玻璃纤维布、玻璃纤维毡、化学纤维无纺布等。有一种印花发泡聚氯乙烯卷材地板由透明层和发泡层组成，无底布；还有一种是底布夹在两层发泡聚氯乙烯树脂层之间的，也称增强型印花发泡聚氯乙烯卷材地板。

第三节　橡胶地板

橡胶地板是以合成橡胶为主要原料，添加各种辅助材料，经过特殊加工而成的地面装饰材料。

一、橡胶地板的特点

橡胶地板具有耐磨、抗震、耐油、抗静电、阻燃、易清洗、施工方便、使用寿命长的特点。

二、橡胶地板的产品规格和性能

橡胶地板有各种颜色，形状多样，其产品规格和性能见表 10-1。

表 10-1　　　　　　　　　　橡胶地板的产品规格和性能

名　称	说明和特点	规　格	技术性能	
			项　目	指　标
彩色橡胶地板	以丁腈橡胶为主要原料，含氯高聚物为改性剂经特殊加工而成。产品具有良好的耐臭氧、耐候、耐燃、耐火、不易附着尘埃等特点		拉伸强度/MPa 扯断伸长率/% 硬度(邵尔 A)/度 阻燃性氧指数 撕裂强度/(kN·m^{-1}) 耐热老化/70℃，96 h 拉伸强度变化率/% 拉断伸长率变化率/%	8.5 370 80 24 22.078 无变化 +8 -6
圆形橡胶铺地砖	以合成橡胶为主要原料，经特殊加工而成。具有良好的耐磨、耐候、耐震、易清洗等特点	300 mm×300 mm		
粒状橡胶门厅踏垫		300 mm×300 mm	扯断强度/MPa 扯断伸长率/% 老化系数	>7.0 >350 >0.8

（续表）

名　称	说明和特点	规　格	技术性能	
			项　目	指　标
漏孔形橡胶铺地材料		350 mm×350 mm	扯断强度/MPa 扯断伸长率/% 永久变形/%	4.0 >350 <0.8
彩色橡胶地板 （豪迪牌）	彩色橡胶地板与配套专用胶黏剂组成的新型铺地材料。具有阻燃性好、色彩鲜艳、抗震、耐油、耐磨、耐老化、抗静电、易清洗且施工方便、无污染、使用寿命长等特点。尤为突出的是地板表面凸出的花纹，具有防滑、降噪、弹性好等特点	300 mm×300 mm×(2.5~3 mm) DY(M)—01 砖红 DY(M)—02 米色 DY(M)—03 奶白 DY(M)—04 浅绿 DY(M)—05 紫色 DY(M)—06 黑色 DY(M)—07 烟灰 DY(M)—08 深绿 DY(M)—09 天蓝色 DY(M)—10 橙色 注：D—地板 　　Y—凸圆形 　　M—梅花形	硬度（邵尔 A）/度 回弹性/% 阻燃性 撕裂强度/(kN·m⁻¹) 耐热老化/70℃,24 h	85±5 >10 难燃 >10 无变化

三、橡胶地板的用途

橡胶地板（图 10-11）色彩繁多，适用于体育场、车站、购物中心、学校、娱乐设施、公共建筑、百货商店、电梯厅等。

图 10-11　橡胶地板

第四节　活动地板

活动地板（图 10-12）又称装配式地板。它是由各种规格型号和材质的面板块、行条、可调支架等组合拼装而成的。活动地板与基层地面或楼面之间所形成的架空空间，不仅可满足铺设纵横交错的电缆和各种管线的需要,而且通过设计,在架空地板的适当部位设置通风口(通风百页或通风型地板),还可满足静压送风等空调方面的要求。

图 10-12　活动地板

(一)活动地板的特点

(1)产品表面平整、坚实,耐磨、耐烫、耐老化、耐污染性能优良。

(2)具有高强度、防静电等多种优点,产品质量可靠、性能稳定。

(3)安装、调试、清理、维修简便,可随意开启、检查和拆迁。

(4)抗静电升降活动地板还具有优良的抗静电能力,下部串通、高低可调、尺寸稳定、装饰美观和阻燃。

(二)活动地板的用途

活动地板适用于邮电部门、大专院校、工矿企业的电子机房、试验室、控制室、调度室、广播室以及有空调要求的会议室、高级宾馆、客厅、自动化办公室、军事指挥室、电视发射台地面卫星站机房、微波通信站机房和有防尘、防静电要求的场所。

(三)活动地板的产品规格和技术性能

活动地板的产品规格和技术性能,见表 10-2。

表 10-2　　　　　　　　　　　　活动地板的产品规格和技术性能

名　称	说　明	规格/mm	技术性能		
SJ—6型升级地板	由可调支架、行条及面板组成。面板底面用合金铝板、四周由 2.5♯角钢锌板作加强,中间由玻璃钢浇制成空心夹层,表面由聚酯树脂加抗静电剂、填料制成抗静电塑料贴面	品种:普通抗静电地板、特殊抗静电地板 面板尺寸:600×600 支架可调范围:250~350	电性能: 表面电阻率/Ω 体积电阻率/(Ω·m) 放电时间常数 J/s 电荷半衰期 $T^{0.5}$/s	普通抗静电地板 $10^8\sim10^9$ $10^6\sim10^7$ 2.65×10^{-8} 195×10^{-7}	特殊抗静电地板 $10^6\sim10^7$ $10^4\sim10^8$ 3.5×10^{-7} 2×10^{-7}
			力学性能: 集中荷载 3 000 N(变形<2 mm) 均布荷载 6 000 N·m^{-2}(变形<2mm)		

（续表）

名　称	说　明	规格/mm	技术性能
活动地板	由铝合金复合石棉塑料贴面板块、金属支座等组成。塑料贴面板块分防静电和不防静电两种。支座由钢铁底座、钢螺杆和铝合金托组成	面板尺寸： 450×450×36 465×465×36 500×500×36 支座可调范围： 250～400	面板剥离强度/MPa：5 防静电固有电阻值/Ω：$10^6 \sim 10^{10}$
抗静电铝合金活动地板	面板块：铸造铝合金表面黏合软塑料 支架：铝合金、铸铁制造	面板尺寸： 50.0×50.0×32 每块质量：≥7 kg	均布荷载/N·m^{-2}：≤1 200 集中荷载/N：300 防静电固有电阻值/Ω：$10^6 \sim 10^{10}$
复合活动地板		面板尺寸： 450×450×40 每块质量：2.7 kg	均布荷载/N·m^{-2}：200 集中荷载/N：500 抗静电/Ω：(FFD—83 型)10^9 以下 摩擦电压/V：0～10
钢制活动地板	面板块为塑料地板，支架行条由优质冷轧钢板制造	面板尺寸： 50.0×50.0 450×450 重量：24 kg/m^2 地板高度： 150（可调节） 30.0（可调节）	均布荷载/N·m^{-2}：≥1 600 集中荷载/N：≥500 系统电阻值/Ω：$10^8 \sim 10^{12}$ 表面起电电压/V：>10

第五节　地　毯

　　地毯（图 10-13）是以棉、麻、毛、丝、草等天然纤维或化学合成纤维类原料，经手工或机械工艺进行编结、栽绒或纺织而成的地面覆盖物。地毯是一种高级地面装饰品，有着悠久的历史，也是一种世界通用的装饰材料之一。它不仅具有隔热、保温、吸声、挡风及弹性好等特点，而且铺设后可以使室内显得高贵、华丽、悦目。所以，它是从古至今经久不衰的装饰材料，广泛应用于现代建筑和民用住宅，有减少噪声、隔热和装饰的效果。

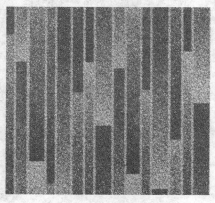

图 10-13　地毯

一、地毯的分类与等级

（一）地毯的分类

根据 QB/T 2213—1996《地毯分类命名》的规定，地毯产品根据构成毯面的加工工艺不同可分为手工地毯和机制地毯。手工地毯即以人手和手工工具完成毯面加工的地毯，又可分为手工打结地毯、手工簇绒地毯、手工绳条编结地毯、手工绳条缝结地毯等，如图 10-14 所示。

图 10-14　手工地毯

地毯产品根据材质又可分为纯毛地毯、混纺地毯、化纤地毯、塑料地毯、橡胶地毯、剑麻地毯等。其中纯毛地毯采用羊毛为主要原料，具有弹力大、拉力强、光泽好的优点，是高档铺地装饰材料；剑麻地毯是植物纤维地毯的代表，耐酸碱、耐磨、无静电，主要在宾馆、饭店等公共建筑或家庭中使用。

（二）地毯的等级

根据地毯的内在质量、使用性能和适用场所将地毯分为六个等级。

1. 轻度家用级

适用于不常使用的房间。

2. 中度家用或轻度专业使用级

可用于主卧室和餐厅等。

3. 一般家用或中度专业使用级

起居室、交通频繁部分楼梯、走廊等。

4. 重度家用或一般专业使用级

家中重度磨损的场所。

5. 重度专业使用级

家庭一般不用，用于客流量较大的公众场合。

6. 豪华级

通常其品质至少相当于三级以上，毛纤维加长，豪华气派。

地毯作为室内陈设不仅具有实用价值，还具有美化环境的功能。地毯防潮、保暖、吸声与柔软舒适的特性，能给室内环境带来舒适、温馨的氛围。在现代化的厅堂宾馆等大型建筑中,地毯已是不可缺少的实用装饰品。随着社会物质、文化水平的提高,地毯以其实用性与装饰性的和谐统一已步入一般家庭的居室之中,如图 10-15 所示。

图 10-15　室内地毯

二、地毯的基本功能

(一)保暖、调节功能

大面积铺垫地毯可以减少室内通过地面散失的热量,阻断地面寒气的侵袭,使人感到温暖舒适。地毯织物纤维之间的空隙具有良好的调节空气湿度的功能,使室内湿度得到一定的调节平衡,令人舒爽怡然。

(二)吸声功能

地毯的丰厚质地与毛绒簇立的表面具备良好的吸声效果,并能适当降低噪声影响。此外,地毯的铺垫还可以减少周围杂乱声音干扰,如室内走动时的脚步声,有利于形成一个宁静的居室环境。

(三)舒适功能

在地毯上行走时会产生较好的回弹力,令人步履轻快,感觉舒适柔软,有利于消除疲劳和紧张。地毯的铺垫给人们以温馨的感觉,起着极为重要的作用。

(四)审美功能

地毯质地丰满,外观华美,铺设后地面显得端庄富丽,具有极好的装饰效果。地毯在室内空间中所占面积较大,决定了居室装饰风格的格调。选用不同花纹、不同色彩的地毯,能制造各具特色的环境气氛。

三、地毯的性能要求

地毯既是一种铺地材料,也是一种装饰织物,因此对地毯织物的性能要求就兼具这两方面的内容。

(一)牢固度

地毯的纤维和组织结构编结都需具有一定的牢固度,不易脱绒。在纤维色牢度方面也有一定的标准和要求。

（二）保暖性

地毯的保暖性能是由它的厚度、密度以及绒面使用的纤维类型来决定的。

（三）舒适性

地毯的舒适性主要指行走时脚感的舒适性，这里包括纤维的性能、绒面的柔软性、弹性和丰满度。天然纤维在脚感舒适性方面比合成纤维好，尤其是羊毛纤维，柔软而有弹性，举步舒爽轻快。化纤地毯一般都有脚感发滞的缺陷，绒面高度在 $10\sim30$ mm 的地毯柔软性与弹性较好，丰满而不失力度，行走脚感舒适。绒面太短虽耐久性好，步行容易，但缺乏松软弹性，脚感欠佳。

（四）吸声隔声性

地毯须具有良好的吸声、隔声性能，这就要求在确定纤维原料、毯面厚度与密度时进行认真地选择，考虑吸声率的大小，以满足不同环境时需达到的吸声、隔声的性能要求。剧院、大型会议厅等场所十分注重音响质量，力求避免噪声侵扰，对地毯的吸声、隔声性能要求较高，一般居家使用适当掌握即可。

（五）抗污性、抗菌性

要求地毯具有不易污染、易去污清洗的性能。家庭居室使用的地毯更需耐污并且便于进行日常清扫。地毯还须具备较好的抗菌、抗霉变、抗虫蛀的性能，尤其是以羊毛纤维制成的地毯在温度、湿度较高的环境中使用，极易霉蛀，因此须进行防蛀性处理，以确保地毯的良好性能与使用寿命。

（六）安全性

地毯的安全性包括抗静电性与阻燃性两个方面。静电用来衡量地毯的带电和放电情况。静电大小与纤维本身导电性有关，一般来说，化纤地毯不经过处理或是纤维导电性差，其所带静电比羊毛地毯多，不过化纤地毯中尼龙地毯的抗静电能力可与羊毛地毯相媲美。

现代的地毯须具有阻燃性，燃烧时低发烟并无毒气。凡燃烧时间在 12 min 内，燃烧的直径在 179.6 mm 以内的都为合格。

四、地毯的主要技术要求

（一）耐磨性

地毯的耐磨性用耐磨次数来表示。地毯耐磨性的数据可为地毯耐久性提供依据。耐磨性是反映地毯耐久性的重要指标。

（二）弹性

通常以地毯在动力荷载作用下，其厚度损失的百分率来衡量地毯绒面层的弹性。纯毛地毯的弹性好于化纤地毯，而丙纶地毯的弹性不及腈纶地毯。

（三）剥离强度

剥离强度是衡量地毯面层与背衬复合强度的一项性能指标，也是衡量地毯复合后耐水性指标。

（四）黏合力

黏合力是衡量地毯绒毛固着在背衬上的牢固程度的指标。

（五）抗老化性

抗老化性主要是对化纤地毯而言的。老化性是衡量地毯经过一段时间光照和接触空气中的氧气后，化学纤维老化降解的程度。

（六）抗静电性

化纤地毯使用时易产生静电，产生吸尘和难清洗等问题，严重时，人会有触电的感觉。因此化纤地毯生产时常掺入适量的抗静电剂。抗静电性用表面电阻和静电压来表示。

第六节　地面装饰材料的施工工艺

一、实木地板的施工工艺

实木地板的施工铺设方法主要是龙骨铺设法，其铺设方法如下。

（一）基础部分

1. 三个方面含水率的测定

（1）地面含水率≤20%。

（2）7%≤地板含水率≤当地城市平均含水率。

（3）龙骨含水率≤12%。

2. 龙骨规格的选择

（1）一般选用 30 mm×50 mm 落叶松、白松、杉木等，其他规格可根据房间要求而定。

（2）指接实木龙骨比整根实木龙骨更加稳定，可优先采用。

3. 龙骨排列间距的确定

根据地板尺寸和房间尺寸确定龙骨排列间距，必须注意两龙骨间距应小于 350 mm，每根龙骨两钉间距应小于 400 mm，且在距两龙骨两端头的 150 mm 内应有钉子固定。

4. 防潮膜的铺设

防潮膜应铺设在龙骨上，注意两膜应相互重叠 100 mm，并在接口处用宽胶带胶封好以保证密封防潮效果。防潮膜要有一定的厚度，一般叠放厚度在 5～10 mm，并且在铺设防潮膜时要顾及墙脚的位置，这样才能有效阻止湿气从地下渗透进木地板中。

（二）面层部分

（1）面层铺设时首先应注意在墙四周预留伸缩缝，与地板铺设相同方向的一侧预留 3 mm，横向一侧预留 5～10 mm。

（2）两地板之间应预留伸缩缝。

（3）注意地板两端头接缝应落在龙骨上，每根龙骨上的地板一定要着钉，地板较宽的（100 mm宽度以上）应在地板公榫端头中间加固钉子。

（4）全部铺设完后，应将地板表面打扫干净后打一遍地板专用防护蜡。

二、聚氯乙烯塑料卷材地板的施工工艺

(一)施工工序

基层处理→弹线→试铺→刷底子胶→铺贴地板→贴塑料踢脚板→擦光上蜡→养护。

(二)施工要点

1. 基层处理

塑料地板基层一般为水泥砂浆地面,基层应坚实、平稳、清洁和干燥,表面若有麻面、凹坑,应用 108 胶水泥腻子(水泥∶108 胶水∶水=1∶0.75∶4)修补平整。

2. 铺贴

塑料卷材要求根据房间尺寸定位裁切,裁切时应在纵向留有 0.5% 的收缩余量(考虑卷材切割下来后会有一定的收缩)。切好后在平整的地面上静置 3~5 天,使其充分收缩后再进行裁边。粘贴时先卷起粘贴一半,然后再粘贴另一半。

三、固定地毯的施工工艺

(一)基层处理

铺设地毯的基层,一般是水泥地面,也可以是木地板或其他材质的地面。要求表面平整、光滑、洁净,若有油污,须用丙酮或松节油擦净。若为水泥地面,应具有一定的强度,含水率不大于 8%,表面平整偏差不大于 4 mm。

(二)弹线、套方、分格、定位

要严格按照设计图纸对各个不同部位和房间的具体要求进行弹线、套方、分格,当图纸有规定和要求时,则严格按图施工。当图纸没具体要求时,应对称找中并弹线,便可定位铺设。

(三)地毯剪裁

地毯剪裁应在比较宽阔的地方集中统一进行。一定要精确测量房间尺寸,并按房间和所用地毯型号逐一登记编号,然后根据房间尺寸、形状用裁边机断下地毯料,每段地毯的长度要比房间长出 2 cm 左右,宽度要以裁去地毯边缘线后的尺寸计算。弹线裁去边缘部分,然后用手推裁刀从毯背裁切,裁好后卷成卷编上号,放入对号房间里,大面积房厅应在施工地点剪裁拼缝。

(四)钉倒刺板挂毯条

沿房间或走道四周踢脚板边缘,用高强水泥钉将倒刺板钉在基层上(钉朝向墙的方向),其间距约 40 mm。倒刺板应离开踢脚板面 8~10 mm,以便于钉牢倒刺板。

(五)铺设衬垫

将衬垫采用点黏法刷 108 胶或聚醋酸乙烯乳胶,黏在地面基层上,要离开倒刺板 10 mm 左右。衬垫一般采用海绵波纹衬底垫料,也可用毛毡毡垫。

(六)铺设地毯

首先缝合地毯,将裁好的地毯虚铺在垫层上,然后将地毯卷起,在拼接处缝合。缝合完毕,用塑料胶纸贴于缝合处,保护接缝处不被划破或勾起,然后将地毯平铺,用弯针在接缝处做绒毛密实的缝合,然后拉伸与固定地毯。先将地毯的一条长边固定在倒刺板上,毛边掩到

踢脚板下,用地毯撑子拉伸地毯。拉伸时,用手压住地毯撑子,用膝撞击地毯撑子,从一边一步一步推向另一边。若一遍未能拉平,应重复拉伸,直至拉平为止。然后将地毯固定在另一条倒刺板上,掩好毛边。长出的地毯,用裁割刀割掉。一个方向拉伸完毕,再进行另一个方向的拉伸,直至 4 个边都固定在倒刺板上。若用胶黏剂黏结、固定地毯,此法一般不放衬垫(多用于化纤地毯),先将地毯拼缝处衬一条 10 mm 宽的麻布带,用胶黏剂糊黏,然后将胶黏剂涂在基层上,适时黏结、固定地毯。此法分为满黏和局部黏结两种方法,宾馆的客房和住宅的居室可采用局部黏结,公共场所宜采用满黏。

铺设地毯时,先在房间一边涂刷胶黏剂,铺放已预先裁割的地毯,然后用地毯撑子向两边撑拉,再沿墙边刷两条胶黏剂,将地毯压平掩边。

(七)细部处理及清理

要注意门口压条的处理和门框、走道与门厅、地面与管根、暖气罩、槽盒、走道与卫生间门槛、楼梯踏步与过道平台、内门与外门、不同颜色地毯交接处和踢脚板等部位地毯的套割、固定和掩边工作,必须黏结牢固,不应有显露、后找补条等破活。地毯铺完,固定收口条后,应用吸尘器清扫干净,并将毯面上脱落的绒毛等彻底清理干净。

第十一章 家居空间与商业空间中的顶棚装饰材料与施工工艺

第一节 石膏板

一、纸面石膏板

以半水石膏和护面纸为主要原料,掺加适量纤维、胶黏剂、促凝剂、缓凝剂,经料浆配制、成型、切割、烘干而成的轻质薄板,即称为纸面石膏板,如图 11-1 所示。

图 11-1　纸面石膏板

（一）纸面石膏板的分类

纸面石膏板主要用于建筑物内隔墙,有普通纸面石膏板、耐水纸面石膏板和耐火纸面石膏板三类。

普通纸面石膏板是以建筑石膏为主要原料,掺入了纤维和添加剂构成芯材,并与护面纸板牢固地结合在一起的轻质建筑板材。

耐水纸面石膏板是以建筑石膏为主要原料,掺入了适量耐水外加剂构成耐水芯材,并与耐水的护面纸牢固黏结在一起的轻质建筑板材。

耐火纸面石膏板(图 11-2)是以建筑石膏为主要原料,掺入了适量无机耐火纤维增强材料构成芯材,并与护面纸牢固黏结在一起的耐火轻质建筑板材。

图 11-2　耐火纸面石膏板

（二）纸面石膏板常用形状及品种规格

1. 形状

普通纸面石膏板的棱边有 5 种形状，即矩形（代号 PJ）、45°倒角形（代号 PD）、楔形（代号 PC）、半圆形（代号 PB）和圆形（代号 PY）。

2. 产品规格

产品规格有：长 1 800 mm、2 100 mm、2 400 mm、2 700 mm、3 000 mm、3 300 mm 和 3 600 mm 等规格；宽 900 mm 和 1 200 mm 等规格；厚 9 mm，12 mm 和 15 mm 等规格。此外，纸面石膏板还有厚度为 18 mm 的产品，耐火纸面石膏板还有厚度为 18 mm、21 mm 和 25 mm 的产品。纸面石膏板品种很多，且规格、技术性能及用途各异，见表 11-1。

表 11-1　　　　　　　　　　　　　纸面石膏板的规格、技术性能及用途

品　名	规　格 长(mm)×宽(mm)×厚(mm)	技术性能	用　途
普通纸面 石膏板	(2 400～3 300)×(900～1 200)× (9～18)	耐水极限：5～10 min 含水率：<2% 导热系数/W·(m·K)$^{-1}$：0.167～0.18 单位面积质量/g·cm^{-2}：<25	用于墙面和顶棚的基面板
圆孔型纸面 石膏装饰吸 声板 （龙牌）	600×600×(9～12) 孔径：6 孔距：18 开孔率：8.7%	单位面积质量：≤12 kg/m^2 挠度：板厚 12 mm，支座间距 40 mm 纵向：≤1.0 mm 横向：≤0.8 mm	用于顶棚或墙面的表面装饰
长孔型纸面 石膏装饰吸 声板 （龙牌）	600×600×(9～12) 孔长：70 孔宽：2 孔距：13 开孔率：5.5%	断裂荷载：支座间距 40 mm 9 mm 厚板：横向≥400 N 纵向≥150 N 12 mm 厚板：横向≥600 N 纵向≥180 N	
耐水纸面 石膏板	长：2 400、2 700、3 000 宽：900、1 200 厚：12、15、18 等	吸水率：<5%	卫生间、厨房衬板

(续表)

品　名	规　格 长(mm)×宽(mm)×厚(mm)	技术性能	用　途
耐火纸面 石膏板	900×450×9 900×450×12 900×600×9 900×600×12 1 200×450×9 1 200×450×12 1 200×600×9 1 200×600×12	燃烧性能:A_2 级不燃 含水率:≤2% 导热系数:$0.186\sim0.206\ W\cdot(m\cdot K)^{-1}$ 隔声指数:9 mm 厚为 26 dB 12 mm 厚为 28 dB 钉入强度:9 mm 厚为 1.0 MPa 12 mm 厚为 1.2 MPa	用于防火要 求较高的建 筑室内顶棚 和基面板

(三)纸面石膏板的性能特点

1. 纸面石膏板重量轻且强度能满足使用要求

纸面石膏板的厚度一般为 9.5~12 mm,每平方米质量只有 6~12 kg。用两张纸面石膏板中间夹轻钢龙骨就是很好的隔墙,该纸面石膏板墙体每平方米质量不超过 45 kg,仅为普通砖墙的五分之一左右。用纸面石膏板作为内墙材料,其强度也能满足要求,厚度12 mm 的纸面石膏板纵向断裂载荷可达 500 N 以上。

2. 隔声性能

采用单一轻质材料,如加气砼、膨胀珍珠岩板等构成的单层墙体,其厚度很大时才能满足隔声的要求。而纸面石膏板、轻钢龙骨和岩棉制品制成的隔墙是利用空腔隔声,隔声效果好。

3. 膨胀收缩性能

纸面石膏板在应用过程中,化学物理性能稳定,纸面石膏板干燥吸湿过程中,伸缩率较小,有效地克服了目前国内其他轻质板材在使用过程中由于自身伸缩率较大而引起的接缝开裂缺陷。

4. 耐火性能良好

纸面石膏板是一种耐火建筑材料,内有大约 2% 的游离水,遇火时,这部分水首先汽化,消耗了部分热量,延缓了墙体温度的上升。另外纸面石膏板中的水化物是二水石膏,它含有相当于全部重量 20% 左右的结晶水。当板面温度上升到 80 ℃ 以上时,纸面石膏板开始分解出结晶水,并在面向火源的表面产生一层水蒸气幕,具有良好的防火效果。纸面石膏板芯材(二水硫酸钙)脱水成为无水石膏(硫酸钙),同时吸收了大量的热量,从而延缓了墙体温度的上升。

5. 隔热保温性能

纸面石膏板的导热系数只有普通水泥混凝土的 9.5%,是空心黏土砖的 38.5%。如果在生产过程中加入发泡剂,石膏板的密度会进一步降低,其导热系数将变得更小,保温隔热性能就会更好。

6. 纸面石膏板具有一定的湿度调节作用

由于纸面石膏板的孔隙率较大,并且孔结构分布适当,所以具有较高的透气性能。当室内湿度较高时,可吸湿,而当空气干燥时,又可放出一部分水分,因而纸面石膏板对室内湿度起到一定的调节作用,国外将纸面石膏板的这种功能称为"呼吸"功能。另外纸面石膏板经防潮处理后,可用于宾馆、饭店、住宅等居住单元的卫生间、浴室等;纸面石膏板也可用于常年保持高潮湿或有明显水蒸气的环境,如公共浴室、厨房操作间、高湿工业场所、地下室等。

（四）纸面石膏板的用途

普通纸面石膏板或耐火纸面石膏板一般用作吊顶的基层,故必须作饰面处理。纸面石膏板适用于住宅、宾馆、商店、办公楼等建筑的室内吊顶及墙面装饰,但在厕所、厨房以及空气相对湿度经常大于70%的潮湿环境中使用时,必须采用相应的防潮措施,纸面石膏板吊顶如图 11-3 所示。

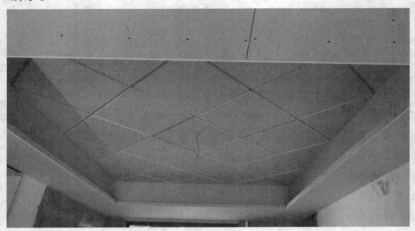

图 11-3　纸面石膏板吊顶

二、装饰石膏板

以建筑石膏为主要原料,掺入适量纤维增强材料和外加剂,与水一起搅拌成均匀料浆,经浇筑成型,干燥而成的不带护面纸的装饰板材,称为装饰石膏板。

（一）规格

装饰石膏板形状为正方形,其棱边断面形式有直角型和 45°倒角型两种。根据板材正面形状和防潮性能的不同,装饰石膏板的规格尺寸有：500 mm×500 mm×9 mm；600 mm×600 mm×11 mm。产品标记顺序为：产品名称、板材分类代号、板的边长及标准号。

（二）装饰石膏板的特点

装饰石膏板具有质轻、强度较高、绝热、吸声、防火、阻燃、抗震、耐老化、变形小、能调节室内湿度等特点,同时加工性能好,可进行锯、刨、钉、粘贴等加工,施工方便,工效高,可缩短施工工期。

（三）装饰石膏板的用途

1.普通装饰吸声石膏板

普通装饰吸声石膏板适用于宾馆、礼堂、会议室、招待所、医院、候机室、候车室等作吊顶或平顶装饰以及安装在这些室内四周墙壁的上部,也可用作民用住宅、车厢等室内顶棚和墙面装饰。

2.高效防水装饰吸声石膏板

高效防水装饰吸声石膏板主要用于对装饰和吸声有一定要求的建筑物室内顶棚和墙面装饰,特别适用于环境湿度大于70%的工矿车间、地下建筑、人防工程及对防水有特殊要求的建筑工程。

3. 吸声石膏板

　　吸声石膏板(图11-4)适用于对各种音响效果要求较高的场所,如影剧院、电教馆、播音室的顶棚和墙面,起到消声和装饰的作用。

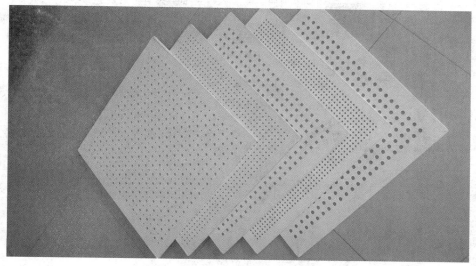

图 11-4　吸声石膏板

第二节　矿棉装饰吸声板

一、矿棉装饰吸声板的性能

　　矿棉装饰吸声板(图11-5)具有吸声、防火、隔热的综合性能,而且可制成各种色彩的图案与立体图形表面,是一种室内高级装饰材料,其产品规格、技术性能见表11-2。

图 11-5　矿棉装饰吸声板

表 11-2 　　　　　　　　　　矿棉装饰吸声板的产品规格、技术性能

名　称	规　格 长(mm)×宽(mm)×厚(mm)	技术性能		生产厂家
		项目	指标	
矿棉装饰吸声板	596×596×12 596×596×15 596×596×18 496×496×12 496×496×15	单位面积板重/kg·m^{-2} 抗弯强度/MPa 导热系数/W·(m·K)$^{-1}$ 吸湿率/% 吸声系数 燃烧性能	450～600 ≥1.5 0.0488 ≤5 0.2～0.3 自熄	北京市建材制品总厂
矿棉装饰吸声板	600×300×9(12、15) 600×500×9(12、15) 600×600×9(12、15) 600×1 000×9(12、15)	单位面积板重/kg·m^{-2} 抗弯强度/MPa 导热系数/W·(m·K)$^{-1}$ 含水率/% 吸声系数 工作温度/℃	<500 1.0～1.4 0.0488 ≤3 0.3～0.4 400	武汉市新型建材制品总厂
矿棉装饰吸声板	滚花: 300×600×(9～15) 597×597×(12～15) 600×600×12 375×1 800×15 立体: 300×600×(12～19) 浮雕:303×606×12	单位面积板重/kg·m^{-2} 抗折强度/MPa 导热系数/W·(m·K)$^{-1}$ 吸水率/% 难燃性	470 以下 厚 9 mm:1.96 厚 12mm:1.72 厚 15 mm:1.60 0.081 5 9.6 难燃一级	北京市矿棉装饰吸声板厂
矿棉装饰吸声板	明、暗架平板:300×300×18 　　　　　　　600×600×18 跌级板:600×600×18 　　　　　600×600×22.5 该产品还有细致花纹板、细槽板、沟槽板、条状板等,有多种颜色	单位面积板重/kg·m^{-2} 耐燃性 吸声系数 反光度系数	450～600 一级 0.5～0.75 0.83	阿姆斯壮世界工业有限公司

二、矿棉装饰吸声板特点

(一)降噪性

矿棉装饰吸声板以矿棉为主要生产原料,矿棉微孔发达,可减小声波反射、消除回音、隔绝楼板传递的噪声。

(二)吸声性

矿棉装饰吸声板是一种具有优质吸声性能的材料,吸声系数(NRC)是材料对四种音频 250 Hz,500 Hz,1 000 Hz 及 2 000 Hz 吸收比率的平均值。一般 NRC 达到 0.5 才可被称为吸声材料。矿棉装饰吸声板在用于室内装修时,平均吸声系数可达 0.5 以上,适用于办公室、学校、商场等场所。

(三)隔声性

矿棉装饰吸声板通过天花板材有效地隔断各室的噪声,营造安静的室内环境。

(四)防火性

矿棉装饰吸声板是以不燃的矿棉为主要原料制成的,在发生火灾时不会燃烧,从而可以有效地防止火势的蔓延。

三、矿棉装饰吸声板用途

矿棉装饰吸声板具有吸声、不燃、隔热、装饰等优越性能，是集众吊顶材料优势于一身的室内天棚装饰材料，广泛用于各种建筑吊顶，贴壁的室内装修，如宾馆、饭店、剧场、商场、办公场所、播音室、演播厅、计算机房及工业建筑等，如图 11-6 所示。

图 11-6　矿棉装饰吸声板在室内的运用

第三节　玻璃棉装饰吸声板

玻璃棉装饰材料吸声板（图 11-7）是以玻璃棉为主要原料，加入适量的胶黏剂、防潮剂、防腐剂等，经热压成型加工而成。为了保证具有一定的装饰效果，表面基本上有两种处理办法：一是贴上塑料面纸；二是在其表面喷涂，喷涂往往做成浮雕形状，其造型有大花压平、中花压平及小点喷涂等图案。

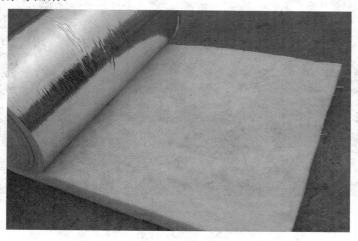

图 11-7　玻璃棉装饰材料吸声板

一、玻璃棉装饰吸声板特点及用途

玻璃棉装饰吸声板具有质量小、吸声、防火、隔热、保温、美观大方、施工方便等优点,适用于宾馆、门厅、电影院、音乐厅、体育馆、会议中心等。

二、玻璃棉装饰吸声板的规格及性能

玻璃棉装饰吸声板的规格及性能见表 11-3。

表 11-3 　　　　　　　　　　玻璃棉装饰吸声板的规格和性能

名　称	规格/mm	性　能	
		导热系数 /W·(m·K)$^{-1}$	吸声系数/ (Hz/吸声系数)
玻璃纤维棉吸声板	300×300×(10、18、20)	0.047～0.064	(500～400)/0.7
硬质玻璃棉吸声板	500×500×50		
硬质玻璃棉装饰吸声板	300×400×16		
	400×400×16		
	500×500×30		
船形玻璃棉悬挂式吸声板	1 000×1 000×20		
离心玻璃棉空间吸声板	1 000×600×8		

第四节　钙塑泡沫装饰吸声板

一、钙塑泡沫装饰吸声板的特点

(1)表面的形状、颜色多种多样,质地轻软,造型美观,立体感强,犹如石膏浮雕,如图11-8 所示。

图 11-8　钙塑泡沫装饰吸声板

(2)具有质轻、吸声隔热、耐水及施工方便等特点。

(3)表面可以刷漆,满足对色彩的需求。

(4)吸声效果好,特别是穿孔钙塑泡沫装饰吸声板,不仅能保持良好的装饰效果,也能达

到很好的吸声效果。

（5）温差变形小，且温度指标稳定，耐撕裂性能好，有利于抗震。

二、钙塑泡沫装饰吸声板的用途

钙塑泡沫装饰吸声板适用于影剧院、大会堂、医院、商店及工厂的室内顶棚的装饰和吸声。

三、钙塑泡沫装饰吸声板的规格特性及产地

钙塑泡沫装饰吸声板的规格、特性及产地见表11-4。

表 11-4　　　　　　钙塑泡沫装饰吸声板的规格、特性及产地

品　　名	规格/mm	特　　性	产　地
高发泡钙塑泡沫天花板	500×500×6		
钙塑泡沫天花板	500×500×6 （11 种花色品种）		
钙塑泡沫装饰板	普通板 500×500	堆积密度：≤250 kg/m³ 抗压强度：≥0.6 MPa 抗拉强度：≥0.8 MPa 延伸率：≥50% 吸水性：≤0.05 kg/m² 耐温性：−30～＋60 ℃ 导热系数：0.072 W·(m·K)$^{-1}$ 难燃性：离火自熄＜25 s 吸声系数： 空腔(125～4 000 Hz)/(0.08～0.17) 空腔内放玻璃棉 (125～4 000 Hz)/(0.09～0.07)	陕西、天津、上海等地
钙塑泡沫装饰板	难燃板 500×500	堆积密度：≤300 kg/m³ 抗压强度：≥0.35 MPa 抗拉强度：≥1.0 MPa 延伸率：≥60% 吸水性：≤0.01 kg/m² 耐温性：−30～＋80℃ 导热系数：0.079 W/(m·K) 难燃性：离火自熄＜25 s 吸声系数： 空腔(125～4 000 Hz)/(0.08～0.17) 空腔内放玻璃棉 (125～4 000 Hz)/(0.19～0.07)	陕西、上海、四川、黑龙江等地
钙塑泡沫装饰吸声板	500×500×6 500×500×8 500×500×10 333×337×6 333×333×8 333×333×10	堆积密度：≤210 kg/m³ 抗压强度：≥0.62 MPa 抗拉强度：≥0.42 MPa 吸水率：≥0.86% 导热系数：0.05 W·(m·K)$^{-1}$ 吸声系数： 空腔(125～4 000 Hz)/(0.08～0.11)	

第五节　金属微穿孔装饰吸声板

金属微穿孔吸声板(图 11-9)根据声学原理,利用各种不同穿孔率的金属板起到消除噪声的作用。材质根据需要选择,有不锈钢板、防锈铝板、电化铝板、镀锌铁板等。孔型根据需要有圆孔、方孔、长圆孔、长方孔、三角孔、大小组合孔等不同的孔型。

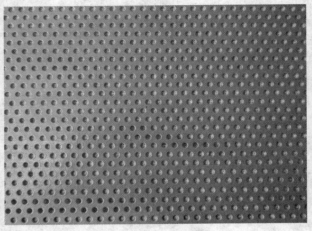

图 11-9　金属微穿孔吸声板

一、金属微穿孔吸声板的特点及用途

金属微穿孔吸声板具有材质轻、强度高、耐高温、耐高压、耐腐蚀、防火、防潮、化学稳定性好等特点。造型美观、色泽幽雅、立体感强、装饰效果好、安装方便,可用于宾馆、饭店、剧院、影院、播音室等公共建筑和有音质要求的其他民用建筑,也可用于各类车间厂房、机房、人防地下室等作为降低噪声的措施。

二、金属微穿孔吸声板的规格及性能

金属微穿孔吸声板规格及性能见表 11-5。

表 11-5　　　　　　　　　　金属微穿孔吸声板的规格及性能

名　称	性　能	规格/mm
穿孔平面式吸声板	材质:防锈铝合金 LF21 板厚:1 mm 孔径:$\phi6$ 孔距:10 降噪系数:1.16 工程使用降噪效果:4~6 dB 吸声系数:(Hz/吸声系数) (厚度:75 mm) 125/0.13、250/1.04、500/1.18、1 000/1.37、2 000/1.04、4 000/0.97	495×495×(150~100)

（续表）

名　　称	性　　能	规格/mm
穿孔块体式吸声板	材质:防锈铝合金 LF 21 板厚:1 mm 孔径:φ6 孔距:10 降噪系数:2.17 工程使用降噪效果:4～8 dB 吸声系数:(Hz/吸声系数) (厚度:75 mm) 125/0.22、250/1.25、500/2.34、 1 000/2.63、2 000/2.54、4 000/2.25	750×500×100
铝合金穿孔压花吸声板	材质:电化铝板 孔径:φ6～φ8 板厚:0.8～1 mm 工程使用降噪效果:4～8 dB	500×500、1 000×1 000

第六节　铝合金天花板

铝合金天花板(图 11-10)由铝合金薄板经冲压成型而成,具有轻质、高强度、色泽明快、造型美观、耐冲击能力强、不易老化、易安装等优点,是一种新型高档的装饰材料。

图 11-10　铝合金天花板

一、铝合金天花板的表面处理

由于铝合金天花板暴露在空气中,易发生氧化反应,因此表面要经过特殊处理,使其表面产生一道薄膜,从而达到保护与装饰的双重作用。目前采用较多的是阳极氧化膜及漆膜。

阳极氧化膜是将铝板经过特殊工艺处理,在铝材表面制取一道比天然氧化膜厚得多的氧化膜层。它经过氧化、电解着色、封孔处理等工序,在型材表面产生一层光滑、细腻、具有良好附着力、表面硬度及色彩的氧化膜,目前常用的色彩有古铜色、金色、银白色、黑色等。

氧化膜的厚度和质量是评判铝合金天花板质量的一项重要技术指标。

漆膜就是在型材表面刷一层漆,形成一层保护膜。为了使铝合金表面的漆膜牢固,必须对型材表面进行清洗、打磨、氧化等工序,然后再进行烤漆或其他涂饰。

二、铝合金天花板

选用 0.5～1.2 mm 铝合金板材,经下料、冲压成型、表面处理等工序生产的方形板称为铝合金天花板。铝合金天花板有明架铝质天花板、暗架铝质天花板和插入式铝质扣板天花板 3 种。

(一)明架铝质天花板

明架铝质天花板采用烤漆龙骨(与石膏板和矿棉板的龙骨通用)做骨架,具有防火、防潮、重量轻、易于拆装、维修天花板内的线管方便、线条清晰、立体感强、简洁明亮等特点。

(二)暗架铝质天花板

暗架铝质天花板是一种密封式天花板,龙骨隐藏在面板后,不仅具有整体平面及线条简洁的效果,又具有明架铝质天花板装拆方便的结构特点,而且根据设计者所要求的尺寸或现场尺寸加工定做,确保了装饰板块及线条分布与整体效果相协调,并可在原有结构基础上凹凸或有其他造型,从而达到理想的装饰效果,是金属装饰天花的新突破。

(三)插入式铝质扣板天花板

插入式铝质扣板天花板是采用铝合金平板或冲孔板经喷涂、烤漆或阳极化加工而成的一种长条插口式板,具有防火、防潮、重量轻、安装方便、板面及线条的整体性及连贯性强的特点,可以通过不同的规格或不同的造型达到不同的视觉效果。

铝合金天花板适用于商场、写字楼、电脑房、银行、车站、机场、火车站等公共场所的顶棚装饰,也适用于家庭装修中卫生间、厨房的顶棚装饰,如图 11-11 所示。

图 11-11　室内铝合金顶棚

铝合金天花板的规格、品种及产品说明见表 11-6。

表11-6　　　　　　　　　铝合金天花板的规格、品种及产品说明

品　种	规　格	产品说明
明架铝质天花板	600 mm×600 mm、300 mm×1 200 mm、400 mm×1 200 mm、400 mm×1 500 mm、800 mm×800 mm、850 mm×850 mm 的有孔或无孔板	静电喷涂 冲孔板背面贴纸
暗架铝质天花板	600 mm×600 mm、500 mm×500 mm、300 mm×300 mm、300 mm×600 mm 的平面、冲孔立体菱形、圆形、方形等	
暗架天花板	各种图样的 5 600 mm×600 mm、300 mm×300 mm、500 mm×500 mm 的有孔或无孔板，厚度 0.3～1.0 mm	表面喷塑 冲孔内贴无纺纸
明架天花板	各种图样的 5 600 mm×600 mm、300 mm×300 mm、500 mm×500 mm的有孔或无孔板，厚度 0.3～1.0 mm	
铝质扣板天花板	6 000 mm、4 000 mm、3 000 mm、2 000 mm 的平面有孔或无孔板	表面喷塑

第七节　顶棚装饰材料的施工工艺

一、木龙骨吊顶

（一）放线

放线是技术性较强的工作，是吊顶施工中的要点。放线包括：标高线、顶棚造型位置线、吊挂点布局线、大中型灯位线。

1. 确定标高线

定出地面的地平基准线。原地坪无饰面要求，基准线为原地平线。若原地坪需贴石材、瓷砖等饰面，则需根据饰面层的厚度来定地平基准线，即原地面加上饰面粘贴层。将定出的地平基准线画在墙边上。

2. 确定造型位置线

对于较规则的建筑空间，其吊顶造型位置可先在一个墙面量出竖向距离，以此画出其他墙（样）面的水平线，即得吊顶位置外框线，而后逐步找出各局部的造型框架线。

3. 确定吊点位置

对于平顶天花，其吊点一般是按每平方米布置一个，在顶棚上均匀排布；对于有跌级造型的吊顶，应注意在分层交界处布置吊点，吊点间距 0.8～1.2 m。较大的灯具也应该安排吊点来吊挂。

（二）木龙骨处理

对吊顶用的木龙骨进行筛选，将其中腐蚀部分，斜口开裂、虫蛀等部分剔除。对工程中所用的木龙骨均要进行防火处理，一般将防火涂料涂刷或喷于木材表面，也可把木材放在防火涂料槽内浸渍。

（三）木龙骨拼装

用于木质天花板吊顶的龙骨架，通常于吊装前，在地面进行分片拼接。其目的是节省工时、计划用料、方便安装。方法如下：

确定吊顶骨架面上需要分片或可以分片安装的位置和尺寸，根据分片的平面尺寸选取龙骨纵横型材（经防腐、防火处理后已晾干）。

先拼接组合大片的龙骨骨架，再拼接小片的局部骨架。拼接组合的面积不可过大，不大于 10 m，否则不便吊装。

（四）安装吊点紧固件

常用的吊点紧固件有两种安装方式。

（1）用冲击电钻在建筑结构底面打孔。

（2）用射钉将角铁等固定在建筑底面上。射钉直径必须大于 φ5 mm。

（五）固定沿墙木龙骨

沿吊顶标高线固定沿墙木龙骨，一般是用冲击钻在标高线以上 10 mm 处墙面打孔，孔径 12 mm，孔距 0.5～0.8 m，孔内塞入木楔，将沿墙木龙骨钉固于墙内木楔上。该方法主要适用于砖墙和混凝土墙面。沿墙木龙骨的截面尺寸应与天花吊顶木龙骨尺寸一样。沿墙木龙骨固定后，其底边与吊顶标高线一致。

（六）龙骨吊装

（1）分片吊装。

（2）龙骨架与吊点固定。

（3）跌级吊顶的上下平面龙骨架连接。

（七）调平

各个分片连接加固完毕后，在整个吊顶面下拉出十字交叉的标高线来检查吊顶平面的整体平整度。

（八）覆革面材料

选用板材应考虑质轻、防火、吸声、隔热、保温、调湿等要求，但更主要的是牢固可靠，装饰效果好，便于施工和检修拆装。

1. 罩面板的接缝

罩面板材可分为两种类型，一种是基层板，在板的表面再做其他饰面处理；另一种是板的表面已经装饰完毕，将板固定后，装饰效果已经达到。面层罩面板材接缝是根据龙骨形式和面层材料特性决定的。

（1）对缝

板与板在龙骨处对接，此时板多为黏、钉在龙骨上，缝处易产生不平现象，须在板上间距不超过 200 mm 处钉钉，或用胶黏剂黏紧，并对不平处进行修整。若石膏板对缝，可用刨子刨平。对缝作法多用于裱糊、喷涂的面板。

（2）凹缝

在两板接缝处利用面板的形状和长短做出凹缝，凹缝有 V 形和矩形两种。由于板的形状产生的凹缝可不必另加处理；利用在由于板的厚度形成的凹缝中刷涂颜色，来强调吊顶线条和立体感，也可加金属装饰板条增加装饰效果，凹缝应不小于 10 mm。

（3）盖缝

板缝不直接露在外面，而用次龙骨（中、小龙骨）或压条盖住板缝，这样可避免缝隙宽窄不均现象，使板面线型更加强烈。

2. 罩面板与木龙骨连接

罩面板与木龙骨连接主要有钉接和黏结两种。

（1）钉接

用铁钉或螺钉将罩面板固定于木龙骨上，一般用铁钉，钉距视面板材料而定，适用于钉接的板材有石棉水泥板、钙塑板、胶合板、纤维板、铝合金板、木板、矿棉吸声板、石膏板等。

（2）黏结

用各种胶黏剂将板材黏结于龙骨或其他基层板材上。如矿棉吸声板可用1：1水泥石膏粉和适量108胶，随调随用，成团状粘贴；钙塑板可用401胶粘贴在石膏板基层上。若采用黏钉结合的方式，则连接更为牢靠。

二、轻钢龙骨纸面石膏板吊顶

（一）吊杆安装

吊杆主要用于连接龙骨与楼板的承重结构，其结构形式要与龙骨的规格、材料及工作现场的要求相适应，吊杆由膨胀管、螺杆（吊杆、吊筋）、吊钩、螺栓、螺帽组成，安装时用电锤打孔，孔径要与固定螺栓相符合，埋铁膨胀管（也可用射钉穿孔），将螺杆或吊筋固定于膨胀管上拧紧，在螺杆或吊筋下部装上吊钩，配好螺栓。另外，还可以采用预埋吊杆、吊筋的方式，这主要适用于现浇楼板。

（二）龙骨安装

吊杆吊钩固定以后，就可以穿主龙骨了，主龙骨卡在吊钩中，用螺栓固定主龙骨，当主龙骨的长度不够时，可用插件延伸主龙骨长度。

主龙骨与主龙骨的行间距离不能大于1200 mm，当主龙骨固定以后，可以安装次龙骨，次龙骨的安装与主龙骨呈垂直状。用次龙骨吊挂件连接时，由于构成方格状后，横竖龙骨并不在一个平面上，为便于安装罩面材料，需使用小龙骨（横撑龙骨）。安装小龙骨时，在小龙骨两头装上挂插件，以连接次龙骨。

在龙骨与墙体的连接处可以用边龙骨，边龙骨也可以用木方代替，将次龙骨固定在边龙骨或者木方边上，使顶棚与墙体紧密连在一起。

（三）龙骨安装施工要点

以U型轻钢龙骨安装为例，先参照施工设计图纸，校对现场尺寸同设计是否相符，检查建筑结构和管道安装的情况，若有出入或问题要与设计者协商解决。施工第一步，是弹线定位，根据设计要求将吊顶标高线弹到墙面，然后将封口材料固定到墙面或柱面上。标高线弹好后，应参照图纸并结合现场的具体情况，将龙骨吊点位置确定到楼板底面上，要根据顶部造型确定吊点轴线，也就是确定主龙骨位置间距，不同龙骨断面及吊点间距都对主龙骨之间距离有影响，对各种吊顶、龙骨之间距离和吊点之间距离一般要控制在1.0～1.2 m以内。这里要提一下U型轻钢龙骨吊杆不宜使用铅丝，而要用 $\phi 6 \sim \phi 8$ mm 的钢筋（钢筋要拉直处理），或用同样粗细的螺杆。然后按龙骨安装方法将龙骨悬挂在吊杆上，穿好龙骨后，要进行整体调整，调整方法是拉线，校准龙骨架的平整度，大面积平顶还须考虑在中心部位吊出适当的起拱度。

龙骨安装完毕后要认真进行检查,符合要求后才能安装罩面板。对安装完毕的轻钢龙骨架,特别要检查对接和连接处的牢固性,不得有虚接、虚焊现象。

安装罩面板同木龙骨一样可以安装各种类型的罩面板,轻钢龙骨一般与纸面石膏板相配使用,下面以纸面石膏板为例介绍罩面板的施工方法。

1. 纸面石膏板的罩面钉装

《建筑装饰装修工程质量验收规范》(GB 50210—2001)对纸面石膏板的安装有明确规定,要求板材应在自由状态下就位固定,以防止出现弯棱、凸鼓等现象。纸面石膏板的长边(包封边)应沿纵向次龙骨铺设。板材与龙骨固定时,应从一块板的中间向板的四边循序固定,不得采用在多点上同时作业的方法。

用自攻螺钉铺钉纸面石膏板时,钉距以 150~170 mm 为宜,螺钉应与板面垂直。自攻螺钉与纸面石膏板边的距离:距长边(包封边)以 10~15 mm 为宜;距短边(切割边)以 15~20 mm 为宜。钉头略埋入板面,但不能致使板材纸面破损。在装钉操作中出现有弯曲变形的自攻螺钉时,应予剔除,在相隔 50 mm 的部位另安装自攻螺钉。纸面石膏板的接缝处,必须是安装在宽度不小于 40 mm 的 C 型龙骨上;其短边必须采用错缝安装,错开距离应不小于 300 mm。安装双层石膏板时,面层板与基层板的接缝也应错开,上下层板各自的接缝不得同时落在同一根龙骨上。

2. 嵌缝处理

纸面石膏板拼接缝的嵌缝材料主要有两种:一是嵌缝石膏粉,二是穿孔纸带。嵌缝石膏粉是在石膏粉中加入缓凝剂等。嵌缝及填嵌钉孔等所用的石膏腻子,由嵌缝石膏粉加入适量清水(嵌缝石膏粉与水的比例为 1:0.6),静置 5~6 min 后经人工或机械调制而成,调制后应放置 30 min 再使用。注意石膏腻子不可过稠,调制时的水温不可低于 5 ℃,若在低温下调制应使用温水;调制后不可再加石膏粉,避免腻子中出现结块和渣球。穿孔纸带即是打有小孔的牛皮纸带,纸带上的小孔在嵌缝时可保证石膏腻子多余部分的挤出。纸带宽度为 50 mm。使用时应先将其置于清水中浸湿,这样做有利于纸带与石膏腻子的黏合。此外,另有与穿孔纸带起着相同作用的玻璃纤维网格胶带,其成品已浸过胶液,具有一定的挺度,并在一面涂有不干胶。它有着较牛皮纸带更优异的拉结作用,在石膏板板缝处有更理想的嵌缝效果,故在一些重要部位可采用它来取代穿孔牛皮纸带,以减小板缝开裂的可能性。

第十二章　家居空间与商业空间中的墙面装饰材料与施工工艺

第一节　木饰面板

一、木胶合夹板

（一）胶合板

胶合板（图 12-1）是用涂胶后的单板按木纹方向纵横交错配成的板坯，在加热或不加热的条件下压制而成。层数一般为奇数，少数也有偶数。纵横方向的物理、机械性质差异较小。胶合板能提高木材利用率，是节约木材的一个主要途径。胶合板是装饰工程中使用很频繁、数量很大的板材，既可以做饰面板的基材，又可以直接用于装饰面板，能获得天然木材的质感。

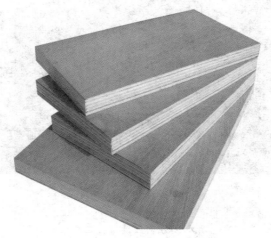

图 12-1　胶合板

胶合板的主要特点：板材幅面大，易于加工；板材的纵向和横向的抗拉强度和抗剪强度均匀，适应性强；板面平整，吸湿变形小，避免了木材开裂、翘曲等缺陷；板材厚度可按需要加工，木材利用率较高。

胶合板的层数应为奇数，按胶合板的层数可以分为三夹板、五夹板、七夹板、九夹板，其中最常用的是三夹板和五夹板。胶合板的厚度为 2.7 mm、3.0 mm、3.5 mm、4.0 mm、5.0 mm、5.5 mm、6.0 mm 等，自 6.0 mm 起按 1 mm 递增。板的厚度小于等于 4 mm 为薄胶合板，普通胶合板的幅面尺寸见表 12-1。

表 12-1		普通胶合板的幅面尺寸			mm
宽 度	长 度				
	915	1 220	1 830	2 135	2 440
915	915	1 220	1 830	2 135	—
1 220	—	1 220	1 830	2 135	2 440

胶合板在室内装饰中可用作天棚面、墙面、墙裙面、造型面,也可用作家具的侧板、门板、顶板、底板、脊板以及用厚夹板制成板式家具;胶合板面上可油漆成各种类型的漆面,可裱贴各种墙纸、墙布,可粘贴各种塑料装饰板,可进行涂料的喷涂处理。胶合板特等品主要用于高级的建筑装饰、高级家具及其他特殊需要的制品。一等品适用于较高级建筑装饰、中高级家具、各种电器外壳等制品。

（二）细木工板

1.细木工板的尺寸规格、技术性能

细木工板(图 12-2)属于特种胶合板的一种,芯板用木板拼接而成,两面胶黏一层或二层单板。细木工板按结构不同,可分为芯板条不胶拼的和芯板条胶拼的两种;按表面加工状况可分为一面砂光、两面砂光和不砂光三种;按所使用的胶合剂不同,可分为Ⅰ类胶细木工板、Ⅱ类胶细木工板两种;按面板的材质和加工工艺质量不同,可分为一、二、三共三个等级。

图 12-2 细木工板

细木工板的尺寸规格、技术性能见表 12-2。

表 12-2						细木工板的尺寸规格、技术性能			
长度/mm						宽度/mm	厚度/mm	技术性能	
915	1 220	1 520	1 830	2 135	2 440				
915	—		1 830	2 135		915	16		
							19	含水率:10%～13%	
	1 220		1 830	2 135	2 440	1 220	22	胶层剪切强度不低于 1 MPa	
							25		

2.细木工板的主要特点

（1）细木工板握钉力好，强度高，具有质坚、吸声、绝热等特点，而且含水率不高，为10％～13％，加工简便，用途极为广泛。

（2）具有轻质、防虫、不腐等优点。

（3）采用两次砂光、两次成形的先进生产工艺，使表面平整光滑、表里如一。

3.细木工板的使用范围

细木工板适合用作家具、门窗、隔断、假墙、暖气罩、窗帘盒等，如图12-3所示。

4.细木工板的养护

（1）细木工板因其表面较薄，因此严禁硬物或钝器撞击。

（2）防油污或化学物质长期接触，腐蚀表面。

（3）保持通风良好，防潮湿、防日晒。

（4）购买的细木工板条在使用时，应在其上横垫三根以上木方条，高度在5 cm以上，把细木工板平放其上，防止变形、翘曲。

图12-3　细木工板家具

二、纤维板

纤维板是以植物纤维为原料，经过纤维分离、施胶、干燥、铺装成型、热压、锯和检验等工序制成的板材，是人造板主导产品之一。

纤维板的原料非常丰富，如木材采伐加工剩余物（板皮、刨花、树枝等）、稻草、麦秸、玉米杆、竹材等。

纤维板按体积密度分为硬质纤维板（体积密度＞800 kg/m³）、中密度纤维板（体积密度为500～800 kg/m³）和软质纤维板（体积密度＜500 kg/m³）三种；按表面分为一面光板和两面光板两种；按原料分为木材纤维板和非木材纤维板两种，如图12-4和图12-5所示。

图12-4　木材纤维板

图 12-5　非木材纤维板

三、木质人造板

木质人造板是利用木材及其他植物原料,用机械方法将其分解成不同单元,经干燥、施胶、铺装、预压、热压、锯边、砂光等一系列工序加工而成的板材。迄今为止,木质人造板仍然是家具和室内装修中使用最多的材料之一,主要包括以下品种。

1. 竹胶合板

竹胶合板(图 12-6)是利用竹材加工余料——竹黄篾,经过中黄起篾、内黄帘吊、经纬纺织、席穴交错、高温高压(130 ℃,3~4 MPa)、热固胶合等工艺层压而成。其硬度为普通木材的 100 倍,抗拉强度是普通木材的 1.5~2.0 倍。具有防水防潮、防腐防碱等特点。常用规格为:1 800 mm×960 mm,1 950 mm×950 mm,2 000 mm×1 000 mm,厚度为:2.5 mm、3.5 mm、4.5 mm、5.6 mm、8.5 mm、13 mm。

图 12-6　竹胶合板

2. 刨花板

刨花板亦称为碎料板,是将木材加工剩余物、小径木、木屑等,经切碎、筛选后拌入胶料、硬化剂、防水剂等热压而成的一种人造板材。按密度可分为低密度($0.25~0.45$ g/cm³)、中密度($0.55~0.70$ g/cm³)和高密度($0.75~1.3$ g/cm³)三种。刨花板中因木屑、木片、木块结合疏松,故不宜用钉子钉,否则钉子易松动。通常情况下,刨花板用木螺钉或小螺栓固定。刨花板的厚度为 1. 6~75 mm,以 19 mm 为标准厚度,常用厚度为 13 mm、16 mm、19 mm 三种。

3. 木丝板

木丝板(图 12-7)也称为万利板,是利用木材的下脚料,用机器刨成木丝,经过化学溶液的浸透,然后拌和水泥,入模成型加压、热蒸、凝固、干燥而成。主要用作天花板、门板基材、家具装饰侧板、石棉瓦底材、屋顶板用材、广告或浮雕底版。尺寸规格:长度为 1 800~3 600 mm,宽度为 600~1 200 mm,厚度为 4 mm、6 mm、8 mm、10 mm、12 mm、16 mm、20 mm,自 12 mm 起,按每 4 mm 递增。主要优点及特性:防火性高,本身不燃烧;质量轻,施工时不致因荷载过重产生危险;具有隔热、吸声、隔声效果;表面可任意粉刷、喷漆和调配色彩;不易变质腐烂,耐虫蛀;韧性强,施工简单。

图 12-7　木丝板

4. 蜂巢板

蜂巢板(图 12-8)是以蜂巢芯板为内芯板,表面再用两块较薄的面板牢固地黏结在芯材两面而成的板材。常用的面板为浸渍过树脂的牛皮纸、纤维板、石膏板。蜂巢板抗压力强,破坏压力为 720 kg/m^2,导热性低,抗震性好,不变形,质轻,有隔声效果,表面可作防火处理进而可作为防火隔热板材。主要用途为装修基层、活动隔声及厕所隔间、天花板、组合式家具等。蜂巢板施工时应特别注意收边处理及表面选材,若处理不当,会失去价值感。

图 12-8　蜂巢板

第二节　装饰薄木

　　装饰薄木(图 12-9)是木材经一定的处理或加工后再经精密刨切或旋切,厚度一般小于0.8 mm 的表面装饰材料。它的特点是具有天然的纹理或仿天然纹理,格调自然大方,可方便地剪切和拼花。装饰薄木有很好的黏结性质,可以在大多数材料上进行粘贴装饰,是家具、墙地面、门窗、人造板、广告牌等效果极佳的装饰材料。

图 12-9　装饰薄木

一、装饰薄木的种类和结构

　　装饰薄木的分类:按厚度可分为普通薄木和微薄木,前者厚度为 0.5~0.8 mm,后者厚度小于 0.8 mm;按制造方法可分为旋切薄木、半圆旋切薄木、刨切薄木;按花纹可分为径向薄木、弦向薄木。最常见的是按结构形式分类,分为天然薄木、集成薄木和人造薄木。

　　(一)天然薄木

　　天然薄木是以各种天然优质材种为原料,经旋切或刨切加工成厚度为 0.2~1.0 mm 的卷状薄片木材,它呈现出各种珍贵木材的纹理花饰,木纹清晰,色泽逼真,粘贴在普通木材或人造基材表面,可以取得高雅、自然、豪华的装饰效果。此外,它对木材的材质要求高,往往是名贵木材。因此,天然薄木的市场价格一般高于其他两种薄木。

　　(二)集成薄木

　　集成薄木是将一定花纹要求的木材先加工成规格几何体,然后将这些几何体需要胶合的表面涂胶,按设计要求组合,胶结成集成木方,集成木方再刨切成集成薄木。集成薄木对木材的质地有一定要求,图案的花色很多,色泽与花纹的变化依赖天然木材,自然真实。大多用于家具部件、木门等局部的装饰,一般幅面不大,但制作精细,图案比较复杂。

　　(三)人造薄木

　　人造薄木采用毛白杨、山杨等速生软阔叶材种,经旋切成片,整理染色胶合成胚料,然后再刨切成薄片。它比天然薄木更具有丰富的色彩和新颖的纹理花饰,如软木薄片贴于护壁上具有特殊的美感。

二、制造薄木的树种

制造薄木的树种很多,该树种特点是木射线粗大或密集,能在径切面或弦切面形成美丽的木纹。木材要易于进行切削、胶合和涂饰等加工,阔叶材的导管直径不宜太大,否则制成的薄木容易破碎,胶黏时易于透胶。天然薄木对树种的花纹、色泽、缺陷等要求较高,人造薄木对树种的要求则相对较低。

(一)天然薄木的树种

我国常用天然薄木的国产木材有:水曲柳、黄波罗、桦木、酸枣、花梨木、槁木、梭罗、麻栎、榉木、椿木、樟木、龙楠、梓木等。进口木材有:柚木、榉木、桃花芯木、花梨木、红木、伊迪南、酸枝木、栓木、沙比利、枫木、白橡等。我国常用的天然薄木树种的材色和花纹介绍如下。

1. 水曲柳

环孔材,心材黄褐色至灰黄褐色,边材狭窄,黄白至浅黄褐色,具光泽,弦面具有生长轮形成的倒"V"形或山水状花纹,径面呈平行条纹,偶有波状纹,类似牧羊卷角状纹理。

2. 酸枣

环孔材,心材浅肉红色至红褐色,边材黄褐色略灰,有光泽;弦面具有生长轮形成的倒"V"形或山水状花纹,径面则呈平行条纹;材色较水曲柳美观,花纹与之类似。

3. 拟赤杨

散孔材,材色浅,调和一致,较美观;材色浅黄褐色或浅红褐色略白,具光泽;由生长轮引起的花纹略微显现或不明显。

4. 红豆杉

材色鲜明,心材色深,红褐色至紫红褐色或橘红褐色略黄,边材黄白或乳黄色,狭窄,具明显光泽,无特殊气味或滋味;生长轮常不规则,具伪年轮,旋切板板面由生长轮形成的倒"V"形或山水状花纹,较美观。

5. 桦木

材色均匀淡雅,径面花纹好,材色黄白色至淡黄褐色,具有光泽;生长轮明显,常介以浅色薄壁组织带,射线宽,各个切面均见;径面常由射线形成明显的片状或块状斑纹,即银光花纹,旋切板由生长轮引起的花纹亦可见。

6. 樟木

木材浅黄褐色至浅黄褐色略红或略灰,紫樟、阴香樟、卵叶樟等为浅红褐色至红褐色,光泽明显,尤其径面,新伐材常具明显樟木香气;花纹主要由生长轮引起,呈倒"V"形,仅卵叶樟具有由交错纹理引起的带状花纹。

7. 黄波罗

东北珍贵树种之一,花纹美观,材色深沉,心材深栗褐色或褐色略带微绿或灰,边材黄白色至浅黄色略灰;花纹主要由生长轮形成,弦面上呈倒"V"形花纹,径面上则呈平行条纹。

8. 麻栋

材色花纹甚美,心材栗黄褐色至暗黄褐色或略具微绿色,久露空气则转深,有美丽的绢丝光泽;花纹主要因纹理交错,在径面形成有深浅色相间的带状花纹,偶尔因扭转纹或波状纹形成琴背花纹;弦面具有倒"V"形花纹。

(二)人造薄木的树种

对人造薄木的树种要求较低,具备以下条件的树种均可作为人造薄木的树种。

(1)纹理通直,质地均匀,易于切削,胶合性能好。

(2)颜色较浅,易于染色和涂饰。

(3)生长迅速,来源广泛,价格低廉。

生长迅速的杨木、桦木、松木、柏木等均可作为人造薄木树种。

三、装饰薄木的应用

天然薄木和人造薄木目前大量用作刨花板、中密度纤维板、胶合板等人造板材的贴面材料,也用于家具部件、门窗、楼梯扶手、柱、墙地面等的现场饰面和封边。后者的应用往往要将薄木进行剪切和拼花,是家具和室内常见的装饰手法。集成薄木实际上是一种工业化的薄木拼花,设计考究,制作精细,一般幅面不大。主要用于桌面、座椅、门窗、墙面、吊顶等的局部装饰。

第三节 人造装饰板

人造装饰板是通过加工技术或高科技手段,对人造板进行改造和深加工,将天然美观的木质装饰材料和模拟花纹图案真实性强的装饰材料胶贴在人造板表面,制造出美观、大方、图案新颖、色调和谐的装饰板,使其表面具有耐热、耐水、耐磨等特性,起到了装饰覆盖保护层的作用,既提高了人造板内在的物理力学性能,又提高了人造板的使用价值,为家具制造、室内装饰及车船内部装修等提供了多品种多功能的装饰材料。人造装饰板种类极多,下面仅对常见的一些作简单介绍。

一、薄木贴面人造装饰板

薄木贴面是一种高级装饰,它由天然纹理的木材制成各种图案的薄木与人造板基材胶贴而成,装饰自然且真实,美观且华丽。人造装饰板表面用具有美丽木纹的薄木进行贴面装饰后,可大大提高其使用价值。薄木贴面人造装饰板常用于高级家具的制造,高级建筑物室内壁面的装饰。薄木贴面人造装饰板的贴面工艺有湿贴与干贴两种,20世纪80年代大多采用干贴工艺,90年代后期则大多采用湿贴工艺。贴面工艺比较简单,经涂胶后的薄木与基材组坯后经热压或冷压即成为装饰板材。

二、保丽板和华丽板

保丽板和华丽板实际上是一种装饰纸贴面人造装饰板。保丽板(图12-10)系胶合板基层贴以特种花纹纸面涂敷不饱和树脂后,表面再压合一层塑料薄膜保护层。保护层为白色、米黄色等各种有色花纹。常用规格有1 800 mm×915 mm,2 440 mm×1 220 mm;厚度为6 mm、8 mm、10 mm、12 mm等。华丽板又称印花板,是将已涂有氨基树脂的花色装饰纸贴于胶合板基材上,或先将花色装饰纸贴于胶合板上再涂敷氨基树脂。这两种板材曾是20世纪80年代流行的装饰材料,近些年虽在大、中城市用量大幅度减小,但在县城和部分地区仍有一定市场。该板材表面光亮,色泽绚丽,花色繁多,耐酸防潮,不足之处是表面不耐磨。

图 12-10　保丽板

三、镁铝合金贴面装饰板

镁铝合金贴面装饰板以硬质纤维板或胶合板作基材,表面胶贴各种花色的镁铝合金薄板(厚度为 0.12～0.2 mm)。该板材可弯、可剪、可卷、可刨,加工性能好,圆柱可平贴,施工方便,经久耐用,不褪色,用于室内装饰能获得美丽、豪华、高雅的装饰效果。

四、树脂浸渍纸贴面装饰板

树脂浸渍纸贴面装饰板是将装饰纸及其他辅助纸张经树脂浸渍后直接贴于基材上,经热压贴合而成的装饰板,称为树脂浸渍纸贴面装饰板。浸渍树脂有三聚氰胺、酚醛树脂、邻苯二甲酸二烯丙酯、聚酯树脂、苯鸟粪胺树脂等。塑料装饰板、树脂浸渍纸贴面装饰板木纹逼真,色泽鲜艳,耐磨、耐热、耐水、耐冲击、耐腐蚀,广泛用于建筑、车船、家具的装饰中。

第四节　金属装饰板

一、铝合金装饰板

铝合金装饰板属于现代较为流行的建筑装饰板材,具有质量轻、不燃烧、耐久性好、施工方便、装饰效果好等优点,适用于公共建筑室内外墙面和柱面的装饰,如图 12-11 所示。当前的产品规格有开放式、封闭式、波浪式、重叠式条板和藻井式、内圆式、龟板式块状吊顶板,颜色有本色、金黄色、古铜色、茶色等。表面处理方法有烤漆和阳极氧化等形式。近年来在装饰工程中用得较多的铝合金装饰板有以下几种。

（一）铝合金花纹板及浅花纹板

铝合金花纹板(图 2-12)是采用防锈铝合金坯料,用特殊的花纹轧辊轧制而成。花纹美观大方,突筋高度适中,不易磨损,防滑性好,防腐蚀性能强,便于冲洗,通过表面处理可以得到各种不同的颜色。花纹板板材平整,裁剪尺寸精确,便于安装,广泛应用于现代建筑的墙面装饰及楼梯、踏板等处。

铝合金浅花纹板是优良的建筑装饰材料之一。其花纹精巧别致,色泽美观大方,同普通

图 12-11　铝合金装饰板在室内的应用

铝合金相比,刚度高出 20%,抗污垢、抗划伤、抗擦伤能力均有所提高,是我国特有的建筑装饰产品。铝合金浅花纹板对白光反射率达 75%～90%,热反射率达 85%～95%,在氨、硫、硫酸、磷酸、亚硝酸、浓硝酸、浓醋酸中耐腐蚀性良好,通过电解、电泳除漆等表面处理,可以得到不同色彩的浅花纹板。

图 12-12　铝合金花纹板

（二）铝合金压型板

铝合金压型板重量轻、外形美、耐腐蚀、经久耐用、安装容易、施工速度快,经表面处理可得到各种优美的色彩,是现代广泛应用的一种新型建筑装饰材料,主要用作墙面和屋面。铝合金压型板的板厚一般为 0.5～1.0 mm。

（三）铝合金穿孔板

铝合金穿孔板（图 12-13）是用各种铝合金平板经机械穿孔而成。孔形根据需要有圆孔、方孔、长圆孔、长方孔、三角孔、大小组合孔等,是近年来开发的一种能够降低噪声并兼有装饰效果的新产品。铝合金穿孔板材质轻、耐高温、耐高压、耐腐蚀、防火、防潮、防震、化学稳定性好、造型美观、色泽幽雅、立体感强。常用于宾馆大堂、机场候机厅、地铁车站、商场、展览大厅、机房等建筑以改善音质条件，也可用于各类车间厂房、机房、人防地下室等作为降噪材料。

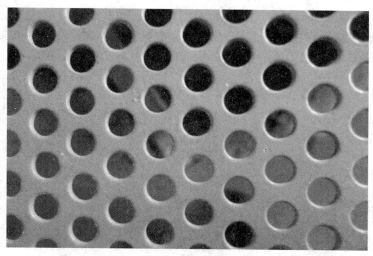

图 12-13　铝合金穿孔板

二、不锈钢装饰板

不锈钢装饰板根据表面的光泽程度、反光率大小，可分为镜面不锈钢板、亚光不锈钢板和浮雕不锈钢板三种类型。

（一）镜面不锈钢板

镜面不锈钢板（图 12-14）光亮如镜，其反射率、变形率均与高级镜面相似，与玻璃镜面相比具有不同的装饰效果，该板耐火、耐潮、耐腐蚀，不会变形和破碎，安装施工方便。主要用于高级宾馆、饭店、舞厅、会议厅、展览馆、影剧院的墙面、柱面、造型面以及门面、门厅的装饰。

镜面不锈钢板有普通镜面不锈钢板和彩色镜面不锈钢板两种，彩色镜面不锈钢板是在普通镜面不锈钢板上进行技术和艺术加工，成为色彩绚丽的不锈钢板。常用颜色有蓝、灰、紫红、青、绿、金黄、茶色等。

图 12-14　镜面不锈钢板

常用镜面不锈钢板的规格有:1 220 mm×2 440 mm×0.8 mm、1 220 mm×2 440 mm×1.0 mm、1 220 mm×2 440 mm×1.2 mm、1 220 mm×2 440 mm×1.5 mm 等。

（二）亚光不锈钢板

不锈钢板表面反光率在 50% 以下的称为亚光不锈钢板（图 12-15），其光线柔和，不刺眼，在室内装饰中有一种很柔和的艺术效果。亚光不锈钢板根据反射率不同，又分为多种级别。通常使用的亚光不锈钢板，反光率为 24%～28%，最低的反射率为 8%，比墙面壁纸反射率略高一点。

图 12-15　亚光不锈钢板

（三）浮雕不锈钢板

浮雕不锈钢板表面不仅具有光泽，而且还有立体感的浮雕装饰。它是经辊压、特殊研磨、腐蚀或雕刻而成。一般腐蚀雕刻深度为 0.015～0.5 mm，钢板在腐蚀雕刻前，必须先经过正常研磨和抛光，比较费工，所以价格也比较高。

由于不锈钢的高反射性及金属质地的强烈时代感，浮雕不锈钢板与周围环境中的各种色彩、景物交相辉映，对空间效应起到了强化、点缀和烘托的作用。

不锈钢装饰，是近几年来较流行的一种建筑装饰方法，它已经从高档宾馆、大型百货商场、银行、证券公司、营业厅等高档场所的装饰，走向了中小型商店、娱乐场所的普通装饰中，从以前的柱面、橱窗、边框的装饰走向了更为细部的装饰，如大理石墙面、木装修墙面的分隔、灯箱的边框装饰等。

三、铝塑板

现代都市，从店面装饰到摩天大楼，俯仰之间都能看到一种新型的金属饰面板——铝塑板（又称塑铝板），如图 12-16 所示。

（一）铝塑板通性

铝塑板重量轻、比强度高、隔声防火、易加工成型、安装方便。

（二）铝塑板分类

(1)按涂层分：聚酯、聚酰胺、氟碳。

(2)按常规铝厚分：0.12 mm、0.15 mm、0.21 mm、0.4 mm、0.5 mm（可按客户要求生产各种铝厚）。

图 12-16　铝塑板

（3）按常规产品厚度：1 mm、3 mm、4 mm（可按客户要求生产各种厚度）。

（4）按用途分：内墙板、外墙板及装饰板。

铝塑板由面板、核心、底板三部分组成，面板是 0.2 mm 铝片上以聚酯作面板涂层，双重涂层结构（底漆和面漆）经烘烤程序而成，核心是 2.6 mm 无毒低密度聚乙烯材料，底板同样是涂透明保护光漆的 0.2 mm 铝片，通过对芯材进行特殊工艺处理的铝塑板可达到 B1 级难燃材料等级。

常用的铝塑板分为外墙板和内墙板两种，内墙板是现代新型轻质防火装饰材料，具有色彩多样、重量轻、易加工、施工简便、耐污染、易清洗、耐腐蚀、耐衰变、色泽保持长久、保养容易等优异的性能。而外墙板则比内墙板在弯曲强度、耐温差性导热系数、隔声等物理特性上有着更高要求，氟碳面漆铝塑板因其极佳的耐候性及耐腐蚀性，能长期抵御紫外光、风、雨、工业废气、酸雨及化学药品的侵蚀，并能长期保持不变色、不褪色、不剥落、不爆裂、不粉化等特性，故大量地在室外使用。

铝塑板适用范围为高档室内及店面装修、大楼外墙帷幕墙板、天花板及隔间、电梯、阳台、包柱、柜台、广告牌等，如图 12-17 所示。

图 12-17　铝塑板在室内的应用

四、彩色涂层钢板

彩色涂层钢板(图 12-18)是指将有机涂料涂敷于钢板表面而获得的产品,有机涂料可以配制成各种不同色彩和花纹,故通常称其为彩色涂层钢板。彩色涂层钢板产品的出现,最早可以追溯到 1927 年美国的涂层薄板。我国于 20 世纪 60 年代初开始彩色涂层钢板方面的研制开发工作,并于 1986 年在鞍钢建立了年产能力一万吨的工业试验机组,之后武钢、宝钢等从美国、英国引进的彩板线也先后于 1988 年和 1989 年投产。到目前为止,我国建成的彩板线已具有年产 890 万吨的能力。

图 12-18　彩色涂层钢板

彩色涂层钢板产品不但具有良好的防腐蚀性能和装饰性能,而且具有良好的成型性能与加工性能,所以产品被广泛应用于建筑、交通运输、容器、家具、电器等各个行业。

彩色涂层钢板的原板通常为热轧钢板和镀锌钢板,最常用的有机涂料为聚氯乙烯,此外还有聚丙烯酸酯、环氧树脂、醇酸树脂等。涂层与钢板的结合采用薄膜层压法和涂料涂敷法两种。根据结构不同,彩色涂层钢板大致可分为以下几种。

(一)一般涂层钢板

用镀锌钢板作为基底,在其正面、背面都进行涂层,以保证其耐腐蚀性能。正面第一层为底漆,通常为环氧底漆,因为它与金属的附着力强。背面也涂有环氧树脂或丙烯酸树脂。第二层(面层)过去用醇酸树脂,现在一般用聚酯类涂料或丙烯酸树脂涂料。

(二)PVC 钢板

有两种类型的 PVC 钢板:一种是用涂布 PVC 糊的方法生产的,称为涂布 PVC 钢板;一种是将已成型的印花或压花 PVC 膜贴在钢板上,称为贴膜 PVC 钢板。无论是涂布还是贴膜,其表面 PVC 层均较厚。PVC 层是热塑性的,表面可以热加工,如压花可使表面质感丰富。它具有柔性,因此可以进行二次加工,如弯曲等,其耐腐蚀性能也比较好。PVC 表面层的缺点是容易老化,为改善这一缺点,现已生产出一种在 PVC 表面再复合丙烯酸树脂的新的复合型 PVC 钢板。

(三)隔热涂层钢板

在彩色涂层钢板的背面贴上 15～17 mm 的聚苯乙烯泡沫塑料或硬质聚氨酯泡沫塑料,

用以提高涂层钢板的隔热、隔声性能。

（四）高耐久性涂层钢板

氟塑料和丙烯酸树脂有耐老化性能好的特点,用其在钢板表面涂层,能提高钢板的耐久性、耐腐蚀性。

五、镁铝曲面装饰板

镁铝曲面装饰板是以优质酚醛纤维板、镁铝合金箔板、底层纸为原料,经砂光、黏结和电热烘干、刻沟、涂沟而成的一种建筑装饰材料,可制成金、银、绿、古铜等多种颜色。具有耐热、耐磨、防水、外形美观、耐污、耐水、耐光、可刨、可钉、可变、可剪、可卷、凹凸转角、施工方便、容易保养等特点。适用于建筑物内隔间、天花板、门框、包柱、柜台、店面、广告招牌、各种家具贴面的装饰。

（一）镁铝曲面装饰板的特点

镁铝曲面装饰板能够沿纵向卷曲,还可用墙纸刀分条切割,安装施工方便,可粘贴在弧面上。该板平直光亮,有金属光泽,并有立体感,可黏、可钉、可钻,但表面易被硬物划伤,施工时应注意保护。

（二）镁铝曲面装饰板的用途

镁铝曲面装饰板广泛用于室内装饰的墙面、柱面、造型面以及各种商场、饭店的门面装饰。因该板可分条切开使用,故可当装饰条、压边条来使用。

（三）镁铝曲面装饰板的品种和规格

镁铝曲面装饰板从色彩上分有古铜、青铜、青铝、银白、金色、绿色、乳白等;曲板条按宽度分有宽条(25 mm)、中宽条(15～20 mm)、细条(10～15 mm)。镁铝曲面装饰板的规格均为 1 220 mm×2 440 mm,厚度为 3.5 mm。

第五节　合成装饰板

一、千思板

千思板(图 12-19)是一种把酚醛树脂浸渍于牛皮纸或者木纤维里,在高温高压中进行硬化的热固性酚醛树脂板。由于其结构均匀、致密,故板上任何点都很坚固。致密的材料表面使灰尘不易黏附,更容易清洁。千思板具有极好的耐火特性,它不会融化、滴落或爆炸,并能长时间保持稳定。

（一）千思板的特点

1. 抗撞击

千思板的表面采用固体均匀核心加上特殊树脂的面板,具有极强的抗撞击性。

2. 易清洗

千思板表面致密,无渗透,使灰尘不易黏附于上面;用溶剂清洗方便,对颜色不会产生任何影响。

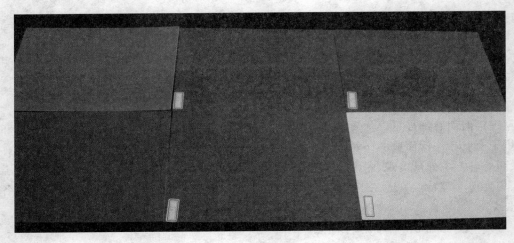

图 12-19　千思板

3.防潮湿

千思板的核心使用特殊的热固性树脂,因此不会受天气变化和潮气的影响,也不会腐蚀或产生霉菌;稳定性及耐用性可与硬木相媲美。

4.抗紫外线

千思板抗紫外线性能和面板颜色的稳定性能都达到国际标准。

5.防火性

千思板表面对燃烧的香烟有极强的防护能力;阻燃,面板不会融化、滴下或爆炸,能长期保持特性;在中国,千思板经国家防火材料检验中心测试,其燃烧性能为《建筑材料及制品燃烧性能分级》(GB 8624—2012)B1 级。

6.耐化学腐蚀

千思板具有很强的耐化学腐蚀特性,如防酸、防氧化;也同样能防止消毒剂、化学清洁剂及食物果汁、染料的侵蚀。

(二)千思板的种类及用途

1.千思板 M(外用)

千思板 M 是由热固性树脂与木纤维混合,使用独特技术经高温高压加工而成的板材,具有坚固耐用、外表美观的特点。

它的规格主要有 3 650 mm×1 680 mm,3 050 mm×1 530 mm,2 550 mm×1 860 mm三种,厚度有 6 mm,8 mm,10 mm,13 mm 四种。千思板 M 具有优异的抗紫外线性能及颜色附着性,特别适用于大楼外墙、广告牌、阳台栏板等室外装修,如图 12-20 所示。

2.千思板 A(内用)

千思板 A 是表面粘贴三聚氰胺树脂的装饰板材。有石英表面和水晶亚光表面两种。主要规格为 3 050 mm×1 530 mm,2 550 mm×1 860 mm,石英表面厚度有 6 mm,8 mm,10 mm,13 mm 四种,水晶亚光表面厚度有 6 mm,13 mm,16 mm,20 mm 四种。千思板 A 具有的耐刻画及抗撞击的性能,使其特别适用于人行通道、电梯厅、电话间等;它具有的耐磨及易清洗的特点使其特别适用于家具桌面、橱柜面板、接待柜台等;它具有的防潮特点,使其特别适用于盥洗室的洗脸盆面板、隔断及其他湿度较大处。

图 12-20　千思板在装修中的应用

3.千思板 T

千思板 T 具有的防静电特点,使其特别适用于机房内墙面装修,各种化学、物理或生物实验室等。它的表面是水晶亚光表面,主要规格有 3 050 mm×1 530 mm,厚度有13 mm、16 mm,20 mm,25 mm 四种。

千思板具有优良的性能及装饰效果,加工、安装容易,维护费用低,使用寿命长,符合环保要求等,使其成为室内外装饰的理想材料。

二、有机玻璃

有机玻璃(图 12-21)是一种具有极好透光率的热塑性塑料,它是以甲基丙烯酸甲酯为主要原料,加入引发剂、增塑剂等聚合而成。

图 12-21　有机玻璃

有机玻璃具有高度透明性,透光率可达到 92％,比玻璃的透光度还高并且能透过紫外线。普通玻璃只能透过 0.6％的紫外线,但有机玻璃却能透过 73％的紫外线。机械强度较高,耐热性、抗寒性及耐候性较好;耐腐蚀性及绝缘性能良好;重量轻,易于加工。有机玻璃在建筑上主要用作室内高级装饰,如扶手的护板、大型灯具罩以及室内隔断等。

有机玻璃分为无色透明有机玻璃、有色有机玻璃、珠光有机玻璃等。

（一）无色透明有机玻璃

无色透明有机玻璃是以甲基丙烯酸甲酯为原料，在特定的硅玻璃模或金属模内浇注聚合而成。无色透明有机玻璃在建筑工程上主要用作门窗玻璃、指示灯罩及装饰灯罩等。

（二）有色有机玻璃

有色有机玻璃是在甲基丙烯酸甲酯单体中，配以各种颜料经浇注聚合而成。有色有机玻璃又分透明有色、半透明有色、不透明有色三大类。

有色有机玻璃在建筑装饰工程中，主要用作装饰材料及宣传牌，其化学、物理性能与无色透明有机玻璃相同。

（三）珠光有机玻璃

珠光有机玻璃是在甲基丙烯酸甲酯单体中，加入合成鱼鳞粉并配以各种颜料经浇注聚合而成。珠光有机玻璃在建筑工程中主要用作装饰材料及宣传牌。其化学、物理性能与无色透明有机玻璃相同。

三、防火板

防火板（图12-22）是采用硅质材料或钙质材料为主要原料，与一定比例的纤维材料、轻质骨料、黏合剂和化学添加剂相混合，经蒸压技术制成的装饰板材。防火板分无机和有机两种，无机防火板由水玻璃、珍珠岩粉和一定比例的填充剂混合后压制成型。

防火板具有防火、防尘、耐磨、耐酸碱、耐撞击、防水、易保养等特点。防火板可分为光面板、雾面板、壁片面板、小皮面板、大皮面板、石皮面板。其表面花纹有素面型、壁布型、皮质面、钻石面、木纹面、石材面、竹面、软木纹、特殊设计的图案或整幅画等。色彩有深有浅，有古典的也有现代的，有自然化的也有实用化的，有活泼色的也有深沉色的，若搭配合理，将十分美观漂亮，具有良好的装饰效果。

图12-22 防火板

（一）木纹颜色的光面和雾面胶板

木纹颜色的光面和雾面胶板适用于高级写字楼、客房、卧室内的各式家具的饰面及活动室吊顶，显得华贵大方，而且经久耐用。

（二）皮革颜色的光面和雾面胶板

皮革颜色的光面和雾面胶板适用于装饰厨具、壁板、栏杆扶手等表层，易于清洁，又不会受虫蚁损坏。

（三）仿大理石花纹的光面和雾面胶板

仿大理石花纹的光面和雾面胶板适用于铺贴室内墙面、活动地板、厅堂的柜台、墙裙、圆柱和方柱等表面，清雅美观，不易磨损。

（四）细格几何图案及各款条纹杂色的光面和雾面胶板

细格几何图案及各款条纹杂色的光面和雾面胶板适用于镶贴窗台板、踢脚板的表面以及防火门扇、壁板、计算机工作台等贴面，款式新颖，别具一格。

第六节　塑料饰面

用于建筑装饰的塑料制品很多，最常用的有屋面、地面、墙面和顶棚用的各种板材和块材、波形瓦、卷材、塑料薄膜和装饰部件等。

墙面装饰塑料主要包括塑料装饰板（又称塑料护墙板）和塑料墙纸，具体分类如下。

一、塑料装饰板

塑料装饰板主要有PVC装饰板、塑料贴面板、有机玻璃装饰板、玻璃钢装饰板和塑料装饰线条等。

PVC装饰板（图12-23）分为硬质板和软质板，硬质板适用于内、外墙面，软质板仅适用于内墙面。按形式分为波纹板、格子板和异形板。PVC波纹板色彩鲜艳、表面平滑，同时又有透明和不透明两种，主要用于外墙装饰，特别适用于阳台栏杆和窗间墙，其鲜明的色彩和漂亮的波纹为建筑的立体美观、大方增色不少。PVC格子板表面具有各种立体图案和造型，主要用于商业性建筑、文化体育类建筑的正立面。PVC异型板分为单层异型和中空异型两类，其表面不仅具有各种颜色和图案，而且能起到隔热、隔声和保护墙体的作用，主要用于内墙装饰，其中中空异型板的刚度和保温、隔热性均优于单层异型板。

图12-23　PVC装饰板

塑料贴面板是经干燥叠合热压而成的热固性树脂装饰层压板，面层为三聚氰胺甲醛树脂浸渍过的具有不同色彩图案的特种印花纸，里层为用酚醛树脂浸渍过的牛皮纸。按照用途可分为具有高耐磨性的平面类和耐磨性一般的立面类。这种贴面板颜色艳丽、图案优美、花样繁多,是护墙板、台面和家具理想的贴面材料,也可与陶瓷、大理石、各种合金装饰板、木质装饰材料搭配使用。

玻璃钢装饰板是玻璃纤维在树脂中浸渍、黏合、固化而成。玻璃钢材料经缠绕或模压成型着色处理后可制成浮雕式平面装饰板或波纹板、格子板等。玻璃钢质轻强度高、刚度较大,制成的浮雕美观大方,可制成工艺品,作为装饰板材也具有独特的装饰效果。

塑料装饰线条主要是 PVC 钙塑线条,它质轻、防霉、阻燃、美观、经济、安装方便。主要为颜色不同的仿木线条,也可制成仿金属线条,作为踢脚线、收口线、压边线、墙腰线、柱间线等墙面装饰。

二、塑料墙纸

塑料墙纸(图 12-24)以纸为基层,所用塑料绝大部分为聚氯乙烯,简称 PVC 塑料墙纸,经过复合、印花、压花等工序制成。塑料墙纸具有一定的伸缩性和耐裂强度;可制成各色图案及丰富多彩的凹凸花纹,富有质感及艺术感;施工简单,而且可以节约大量粉刷工作,因此可提高工效,缩短施工工期;易于粘贴,陈旧后也易于更换;表面不吸水,可用布擦洗。

图 12-24　塑料墙纸

(一)塑料墙纸的技术要求

(1)装饰效果的主要项目:一般不允许有色差,折印,明显的污点。

(2)色泽耐久性:将试样在老化试验机内经碳棒光照 20 h 后不应有褪色、变色现象。

(3)耐摩擦性:用干白布在摩擦机上干摩 25 次,用湿白布湿摩 2 次,都不应有明显地掉色,即在白布上不应有沾色。

(4)抗拉强度:纵向抗拉强度应达到 $6.0 N/mm^2$,横向抗拉强度应达到 $5.0 N/mm^2$。

(5)剥离强度:一般来说,当纸与聚氯乙烯层剥离时,不产生分层为合格。

(二)常见的纸基塑料墙纸

常见的纸基塑料墙纸,如图 12-25 所示。

普通墙纸是以每平方米 80 g 的纸做基材,经印花、压花而成。包括单色压花、印花压花、有光压花和平光压花等几种,是最普遍使用的墙纸。

发泡墙纸是以每平方米 100 g 的纸做基材,经印花后再加热发泡而成。这类墙纸有高

图 12-25　纸基塑料墙纸

发泡印花、低发泡印花和发泡印花压花等品种。高发泡印花墙纸是一种集装饰和吸声于一体的多功能墙纸。低发泡印花墙纸表面有相同色彩的凹凸花纹图，有仿木纹、拼花、仿瓷砖等效果，图案逼真，立体感强，装饰效果好，适用于室内墙裙、客厅和楼内走廊等装饰。

特种墙纸是指具有特种功能的墙纸，包括耐水墙纸、防火墙纸、自黏型墙纸、特种面层墙纸和风景壁画型墙纸等。耐水墙纸采用玻璃纤维毡作为基材，适用于浴室、卫生间的墙面装饰，但是粘贴时应注意接缝处黏牢，否则水渗入可使胶黏剂溶解，从而导致耐水墙纸脱落。防火墙纸采用 $100\sim200$ g/m² 石棉纸作为基材，同时面层的 PVC 中掺有阻燃剂，使该种墙纸具有很好的阻燃性，此外即使这种墙纸燃烧也不会放出浓烟和毒气。自黏型墙纸的后面有不干胶层，使用时撕掉保护纸便可直接贴于墙面。特种面层墙纸的面层采用金属、彩砂、丝绸、棉麻毛纤维等制成，可使墙面产生金属光泽、散射、珠光等艺术效果。风景壁画型墙纸的面层印刷成风景名胜或艺术壁画，常由几幅拼贴而成，适用于装饰厅堂墙面。

第七节　壁　纸

壁纸同其他装饰材料一样，随着世界经济文化的发展而不断发展变化。不同时期壁纸的使用是当地经济发展水平、新型材料学、流行消费心理综合因素的体现，壁纸是室内装饰材料之一，如图 12-26 所示。最初的壁纸是在纸上绘制、印刷各种图案而成的，有一定的装饰效果，但也仅限于王室宫廷等高级场所做局部装饰使用。真正大面积的随其他装饰材料走入居家生活，还是在 20 世纪 70 年代末 80 年代初。壁纸品种的正确选择是改善室内环境的重要手段，归纳起来壁纸有以下优点。

（一）种类繁多，选择余地大

壁纸的花色、图案种类繁多，选择余地大，装饰效果丰富多彩，能使家居更加温馨、和谐。

图 12-26　壁纸

经过改良颜料配方,现在的壁纸已经解决了褪色问题。

（二）应用范围较广

基层材料为水泥、木材,易于与室内装饰的色彩、风格保持和谐。

（三）使用安全

壁纸具有一定的吸声、隔热、防霉、防菌功能,有较好的抗老化、防虫功能,无毒、无污染。

（四）具有很强的装饰效果

不同款式的壁纸搭配往往可以营造出不同感觉的个性空间。无论是简约风格还是乡村风格,田园风格还是中式、西式、古典、现代风格,壁纸都勾勒出全新的感觉,这是其他墙面材料做不到的。

（五）铺装时间短,可以大大缩短工期

（六）具有防火功能

现在的壁纸一般都是防火的,但各种壁纸的防火级别不同。民用壁纸防火要求不太高,用于宾馆的壁纸防火要求高,壁纸烧着后没有有毒气体产生。

第八节　装饰墙布

装饰墙布（图 12-17）实际上是壁纸的另一种形式,在质感上比壁纸更胜一筹。墙布表层材料的基材多为天然物质,其质地都较柔软舒适,而且纹理更加自然,色彩也更显柔和,极具艺术效果,给人一种温馨的感觉。有提花墙布、纱线墙布,还有无纺贴墙布、浮雕墙布等。墙布不仅有着与壁纸一样的环保特性,而且更新也很简便,并具有更强的吸声、隔声性能,还可防火、防霉、防蛀、耐擦洗。墙布本身的柔韧性、无毒、无味等特点,使其既适合铺装在人多热闹的客厅或餐厅,也适合铺装在儿童房或有老人的居室里。

图 12-27　装饰墙布

一、棉纺墙布

棉纺墙布是用纯棉平布经过处理、印花,涂以耐磨树脂制作而成,其特点是墙布强度大、静电小、无光、无味、无毒、吸声、花型色泽美观大方,可用于宾馆、饭店及其他公共建筑和较高级的民用建筑中的室内墙面装饰。棉纺墙布还常用作窗帘,夏季采用薄型的淡色窗帘,无论是自然下垂或双开平拉成半弧形,均会给室内营造出清新和舒适的氛围。

二、无纺贴墙布

无纺贴墙布是采用棉、麻等天然纤维或涤纶、腈纶等合成纤维,经过无纺成型、印制彩色花纹而成的一种贴墙材料。特点是富弹性,不易折断老化,表面光洁而有毛绒感,不易褪色,耐磨、耐晒、耐湿,具有一定的透气性,可擦洗。

三、化纤墙布

化纤墙布是以化纤布为基布,经树脂整理后印制花纹图案,新颖美观,无毒无味,透气性好,不易褪色,只是不宜过多擦洗。因基布结构疏松,若墙面有污渍,会透露出来。

四、纺织纤维壁纸

(一)纺织纤维壁纸

纺织纤维壁纸(图 12-28)是一种近年来在国际上流行的新型墙饰材料,它由棉、毛、麻、丝等天然纤维及化学纤维制成各种色泽、花式的纱线或织物,再与木浆基纸贴合而成。它无害、无反光,吸声透气,调温,易于施工,有一定的调湿和防止墙面结露长霉的功效,它的视觉效果好,特别是天然纤维以它丰富的质感具有十分诱人的装饰效果。它顺应现代社会"崇尚自然"的心理潮流,多用于中高档建筑装修。

纺织纤维壁纸的规格、尺寸及施工工艺与一般壁纸相同。裱糊时先在壁纸背面用湿布稍揩一下再张贴,不用提前用水浸泡壁纸,接缝对花也比较简便。

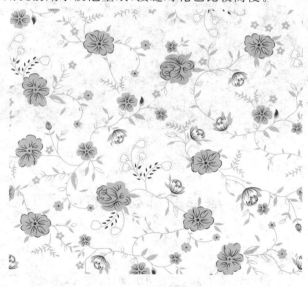

图 12-28　纺织纤维壁纸

(二)产品性能与标准

纺织纤维壁纸的性能要求与一般壁纸大体相同,但仍然有自己的特点,因此已制定了标

准草案,规定的理化性能如下:

(1)耐光色牢度不低于 4 级。

(2)耐摩擦色牢度、干摩擦不低于 4 级,湿摩擦不低于 4 级。

(3)不透明度不低于 90%。

(4)湿润强度纵向不低于 4 N/1.5 cm,横向不低于 2 N/1.5 cm。

(5)甲醛释放不高于 2 mg/L。

此外,对用户有特殊要求的功能性壁纸产品,可进行阻燃性、耐硫化氢污染、耐水、防污、防霉及可擦洗等特殊性能试验。采用麻草、席草、龙须草等天然植物为原料,以手工或其他方式编织成各种图案的织物,再衬以底层材料制作的壁纸,有其特殊的装饰性。

五、平绒织物

平绒织物(图 12-29)是一种毛织物,属于棉织物中较高档的产品。这种织物的表面被耸立的绒毛所覆盖,绒毛高度一般为 1.2 mm 左右,形成平整的绒面,所以称为平绒。优良的平绒织物产品外观应达到绒毛丰满直立、平齐匀密、绒面光洁平整、色泽柔和、方向性小、手感柔软滑润、富有弹性等要求。

平绒织物具有以下特点:耐磨性较一般织物要高 4~5 倍;手感柔软且弹性好、光泽柔和,表面不易起皱;布身厚实,且表面绒毛能形成空气层,因而保暖性好。

平绒织物用于室内装饰主要是外包墙面或柱面及家具的坐垫等部位。

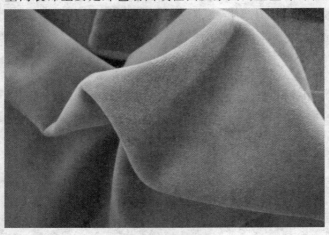

图 12-29 平绒织物

第九节 墙面装饰材料的施工工艺

一、不锈钢饰面板安装

不锈钢饰面板安装工程质量要求高,技术难度也比较大,因此在安装前应核对预制件是否与设计图纸相符。

(1)不锈钢饰面板安装一般在完成室内装饰吊顶、隔墙、抹灰、涂饰等分项工程后进行,安装现场应保持整洁,有足够的安装距离和充足的自然或人工光线。

（2）不锈钢饰面板的规格、尺寸、性能和安装基础层应符合设计要求，饰面板安装工程的预埋件和连接件的数量、规格、位置、连接方法必须符合设计要求。

（3）不锈钢饰面板黏结剂的使用必须符合国家有关标准。安装前应检查黏结剂的产品合格证书、生产日期和性能检测报告。

（4）不锈钢饰面板安装基层表面必须平整、无油渍、无灰尘、无缺陷，基层必须牢固。

（5）采用黏结剂黏结的安装方法，应涂刷均匀、平整，无漏刷。粘贴时用力均匀，用木块垫在饰面板上轻轻敲实黏牢；接缝处应将连接处保护膜撕起，对接应密实、平整、无错位、无叠缝；在胶水凝固前可作细微调整，并用胶带纸、绳等辅助材料帮助固定，但不能随意撕扯与变动；对渗出的多余胶液应及时擦除，避免沾污饰面板表面。

（6）室内温度低于 5 ℃时，不宜安装，严禁用人工温度烘烤黏结剂，以免燃烧引起火灾。

（7）采用铆接、焊接和扣接的边缘应平直、不留毛边，留缝应符合设计要求，焊接后的打磨抛光应仔细，应保持表面平整无缺陷，接头应尽量安排在不明显的部位。铆接的连接件应完整，往往连接件本身起到很好的装饰效果，扣接的弧形、线条应扣到基层面，固定方法可采用黏结剂，也可直接扣住，但基层设计必须牢固，不宜留较大面积的空隙，不锈钢饰面板局部受力后容易变形，造成缺陷。

二、塑铝复合板施工与安装

现代室内装饰中各种塑铝复合板的应用十分普遍，其千变万化的色彩和质感，可以随意选用。塑铝复合板分室内与室外两大类。

塑铝复合板的安装形式一般可分为黏结法和螺钉连接法，前者用专用黏结剂黏结在平整的木质或石膏板、金属板等基层材料上，后者是固定在钢质或木质的骨架上。

（一）塑铝复合板折板加工步骤

（1）准备平整、洁净的工作台，大小视塑铝复合板折板的尺寸而定，铝合金方管或硬木直尺，手提雕刻机、金属划刀、铅笔、钉、砂纸等。

（2）根据设计要求，确定折板尺寸，在塑铝复合板内侧用铅笔画线，并用铝合金方管或硬木直尺顺线将塑铝复合板平整地固定在操作台上，手提雕刻机直刀刀尖对准铅笔线，并与铝合金方管或硬木直尺紧靠，调整后将其固定。

（3）手提雕刻机的雕刻刀径与深度应视塑铝复合板厚度而定，以刻到下层铝板与中间塑料连接处的 2/3 为宜，过深会伤及表面铝板，过浅会影响折板角度。

（4）操作时，手握雕刻机要稳，垂直下刀。可先试刀，确定达到预先要求后再进行，紧靠金属或木工靠山，推动雕刻机时要用力均匀，推到顶端后，再顺缝槽来回一次，使直角缝顺畅、平滑，然后用刷子及时清除废屑，用对折砂纸顺缝槽来回轻推数下，清除废屑，起掉靠山。

（5）折板时用力要均匀，折到设计要求角度后松手，不可上下多次折动，否则容易开裂，影响安装质量。

（6）对折好的塑铝复合板要轻搬轻放，表面保护膜尽量不要破损撕毁。

（7）塑铝复合板的加工适合在装饰工程施工现场进行，但必须保持整洁，具备充足的光线与操作环境。

（二）塑铝复合板的安装

（1）安装基层必须符合设计要求，外径尺寸必须与塑铝复合板内径留有规定的公差。基层平整、无油渍、无灰尘、无钉头外露；金属骨架或木质骨架应牢固平整。

（2）采用黏结剂黏结时，在清理基层达到要求后，应在基层表面画规划线；将塑铝复合板内侧和基层表面均匀地刷上黏结剂，用自制的锯齿状刮板将胶液刮平并将多余的胶液去除，要根据黏结剂说明书，达到待干程度后方能粘贴。

（3）根据规划线，粘贴时应两手各持一角，先黏住一角，调整好角度后再黏另一角，确定无误后，逐步将整张板粘贴，并轻轻敲实。尺寸较大的塑铝复合板需两人或多人共同完成。室内温度低于 5 ℃时，不宜采用黏结剂黏结法施工。

（4）采用螺钉连接时，应用电钻在拧螺钉的位置钻孔，孔径应根据螺钉的规格决定，再将复合板用自攻螺丝拧紧。螺钉应打在不显眼及次要部位，打密封胶处理的应保持螺钉不外露。缝槽宽度应符合设计要求，密封胶施工要求与铝板方法相同。

三、天然木质饰面板的安装

天然木质饰面板一般作为装饰面贴面，其基层大多数是木质的，也可贴在石膏板上和其他基面上。黏结方法一般有：用木胶、气钉固定、黏结剂黏结，使用胶水压制和用小钉钉等方法。施工方法如下：

（1）根据设计要求选用相应的木质饰面板，按需要剪裁符合设计要求的面板，裁料一般用美工刀靠直尺，用力均匀划裁，当划至 1/2 以上深度后，即可用力合拢使之顺刀痕裂开，裁下的料应用刨子或砂纸刨光或砂光，有特殊要求拼花、拼角的应试拼，符合设计要求后方能贴面。

（2）饰面的基层基础应保持平整，尺寸要符合设计要求，应无油渍、灰尘和污垢。

（3）木质饰面板用的黏结木胶应选用符合现行国家质量要求与环保要求的产品，开箱检查应保证无变质，具有产品合格证并控制在有效期内。木胶涂刷要均匀，不得堆积与漏刷，贴面时要按方向顺序贴，同时用压缩气钉固定。

（4）采用"立时得"等即时贴面时，因黏合后不易调整，所以黏合前必须试合，黏合时要根据各自认定的基准线轻轻黏上一边，然后黏上拍实。"立时得"刷胶要匀，用带锯齿的平板顺方向刮平，多余的胶水要去除。

（5）为了确保木质饰面板的安装质量要求，有条件的可在使用前采用油漆封底，避免运输、搬运、切割、拼装时污染木质饰面板表面。

四、装饰防火板饰面安装

装饰防火板分无机和有机两种，无机板是由水玻璃、珍珠岩粉和一定比例的填充剂、颜料混合后压制而成的，可根据需要制成各类仿石、仿木、仿金属以及各种色彩的光面、糙面、凹凸面的防火板，其主要特点是抗火、抗滑、不容易磨损，具有良好的装饰效果。

（一）装饰防火板饰面的安装

（1）装饰防火板对基层的要求强于普通木质饰面板，基层必须无油渍、无灰尘、无钉外露，平整的实体面，无宽缝、无凹陷、无空洞。

（2）装饰防火板安装必须满足适当的温度与湿度，一般室内温度低于 5 ℃、高于 40 ℃，连续阴雨和梅雨季节都不宜安装。

（3）装饰防火板只适宜使用快干型黏合材料作为黏结剂（特殊的压制加工除外）。

（4）装饰防火板贴面时应保持施工现场环境的整洁，上胶要均匀，用锯齿型平板刮平，多余的胶液要去除，被黏基层也刷上同一品种的黏结剂；等饰面板表面的胶液发白稍干后（可用手试,以沾不起来为宜),将装饰防火板饰面对准事先画好的基准线轻轻黏上一边,视觉正确无误后,一面推住黏结点,一面顺序抹平,边放边推直至全部黏上,然后用硬木块垫在饰面上轻轻敲实黏平,注意若有气泡,应将全部气泡排除后,方能敲紧。

(5)装饰防火板安装后要及时清除饰面表面的胶迹、手迹和油污,并做好遮挡保护。

(二)装饰防火板饰面安装的注意事项

(1)装饰防火板较脆,厚度在1 mm左右,易碎,因此在搬运中应注意避免碰撞,堆放时应平放、防潮、防重压,单张应轻轻卷起竖放,使用前应平放使其恢复平整。

(2)装饰防火板施工中应注意气泡现象,关键是注意黏结时空气有没有排尽,面积稍大的应两人协调安装,以排除空气、避免气泡起拱、粘贴平服为准。防火板的收边可用板锉,依照转角进行修整,也可采用修边机修整。

(3)装饰防火板用胶水并不是越多越好,关键是要均匀、厚薄要一致,刷胶动作要协调,快慢视胶水挥发程度而定,黏合时应等胶水稍干后进行。

(4)装饰防火板用的黏结剂属快干型,粘贴后不易移动调整,因此粘贴前务必试拼或画线作基准,移位后撕下,一般不能重用,应另外配料重贴,所以一定要慎重。

(5)冬季施工胶液挥发较慢,切不可用太阳光等光线或火源烘烤,容易引燃酿成火灾。立时得类型的黏结剂属易燃物品,用后空桶应集中存放处理,切不可现场乱仍或在接近电焊、切割等明火作业场所施工,要保证安装现场有符合消防要求的灭火器材与防火措施。

(6)装饰防火板适用于室内装饰,室外装饰必须使用室外防火板,并注意防潮、防漏。

五、壁纸的施工工艺

(一)施工工序

基层处理→墙体抹底、中层灰→刮腻子→封闭底漆一道→弹线→预拼→裁纸、编号→润纸、刷胶→上墙裱糊→修整表面→养护。

(二)施工要点

1.刮腻子三遍

第一遍局部刮,第二、第三遍满刮,且先横后竖,每遍干透后用0~2号砂纸磨平。

2.封闭底漆

腻子干透后,刷一道清漆。

3.弹线

按壁纸的标准宽度弹出水平及垂直准线,线色应与基层是相同色系。为了使壁纸花纹对称,应在窗口弹好中线,再向两侧分弹。如果窗口不在墙体中间,为保证窗间墙的阳角花饰对称,应弹窗间墙中线,由中心线向两侧再分格弹线。

4.预拼、裁纸、编号

根据设计要求按照图案花色进行预拼,然后裁纸,裁纸长度应比实际尺寸大20~30 mm。裁纸下刀前,要认真复核尺寸有无出入,尺子压紧壁纸后不得再移动,刀刃贴紧尺边,一气呵成,中间不得停顿或变换持刀角度,手劲要均匀。

5.润纸

壁纸上墙前,应先在壁纸背面刷一遍清水,不要立即刷胶,或将壁纸浸入水中3~5 min,取出将水擦净,静置约15 min后,再进行刷胶。

6. 刷胶

壁纸背面和基层应同时刷胶,刷胶应厚薄均匀,刷胶宽度比壁纸宽 30 mm 左右,胶可自配,过筛去渣,当日使用,不得隔夜。壁纸刷胶后,为防止干得太快,可将壁纸刷胶面对刷胶面折叠。

7. 裱糊

按编号依次顺序裱糊,应先裱垂直面、后裱水平面,先裱细部后裱大面。主要墙面应用整幅壁纸,不足幅宽的壁纸,应裱糊于不明显部位或阴角等处。阳角处壁纸不得拼缝,壁纸绕过墙角的宽度不得小于 12 mm,阴角处壁纸搭缝时,应先裱贴压在里面的转角壁纸,再裱贴非转角处的正常壁纸。阴角处壁纸的搭接宽度应在 2～3 mm 范围内。

无须拼花的壁纸,可采用搭接裁割拼缝。在接缝处,两幅壁纸重叠 30 mm,然后用钢直尺或铝合金直尺与裁纸刀在搭接重叠范围的中间将两层壁纸割透,把切掉的多余小条壁纸撕下。然后用刮板从上而下均匀地赶胶,排出气泡,并及时把溢出的胶液擦净。

有花纹的壁纸,只能采用对缝拼接。

第三篇 产品设计中的材料与施工工艺

第十三章　产品设计材料的表面处理

第一节　材料表面处理的目的

　　产品设计是人与产品取得最佳匹配的活动,产品与人的直接关系往往表现在视觉特性与触觉特性上,而视觉特性与触觉特性是通过产品的表面表现出来的,诸如产品的色彩、光泽、纹理、质地等设计要素都是通过产品的表面加工工艺来实现的,所以产品的表面处理工艺在产品设计与生产中起着极为重要的作用。

　　材料进行表面处理的目的一是保护产品。有些材料在使用过程中受周边环境中介质的侵蚀,会发生一些质的变化,如钢铁会生锈、木材会腐烂、塑料会老化等,恰当的表面处理可以隔绝这些材料与周围介质的接触,从而提高这些材料的使用寿命。二是装饰产品。根据产品的设计要求,通过表面处理可以改变产品的表面形态、色彩、光泽、机理等,提高和改善表面的装饰效果。

　　通过表面处理技术,可以使相同的材料具有不同的感觉特性。通过表面处理也可使不同的材料具有相同的感觉特性,例如,对塑料表面进行电镀就可以得到具有金属光泽的表面,与金属表面的感觉特性完全相同。通过表面处理技术,可以使金属获得仿木纹、仿皮革、纺织物等各种机理的表面。

第二节　材料表面处理的分类

　　材料表面处理的方法很多,产品设计中,按处理的性质不同,常用的表面处理技术可分为以下三类。

一、表面被覆

　　表面被覆分为镀层被覆、涂层被覆和珐琅被覆。镀层被覆是在制品的表面镀覆一层具有金属特性的镀层;涂层被覆是在制品表面涂覆有机物层膜,干燥后得到表面涂层;珐琅被覆是使用玻璃质材料在金属制品表面形成一层被覆层。

二、表面改质

　　通过化学处理或氧化技术改变原有材料表面的性质。

三、表面精加工

通过切削、研磨、喷砂、抛光等技术对表面进行精加工,改变表面的质感,以达到设计的要求。

第三节　表面预处理

产品在进行表面处理之前,要对材料表面进行前期加工,清除表面的污物等,为表面处理工艺打好基础,以便取得良好的表面处理效果。

一、表面预处理的目的

金属或非金属在涂覆或表面改质之前都要进行表面预处理,其目的如下:

(一)清理掉表面的污物,增强防护层的附着力,减少引起腐蚀破坏的因素,延长使用寿命。

(二)为被覆工序或改质工序顺利进行创造条件。

(三)充分保证防护层的装饰效果,是保证防护层质量的重要环节。

二、表面清理方法

常用的表面清理方法有碱液清理、溶剂清理、化学清理、机械清理和表面精整。

(一)碱液清理

碱液清理主要用于除油,也可洗掉金属碎屑、浮渣,以及研磨料和碳渣等,配置碱液清洗液的常用材料有氢氧化钠、碳酸钠、磷酸三钠、硅酸钠等。过去应用较多的方法是,依靠接触较长的时间、加热到一定温度、较高的化学浓度和机械搅拌产生清理效果,一般在 70～100 ℃操作。低温法在效果和制造成本上与传统的碱液法相同,但可以节省能源,采用这种方法时加入极少的新型表面溶剂,使得在清理过程中污垢容易溶解在清理液内的各种添加剂中,能大大增强碱金属的碳酸盐类、磷酸盐类和硅盐类杂质的清洗效果。

(二)溶剂清理

溶剂清理是利用石油溶剂、芳烃溶剂(如甲苯、二甲苯)、卤代烃溶剂(如二氯丙烷、三氯乙烯)等溶解制品表面的油污以达到去除油污的目的,主要有冷清理法和蒸汽除油法。冷清理法适用于批量小的大型工件,但消耗煤油、汽油较多,蒸汽除油法适用于各种金属工件。

(三)化学清理

化学清理是指利用酸溶液和铁的氧化物发生化学反应,将表面锈层溶解、剥离以达到除锈的目的,所以又称"酸洗"除锈。常用于小型工件及形状复杂工件的除锈,效率很高,但对钢铁有微量溶解损失和出现氢脆现象。其大体工艺过程是将脱脂洗净后的钢材放进酸洗槽内,利用酸液浸渍除掉氧化皮和铁锈,用水洗净后再用碱液将残余的酸液加以中和,以防止残余酸液对钢材的腐蚀,最后用冷水冲洗干净。

化学除锈的配方很多,通常用 7％～15％(或加入 5％的食盐)的硫酸溶液作为酸洗除锈液。此外,还可用磷酸、硝酸、盐酸等配制成不同的酸洗除锈液。酸洗的方法很多,通常采用浸渍酸洗法、喷射酸洗法。具体应视条件而定。

（四）机械清理

机械清理是借助于机械力除去金属或非金属表面的污物，如油污、腐蚀产物、杂物等，以获得洁净的表面，机械清理的方法有如下四种。

1. 手工清理

用铁砂纸、刮刀、铲刀、钢丝刷等手工工具除去污物。此法劳动强度大，生产效率低，但操作简便灵活，被广泛采用。

2. 机械除污

利用机械动力的冲击和摩擦作用除去污物，最常用的机械有风动刷、除锈枪、电动刷、电砂轮等。小型钢铁零件可以装入盛有黄沙或木屑的木桶内，以 40～60 r/min 的速度运动，借助碰撞摩擦作用将污物除掉。

3. 喷射除污

此法主要用在金属制品上。用机械离心力或压缩空气、高压水等为动力，将磨料（砂石或铁丸）通过专用喷嘴，以很高的速度喷射到工件表面上，凭其冲击力、摩擦力除去污物（包括已损坏的旧漆皮）和锈蚀物，此方法效率高，处理质量好。经喷砂后的钢铁表面稍带锯齿形，可增加涂膜和钢铁表面的结合力。但其粗糙度绝对不能超过涂膜厚度的 1/3。常用的喷砂除污方法有干法喷砂、湿法喷砂、无尘喷砂和高压水喷砂等。

4. 火焰除锈

利用钢铁和氧化皮的热膨胀系数不同，常用氧化乙炔燃烧器加热钢铁使氧化皮脱落。主要用于厚型钢铁物件及大型铸件等，不能用于薄钢材、小铸件及非金属制品，否则，工件将会受热变形甚至损坏。

（五）表面精整

有些制品在表面进行装饰以前需对表面的粗糙状态进行处理，如去除毛刺、划痕、砂眼等，以获得平坦、光滑、光亮的表面，这就需要通过表面精整工序来完成。表面精整的方法有如下两种。

1. 磨光

利用磨光轮或砂纸等对制品表面进行加工，去掉表面的毛刺、焊渣等，以获得平整、光滑的表面。

2. 抛光

抛光是利用机械、化学或电化学的作用，使工件表面粗糙度降低，以获得光亮、平整表面的加工方法。

机械抛光是利用柔性抛光工具和磨料颗粒或其他抛光介质对工件表面进行修饰加工。抛光不能提高工件的尺寸精度或几何形状精度，而是以得到光滑表面或镜面光泽为目的，有时也用于消除光泽（消光），通常以抛光轮作为抛光工具。抛光轮一般用多层帆布、毛毡或皮革制成，两侧用金属圆板夹紧，其轮缘涂敷由微粉磨料和油脂等均匀混合而成的抛光剂。抛光时，高速旋转的抛光轮压在工件的表面上，使磨料对工件表面产生滚压和微量切削，从而获得光亮的加工表面。

除了机械抛光以外，还有化学抛光和电解抛光等方法。

第四节　镀层被覆

镀层被覆是指在制品表面形成具有金属特性的镀层,金属镀层不仅可以提高制品的耐腐蚀性、耐磨性,而且可以增强制品的表面色彩、光泽和肌理的装饰效果。镀层被覆的方法有电镀、浸镀、化学镀等,目前工业上应用最多的是电镀,某些熔点比较低的金属可以采用浸镀的方法。

一、电镀

电镀是指在含有欲镀金属的盐类溶液中,以待镀金属为阴极,通过电解作用,使镀液中欲镀金属的阳离子在待渡金属表面沉积出来,形成镀层的一种表面加工方法。电镀层比浸镀层均匀,一般都较薄,从几微米到几十微米不等。通过电镀,可以在制品上获得具有装饰保护性和各种功能性的表面层。镀层大多是单一金属或合金,如钛、锌、铬、金、黄铜、青铜等;也有覆合层,如在钢铁上镀铜—镍—铬层。电镀的基体材料除钢铁等金属材料外,还有非金属材料,如 ABS 塑料、聚丙烯塑料、酚醛塑料等,但塑料电镀前,必须经过特殊的敏化活化处理。电镀工艺过程一般包括电镀前预处理、电镀及电镀后处理三个阶段,电镀原理如图 13-1 所示。

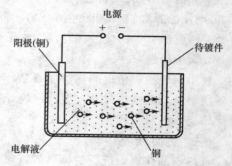

图 13-1　电镀原理

电镀的工艺要求如下:

(1)镀层与基体金属、镀层与镀层之间应有良好的结合力。

(2)镀层结晶应细致、平整、厚度均匀。

(3)镀层应具有规定的厚度和尽可能少的孔隙。

(4)镀层应具有规定的各项指标,如光亮度、硬度、导电性等。

二、常用金属表面镀层

为了实现金属表面镀层的目的,金属表面镀层材料应选择化学性能稳定、耐磨、工艺性能优良的材料,常用的金属表面镀层有以下几种。

(一)镀铬

铬是一种微带天蓝色的银白色金属,具有很强的钝化性能,在大气中很快钝化,显示出贵金属的性质。铬层在大气中很稳定,能长期保持其光泽,在碱、硝酸、硫化物、碳酸盐及有机酸等腐蚀介质中非常稳定,但可溶于盐酸和热的浓硫酸中。

图 13-2　镀铬制品

铬层硬度高,耐磨性好,反光能力强,有较好的耐热性。在 500 ℃以下光泽和硬度均无明显变化;温度大于 500 ℃开始氧化变色;大于 700 ℃才开始变软。镀铬制品如图 13-2 所示。

（二）镀铜

镀铜层呈粉红色，质软，具有良好的延展性、导电性和导热性，易于抛光，经适当的化学处理可得古铜色、铜绿色和黑色等装饰色彩。镀铜在空气中易失去光泽，与二氧化碳或氧化物作用，表面会生成一层碱式碳酸铜或氧化铜膜，受到硫化物的作用会生成棕色或黑色硫化铜，因此，作为装饰性的镀铜需在表面涂覆有机覆盖层。镀铜制品如图13-3所示。

（三）镀锡

锡具有银白色的外观，熔点为232 ℃，镀锡的薄铁板俗称"马口铁"。锡具有抗腐蚀、无毒、易焊接、柔软和延展性好等优点。锡镀层有如下特点：

（1）化学稳定性高。

（2）锡只有在镀层无孔隙时才能有效地保护基体。

（3）锡导电性良好。

（4）锡从−130 ℃起结晶开始发生变异，到−300 ℃将完全转变为一种晶型的同素异构体，俗称"锡瘟"，此时已完全失去锡的性质。

图 13-3　镀铜制品

（5）锡在高温、潮湿和密闭条件下能长成晶须，称为长毛。

（6）镀锡后在232 ℃以上的热油中处理，可获得有光泽的花纹锡层，可作日用品的装饰镀层。

（四）镀锌

锌是一种浅灰色的金属，易溶于酸，也能溶于碱，故被称为两性金属。锌在干燥的空气中几乎不发生变化。在潮湿的空气中，锌表面会生成碱式碳酸锌膜。在含二氧化硫、硫化氢及海洋性环境中，锌的耐蚀性较差，尤其在高温高湿含有机酸的环境中，锌镀层极易被腐蚀。锌镀层属于阳极性镀层，能起到电化学保护作用，由于其成本低廉，被广泛用于防止钢铁腐蚀的工艺中，其防护性能的优劣与镀层厚度有很大关系。

锌镀层经钝化处理、染色或涂光亮剂后，能显著提高其防护性和装饰性。近年来，随着镀锌工艺的发展，高性能镀锌光亮剂的采用，镀锌已从单纯的防护目的转变为装饰性应用。

镀锌除了电镀法以外还有热镀法，是一种有效的金属防腐方式，将除锈后的钢构件浸入500 ℃左右熔化的锌液中，使钢构件表面附着锌层，从而起到防腐的目的。热镀锌是由较古老的热镀方法发展而来的，自从1836年法国把热镀锌应用于工业以来，已经有140年的历史了。近30年来伴随着冷轧带钢的飞速发展热镀锌得到了大规模发展，成为现在钢板表面镀锌的主要方法。

（五）镀镍

镍是一种微黄色的金属，电镀镍层在空气中的稳定性很高。由于镍具有很强的钝化能力，在表面能迅速生成一层极薄的钝化膜，能抵抗大气、碱和某些酸的腐蚀。电镀镍结晶细致，具有优良的抛光性能。经抛光的镀镍层可得到镜面般的光泽外表，同时在大气中可长期保持其光泽。所以,镀镍是一种非常好的装饰方法。镀镍层的硬度比较高,可以提高制品表面的耐磨性,尤其是近几年来发展起来的复合电镀,可沉积出夹有耐磨微粒的复合镀镍层,其硬度和耐磨性比镀镍层更高。

利用镀液中含有锌时会使镍发黑的特性,在镀液中加入一定量的锌盐和含硫物质可获得镀黑镍,被广泛用做装饰镀覆层和光学仪器、仪表上。镀镍也常作为其他镀层的中间镀层,在镀镍层上再镀一薄层铬,或镀一层仿金层,其抗蚀性更好,外观更美。

（六）镀银

银是一种白色光亮、可锻、可塑、具有极强反光能力的金属。其硬度比铜差,比金高。常温下,甚至加热时也不与水和空气中的氧作用。但当空气中含有 H_2S 时,银的表面会失去银白色的光泽,这是因为银和空气中的 H_2S 反应生成黑色 Ag_2S 的缘故。镀银比镀金价格便宜得多,而且具有很高的导电性、光反射性和对有机酸和碱的化学稳定性,故使用面比黄金广得多。早期主要用于装饰品和餐具,近来在飞机和电子制品上的应用越来越多。

镀银的物体一般是铜或铜合金,若是在钢铁基体构件上镀银,则必须先镀上一层能防止金属免受腐蚀的其他金属(如铜),如果要获得光亮的镀银,则在镀前和镀后必须对零件进行精细的抛光处理。

（七）镀金

金是一种黄色、可锻、可塑性极好的金属,金质软,极易抛光,具有极高的化学稳定性,古代的金器到现在已经几千年了,仍然金光闪闪。把金放在盐酸、硫酸或硝酸(单独的酸)中,都能安然无恙,不会被侵蚀。不过,由三份盐酸、一份硝酸(按体积计算)混合组成的"王水",能溶解金。溶解后,蒸干溶液,可得到美丽的黄色针状晶体——"氯金酸"。

由于金的化学钝化作用极强,并具有精美的外观,因此金的装饰性能比其他金属优越得多,所以镀金被广泛用作装饰性镀层,但由于金的价格昂贵,使得它的应用受到了很大限制。

第五节　有机涂装

有机涂装即指利用有机涂料对金属、塑料、木材等材料进行涂装,使加工表面覆盖保护层或装饰层,有机涂装是一种重要的产品表面处理工艺。涂装质量的优劣直接反映了产品的外观质量,涂装不仅起到了产品防护、装饰的功能,而且也是构成产品价值的重要因素之一。

一、有机涂料

有机涂料是以高分子化合物为主要成膜物质,将其涂于物体表面,形成黏附牢固、具有一定强度、连续的固态薄膜,这样形成的膜统称为涂膜,又称为漆膜或涂层。涂料旧称油漆,由于早期大多是采用植物油为原料并因此得名,随着合成材料工业的发展,大部分植物油已被合成树脂所取代,故改称涂料。

涂料一般由主要成膜物质、颜料、成膜助剂与溶剂四部分组成。主要成膜物质是指所用的各种树脂或油料可以单独成膜,也可以黏结颜料等物质共同成膜,所以也称黏结剂,是涂料的基础部分,因此又称基料、漆料或漆基。涂料用做室内外装饰材料,分为着色颜料和体质颜料,前者起着色作用,后者为白色粉末,起填充作用。涂料组成中没有颜料的透明体称为清漆,加有颜料的称为色漆(磁漆、调和漆、底漆)。以有机溶剂做稀释剂的称为溶剂型漆,以水做稀释剂的称为水性漆。

(一)涂料的功能

1. 保护功能

物件暴露在大气之中,受到氧气、水分等的侵蚀,造成金属锈蚀、木材腐朽、水泥风化等破坏现象。在物件表面涂以涂料,形成一层保护膜,能够阻止或延迟这些破坏现象的发生和发展,能够起到防腐、防水、防油、耐化学品、耐光、耐温等作用,使各种材料的使用寿命延长。

2. 装饰功能

不同材质的物件涂上涂料,可得到五光十色、绚丽多彩的外观,起到美化人类生活环境的作用,对人类的物质生活和精神生活做出不容忽视的贡献。

3. 其他功能

现代的一些涂料品种能提供多种不同的特殊功能,例如,电绝缘、导电、屏蔽电磁波、防静电产生等作用;防霉、杀菌、杀虫、防海洋生物黏附等生物化学方面的作用;耐高温、保温、示温和温度标记方面的作用;反射光、发光、吸收和反射红外线、吸收太阳能、屏蔽射线、标志颜色等光学性能方面的作用;防滑、自润滑、防碎裂飞溅等机械性能方面的作用;还有防噪声、减震、卫生消毒、防结露、防结冰等各种不同作用等。随着国民经济的发展和科学技术的进步,涂料将在更多方面提供和发挥各种更新的特种功能,如图 13-4 所示为烤漆门。

图 13-4　烤漆门

(二)涂料的分类

涂料的品种特别繁多,分类方法也很多,主要有以下几种。

(1)按照涂料形态分:粉末涂料、液体涂料等。

(2)按成膜机理分:转化型、非转化型等。

(3)按施工方法分:刷、辊、喷、浸、淋、电泳等。

(4)按干燥方式分:常温干燥、烘干、湿气固化、蒸汽固化、辐射能固化等。

(5)按使用层次分:底漆、中层漆、面漆、腻子等。

(6)按涂膜外观分:清漆、色漆;无光漆、平光漆、亚光漆、高光漆;锤纹漆、浮雕漆等。

(7)按使用对象分:汽车漆、船舶漆、集装箱漆、飞机漆、家电漆等。

(8)按漆膜性能分:防腐漆、绝缘漆、导电漆、耐热漆等。

(9)按成膜物质分:醇酸、环氧、氯化橡胶、丙烯酸、聚氮醋、乙烯等。

以上各种分类方法各具特点,但是无论哪一种分类方法都不能把涂料所有的特性都包含进去,所以世界上还没有统一的分类方法。我国的国家标准《涂料产品分类和命名》(GB/T 2705—2003),采用以涂料中的成膜物质为基础的分类方法。

(三)常用涂料

1. 醇酸树脂漆

醇酸树脂漆是以醇酸树脂为主要成膜物质的合成树脂涂料。醇酸树脂是由脂肪酸(或其相应的植物油)、二元酸及多元醇反应而成的树脂。醇酸树脂漆具有耐候性、附着力好、光亮、丰满等特点,且施工方便,得到了广泛的应用,其缺点是涂膜较软,耐水、耐碱性欠佳。醇酸树脂可与其他树脂配成多种不同性能的自干或烘干磁漆、底漆、面漆和清漆,广泛用于桥梁等建筑物、家具,以及机械、车辆、船舶、飞机、仪表等涂装。

2. 酚醛树脂漆

酚醛树脂漆是以酚醛树脂或改性酚醛树脂与干性植物油为主要成膜物质的涂料。按所用酚醛树脂种类的不同可将其分为醇溶性酚醛树脂漆、油溶性酚醛树脂漆、改性酚醛树脂漆、水溶性酚醛树脂漆四类。此类漆干燥快、硬度高、耐水、耐化学腐蚀,但性脆,易泛黄,不宜制作白漆。该类漆可用于木器家具、建筑、机械、电机、船舶和化工防腐等方面。

3. 硝基漆

硝基漆是目前比较常见的木器及装修用涂料。硝基漆的主要成膜物质是以硝化棉,配合醇酸树脂、改性松香树脂、丙烯酸树脂、氨基树脂等软硬树脂共同组成。一般还需要添加邻苯二甲酸二丁酯、二辛酯、氧化蓖麻油等增塑剂。溶剂主要有酯类、酮类、醇醚类等真溶剂,醇类等助溶剂以及苯类等稀释剂。硝基漆主要用于木器及家具的涂装、家庭装修、一般装饰涂装、金属涂装等方面。其优点是装饰作用较好,施工简便,干燥迅速,对涂装的环境要求不高,具有较好的硬度和亮度,不易出现漆膜弊病,修补容易。缺点是固体含量较低,需要多次喷涂才能达到较好的效果;耐久性不太好,尤其是内用硝基漆,其保光保色性不好,使用时间稍长就容易出现诸如失光、开裂、变色等弊病;漆膜保护作用不好,不耐有机溶剂、不耐热、不耐腐蚀。

4. 聚酯漆

聚酯漆,也就是通常所说的钢琴漆、不饱和聚酯漆。它是一种多组分漆,是用聚酯树脂为主要成膜物质制成的一种厚质漆。聚酯漆分为主剂、稀释剂、固化剂。主剂是不饱和聚酯的苯乙烯溶液,另外还有固化剂和促进剂(俗名兰水)。

聚酯漆的优点很多,不仅色彩丰富,而且漆膜厚度大,喷涂两三遍即可,并能完全把基层的材料覆盖,对基层材料的要求并不高。聚酯漆的漆膜综合性能优异,因为有固化剂,使漆膜的硬度更大,坚硬耐磨,丰度高,耐湿热、干热,耐酸碱,耐油、溶剂及多种化学药品,绝缘性也很好。清漆色浅,透明度和光泽度高,保光保色性能好,具有很好的保护性和装饰性。聚酯漆的缺点是柔韧性差,受力时容易脆裂,漆膜一旦受损则不易修复,故搬迁时应注意保护家具。

聚酯漆调配较麻烦,对促进剂、引发剂比例要求严格。配漆后活化期短,必须在 $20 \sim 40$ min 内完成,否则会胶化而报废,因此要随配随用,用多少配多少。另外,其修补性能也较差,损伤的漆膜修补后有印痕。聚酯漆施工过程中需要使用固化剂,固化剂的质量占油漆总质量的三分之一,其主要成分是 TDI(甲苯二异氰酸酯)。这些处于游离状态的 TDI 会变黄,不但使家具漆面变黄,同样也会使邻近的墙面变黄,这是聚酯漆的一大缺点。目前市面上已经出现了耐黄变聚酯漆,但也只能做到耐黄而已,还不能做到完全防止变黄的情况。另外,超出标准的游离 TDI 还会对人体产生伤害。游离 TDI 对人体的危害主要是致敏和刺激作用,包括造成疼痛流泪、结膜充血、咳嗽胸闷、气急哮喘、红色丘疹、斑丘疹、接触性过敏性皮炎等症状。国际上对于游离 TDI 的限制标准控制在 0.5% 以下。另外,聚氨酯漆和聚酯漆中的溶剂和稀释剂大多数是毒性很大的苯类物质,要保证空气流通。如图 13-5 所示是聚酯漆的应用。

图 13-5　聚酯漆的应用

5. 聚氨酯漆

聚氨酯漆是目前较常见的一类涂料,可以分为双组分聚氨酯漆和单组分聚氨酯漆。双组分聚氨酯、涂料一般是由异氰酸酯预聚物(也叫低分子氨基甲酸酯聚合物)和含羟基树脂两部分组成,通常称为固化剂组分和主剂组分。这一类涂料的品种很多,应用范围也很广,根据含羟基组分的不同可分为丙烯酸聚氨酯醇酸聚氨酯、聚醚聚氨酯、环氧聚氨酯等。一般都具有良好的机械性能、较高的固体含量,是目前很有发展前途的一类涂料品种。聚氨酯漆主要应用在木器涂料、金属涂料、聚氨酯防水涂料等。聚氨酯漆的缺点是施工工序复杂,对施工环境要求很高,漆膜容易产生弊病。单组分聚氨酯漆主要有氨酯油漆、潮气固化聚氨酯漆、封闭型聚氨酯漆等品种;主要用于地板涂料、防腐涂料等,其总体性能不如双组分聚氨酯漆全面,应用面不如双组分聚氨酯漆广。

6. 氨基树脂漆

氨基树脂漆是以氨基树脂为主要成膜物质的涂料。常用的氨基树脂有三聚氰胺甲醛树脂、脲醛树脂、烃基三聚氰胺甲醛树脂等。其特点是色浅,接近水白,需在 90～150 ℃加热成膜,所以需要采用烘干方式干燥成膜。氨基树脂漆涂膜光亮、柔和、耐磨、耐用,但较脆。醇酸树脂、丙烯酸树脂、环氧树脂、有机硅树脂、乙烯基树脂等都可与氨基树脂混合使用。氨基醇酸烘漆是目前使用最广的工业用漆。

二、常用涂装方法

(一)刷涂法

刷涂法是利用手工涂刷,把涂料刷涂到制件表面的一种涂装方法。其优点是:施工设备简单,仅需要涂刷、盛料容器即可;施工时不受制件形状和大小限制,适应性强;几乎所有涂料都可以采用涂刷进行施工。其缺点是:手工操作,生产效率低,劳动强度大,涂刷质量与操作者技术水平和经验关系密切,施工质量稳定性差。

(二)喷涂法

利用机械设备,将涂料喷涂到制件表面上的施工方法叫作喷涂法。

1. 空气喷涂法

空气喷涂法是依靠压缩空气的气流将涂料雾化,并在气流的带动下将涂料喷到制件上。

其特点是效率高,作业性好,能得到均匀美观的漆膜,对各种漆都适用,但喷涂时漆雾飞散大,涂料利用率低,一般在30%～50%,飞散的漆雾对环境污染严重,对人体危害较大。喷涂机如图13-6所示。

2. 静电喷涂

静电喷涂是利用高压静电电场使带负电的涂料微粒沿着与电场相反的方向定向运动,并将涂料微粒吸附在工件表面的一种喷涂方法。静电喷涂设备由喷枪、喷杯及静电喷涂高压电源等组成。工作时,涂料微粒部分接负极,工件接正极并接地,在高压电源的高电压作用下,喷枪(或喷盘、喷杯)的端部与工件之间就形成一个静电场。涂料经喷嘴雾化后喷出,被雾化的涂料微粒通过枪口的极针或喷盘、喷杯的边缘时因接触而带电,这些带负电荷的涂料微粒在静电场作用下,向工件表面运动,并沉积在工件表面上形成均匀的涂膜。

图13-6　喷涂机

静电喷涂涂料的飞散量少,利用率高,一般在70%～80%,减少污染,改善了劳动环境,并且漆膜附着力好,涂料雾化更细,提高了漆膜的质量。但由于静电屏蔽的作用,静电喷涂不适用于形状复杂的制件,对非导电材料不经特殊处理不能涂装。

3. 粉末喷涂

粉末喷涂也称粉末涂装,是近几十年迅速发展起来的一种新型涂装工艺,所使用的原料是塑料粉末,粉末喷涂机如图13-7所示。近几年来由于各国对环境保护的重视,对水和大气没有污染的粉末喷涂得到了迅猛发展。粉末喷涂是用喷粉设备(静电喷塑机)把粉末涂料喷涂到工件的表面,在静电作用下,粉末会均匀地吸附于工件表面,形成粉状的涂层;粉状涂层经过高温烘烤流平固化,变成效果各异(粉末涂料的不同种类效果)的最终涂层;粉末喷涂的喷涂效果在机械强度、附着力、耐腐蚀、耐老化等方面优于喷漆工艺,成本也在同效果的喷漆之下。粉末喷涂具有以下特点。

图13-7　粉末喷涂机

(1)涂膜性能好,一次性成膜厚度可达50～150μm,用普通的溶剂涂料需涂覆4～6次,而用粉末喷涂一次就可以达到该厚度。其附着力、耐蚀性等综合指标都比油漆工艺好,涂层的耐腐性能好。

(2)粉末涂料不含溶剂,无三废公害,改善了劳动卫生条件。

(3)采用粉末、静电喷涂等新工艺,效率高,适用于自动流水线涂装,粉末利用率高,可达95%以上,且粉末回收后可多次利用。

(4)除热固性的环氧、聚酯、丙烯酸外,尚有大量的热塑性树脂可作为粉末涂料,如聚乙烯、聚丙烯、聚苯乙烯、氟化聚醚、尼龙、聚碳酸酯及各类含氟树脂等。

(5)成品率高,在未固化前,可进行二次重喷。

（三）电泳涂装

电泳涂装,是利用外加电场使悬浮于电泳液中的颜料和树脂等微粒定向迁移并沉积于电极之一的基底表面的涂装方法。电泳涂装是近30年来发展起来的一种特殊涂膜形成方法,是对水性涂料最具有实际意义的施工工艺。

电泳漆膜具有涂层丰满、均匀、平整、光滑的优点,电泳漆膜的硬度、附着力、耐腐性、抗冲击性、渗透性明显优于其他涂装工艺。

电泳表面处理工艺具有以下特点:

(1)采用水溶性涂料,以水为溶解介质,节省了大量有机溶剂,大大降低了大气污染和环境危害,安全卫生,同时避免了火灾隐患。

(2)涂装效率高,涂料损失小,涂料的利用率可达90%~95%。

(3)涂膜厚度均匀,附着力强,涂装质量好,工件各个部位(如内层、凹陷、焊缝等)都能获得均匀、平滑的漆膜,解决了其他涂装方法对复杂形状工件缝隙和内层难以涂装的难题。

(4)生产效率高,施工可实现自动化连续生产,大大提高劳动效率。

(5)设备复杂,技术要求高,投资费用大,耗电量大,其烘干固化要求的温度较高,涂料、涂装的管理复杂,施工条件严格,并需进行废水处理。

(6)只能采用水溶性涂料,在涂装过程中不能改变颜色,涂料贮存过久稳定性不易控制。如图13-8所示为阴极电泳底漆涂装线。

图13-8　阴极电泳底漆涂装线

（四）浸涂

浸涂的操作方法是将被涂制品全部浸没在漆液中,待各部位都沾上漆液后将被涂制品从漆液中提起,并离开漆液,自然或强制使多余的漆液滴回到漆槽内,经干燥后在被涂制品表面形成涂膜。该方法只能用于颜色一致的涂装,不能套色,且被涂制品上、下部分的涂膜厚薄不均匀,溶剂挥发量大,易污染环境,涂料的损耗率也较大。

（五）淋涂

将涂料贮存于高位槽中,通过喷嘴或窄缝从上方淋下,呈帘幕状淋在由传送装置带动的被涂物上,形成均匀涂膜,多余的涂料流到下部容器中,通过泵送到高位槽中,循环使用。这种涂装方法适用于大批量生产的平板状、带状材料的涂装。通过喷嘴的大小或窄缝的宽度来控制产品上涂膜的厚度。如果涂膜较厚,从传送带经烘干箱出来的产品的涂膜就会出现气泡;如果涂膜太薄,产品就会出现露底,涂膜不均匀。为了增加涂膜在产品上的附着力,有些产品还需要进行加硫。为了增加涂膜的厚度,还需要对产品进行一次或几次淋涂和加硫。

第六节　珐琅被覆

珐琅被覆是指将玻璃粉、硼砂、石英等加铅、锡的氧化物烧制成的釉状物,涂在铜质或银质器物的表面,可以起到防锈和装饰的作用。珐琅制品景泰蓝是我国特产的工艺品之一。如图 13-9 为乾隆珐琅熏炉。

把珐琅被覆技术应用到工业制品上称为搪瓷,在金属表面进行瓷釉涂搪可以防止金属生锈,使金属在受热时不至于在表面形成氧化层,并且能抵抗各种液体的侵蚀。搪瓷制品不仅安全无毒,易于洗涤洁净,可以广泛用作日常生活中使用的饮食器具和洗涤用具,而且在特定的条件下,瓷釉涂搪在金属坯体上表现出的硬度高、耐高温、耐磨及绝缘作用等优良性能,使搪瓷制品有了更加广泛的用途。瓷釉层还可以赋予制品以美丽的外表,装点人们的生活。搪瓷制品兼备了金属的强度和瓷釉华丽的外表以及耐化学侵蚀的性能。搪瓷制品的金属基材可以是黑色金

图 13-9　乾隆珐琅熏炉

属,也可以是有色金属,如铜、银等。如图 13-10 所示是搪瓷壶,如图 13-11 所示是搪瓷洗脸盆。

图 13-10　搪瓷壶　　　　　　　　　　图 13-11　搪瓷洗脸盆

搪瓷制品大致可以分为以下几个类别。

一、器皿类搪瓷

主要包括盆类、杯类、盘类、桶类、碗类、罐类、锅类、痰盂类和其他器皿类搪瓷制品,如医用针盆、花瓶、糖盒、茶具盒、烟灰缸等。

二、厨房用具类搪瓷

主要包括橱柜与厨房设施、抽油烟机、搪瓷煤气灶、烤箱灶、消毒柜、搪瓷啤酒罐和储水

箱等。

三、卫生洁具类搪瓷

主要包括搪瓷浴缸、淋浴盆等。

四、医用类搪瓷

主要包括辐射电磁治疗器、齿科瓷釉等。

五、建筑装饰类搪瓷

主要包括墙体板材、艺术壁挂取暖器、铸铁搪瓷漏子、普通搪瓷标牌、发光搪瓷标牌、搪瓷教学白板等。

六、电子搪瓷类制品

主要包括电子搪瓷基板、电热膜搪瓷等。

七、搪玻璃类制品

搪玻璃与普通薄钢板搪瓷相比,硅含量明显增加,其性能更加接近玻璃,能耐各种浓度的无机酸、有机酸、弱碱和有机溶剂的腐蚀。

第七节　金属的表面改质处理

金属的表面改质处理,可以通过化学或电化学的方法形成氧化膜或无机盐覆盖膜来改变材料表面的性能,提高原有材料的耐腐蚀性、耐磨性及色泽等。常用的处理方法主要有化学处理和阳极氧化处理。

一、化学处理

通过氧或碱液的作用使金属表面形成氧化物或无机盐覆盖膜的过程。经过化学处理后,形成的覆盖膜对基体材料具有保护性、耐磨性,并对基体材料有着良好的附着力。钢铁材料的发蓝处理是最常用的金属化学处理方法之一。

钢铁经过处理以后,可产生一层黑色发亮的表面,这个处理过程称作发蓝。钢铁零件的发蓝处理,常用的方法是将钢铁零件放在加有亚硝酸钠的溶液中加热,在零件的表面形成蓝黑色的四氧化三铁。发蓝时的溶液成分、反应温度和时间依钢铁基体的成分而定。发蓝膜的成分主要是四氧化三铁,厚度为 $0.5\sim1.5$ pm,颜色与材料成分和工艺条件有关,有灰黑、深黑、亮蓝等。单独的发蓝膜抗腐蚀性较差,但经涂油、涂蜡或涂清漆后,抗腐蚀性和抗摩擦性都有所改善。发蓝时,工件的尺寸和光洁度对质量影响不大,故常用于精密仪器、光学仪器、工具、硬度仪等。发蓝主要以碳钢为主,45 钢发蓝,后为黑色,30Cr 钢发蓝后为棕色。

二、阳极氧化处理

将金属或合金制件作为阳极,采用电解的方法使其表面形成氧化物薄膜。金属氧化物薄膜改变了金属表面状态和性能(如表面着色),提高了金属的耐腐蚀性、耐磨性及硬度,保护金属表面等。例如,铝阳极氧化处理是指将铝及其合金置于相应电解液(如硫酸、铬酸、草酸等)中作为阳极,在特定条件和外加电流作用下进行电解。阳极的铝或其合金氧化,表面上形成氧化铝薄层,其厚度为 5～20 μm(硬质阳极氧化膜可达 60～200 pm)。其硬度和耐磨性都远高于铝或铝合金,具有良好的耐热性,硬质阳极氧化膜熔点高达 2 320 K,具有优良的绝缘性,耐击穿电压高达 2 000 V,的抗腐蚀性能得到增强。氧化膜薄层中具有大量的微孔,微孔的吸附能力强,可着色成各种美观艳丽的色彩。有色金属或其合金(如铝、镁及其合金等)都可进行阳极氧化处理,这种方法广泛用于机械零件,飞机、汽车部件,精密仪器及无线电器材,日用品和建筑装饰等方面。目前阳极氧化技术主要应用在铝合金制品上。如图 13-12 所示为阳极氧化的铝制水壶。

图 13-12　阳极氧化的铝制水壶

第八节　表面精加工

　　表面精加工就是利用机械对制品表面进行切削加工,从而改变制品的表面形态、结构,获得人为质感的一种表面装饰的方法。表面精加工的特点是:不利用装饰材料来掩饰基体材料,而是显露出基体材料的原状,这种做法的实质就是人为地改变材料的表面形态构造,从而获得新的肌理形式,它既是质感美的表现,也是工艺美的表现。

　　材料表面精加工,通常采用精车、精刨、精铣、精磨和抛光等各种加工方法,对材料表面进行加工而获得不同的触觉质感和视觉质感。加工方法不同,效果也不同。例如,用车床车削盘类零件的端面,车削留下的圆弧线能产生美丽的旋光;在铣床上用端面铣刀铣削的平面,加工后表面会留下一定轨迹的螺旋光环,给人以亲切、优雅之感;抛光加工则可以使被加工表面光亮如镜面一般,如图 13-13 和图 13-14 所示。

图 13-13　薄面精加工玻璃杯

图 13-14　抛光加工

第十四章　产品设计材料的质感

第一节　质感的属性

材料的质感又称感觉特性,是人对物体材质的生理和心理活动。材料的质感是材料给人的感觉和印象,是人对材料刺激的主观感受。是人的感觉系统因生理刺激对材料做出的反应或由人的知觉系统从材料的表面特征得出的信息,是人们通过感觉器官对材料做出的综合判断。材料的质感包含以下两个基本属性。

一、生理属性

生理属性是材料表面对人的感觉系统产生的刺激信息,如粗糙与光滑、温暖与寒冷、坚硬与柔软、浑重与单薄、干涩与滑润、粗俗与典雅、透明与不透明等感觉特性。

二、物理属性

材料表面传达给人们的信息,主要表现在材料表面的几何特征和理化特征,如色彩、光泽、肌理、质地等。

材料的质感与产品的造型是紧密相连的。工业产品造型设计的重要方面就是对一定的材料进行加工处理,最后成为既具有物质功能又具有精神功能的产品,它是艺术造型的过程,也是艺术创造的过程。

一个完整的产品,质感不仅停留在材料的表面上,而且要升华为产品造型整体的质感。如木材、塑料等,当这些材料成为产品之后,人们不仅欣赏这些材料的表面,还欣赏这些产品的综合感觉,人们要从造型、使用功能、视觉美、触觉美等各个方面评价它,欣赏它。例如,一把木制的椅子,人们不仅欣赏它的表面色泽、纹理等方面的美,而且还要从它的整体造型、使用舒适度方面欣赏它的美。

第二节　质感的分类

材料的质感分类通常有两种方法,一是按人的生理与心理对材料的感觉进行分类,二是按照材料的物理化学特性进行分类。前者可分为触觉质感和视觉质感,后者可分为自然质感和人为质感。

一、触觉质感和视觉质感

(一)触觉质感

触觉质感就是靠手和皮肤的接触而感知物体表面的特征,触觉是质感认识和体验的主要感觉,如图 14-1 所示。

图 14-1　具有触觉质感的设计

(二)视觉质感

视觉质感就是靠视觉感知物体的表面特征,是触觉质感的综合和补充,如图 14-2 所示。

图 14-2　具有强烈视觉质感的设计

二、自然质感和人为质感

自然质感突出的是材料自然的特性,人为质感突出的是人对材料施加的加工工艺特性。

(一)自然质感

不同物质其表面的自然特质称为自然质感,自然质感是构成物体材料的物理、化学特性所表现出来的,是材料固有的质感。例如,金属材料、玉石、兽皮、木板都体现了它们自身的物理和化学特性所决定的材质感。自然质感是由材料的天然性和真实性所表现出来的,突出的是材料的自然美,如木材的自然花纹、石材的天然纹理等,如图 14-3 所示。

图 14-3 木材的自然花纹

（二）人为质感

人为质感突出工艺美，技巧性很强，人们根据设计要求的不同，采用不同的加工工艺获得不同的质感，如利用表面装饰工艺得到不同的色彩、纹理，通过对材料表面进行精加工，使材料产生无光、亚光、亮光效果等。通过加工工艺的不同可以使物体产生同材异质感，也可以产生异材同质感，如图 14-4 所示。

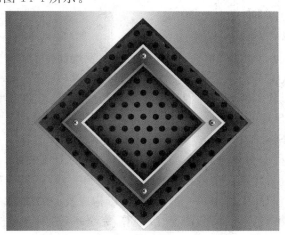

图 14-4 人为质感

第三节 质感的设计

一、质感设计在产品设计中的作用

质感设计在产品设计中具有重要的地位和作用，良好的质感设计可以决定和提升产品的真实性和价值性，使人充分体会产品的整体美学效果。

（一）提高适用性

在产品设计中，良好的触觉质感设计可以提高产品的适用性。例如，各种工具的手柄表面有凹凸细纹，具有明显的触觉刺激，易于操作使用，有良好的适用性。

（二）增加装饰性

良好的视觉质感设计，可以提高工业产品整体的装饰性，能补充形态和色彩难以替代的形式美。例如，材料的色彩配置、肌理配置、光泽配置，都是视觉质感的设计，带有强烈的材质美感。

（三）获得多样性和经济性

良好的人为质感设计可以替代或弥补自然质感的不足，可以节约大量珍贵的自然材料，达到工业产品整体设计的多样性和经济性。例如，塑料镀膜纸能替代金属及玻璃镜；塑料装饰面板可以替代高级木材、纺织品等，这些材料的人为质感具有普及性、经济性，满足了工业造型设计的需要。大胆选用各种新材料，充分挖掘材料的表现潜力，并运用一些反常规的手段加工处理材料，把差异很大的材料组合在一起，往往能创造出令人惊喜的、全新的产品风格。

（四）表现真实性和价值性

良好的质感设计往往决定整体设计的真实性和价值性。质感设计是工业产品造型设计中的一个重要方面，它充分发挥了材料在产品设计中的能动作用，是认识材料、合理选择材料、创造性地组合各种材料、整理材料、使用材料的有机过程，是对工业产品造型设计的技术性和艺术性的先期规划，是造物与创新的过程。

二、质感设计的法则

（一）质感设计的形式美法则

形式美是美学中的一个重要概念，是从美的形式发展而来的，是一种具有独立审美价值的美。广义来讲，形式美就是生活和自然中各种形式因素（几何要素、色彩、材质、光泽、形态等）有规律的组合。形式美法则是人们长期实践经验的积累，整体造型完美统一是造型美形式法则具体运用中的尺度和归宿。

1.调和与对比法则

调和与对比是指材质整体与局部、局部与局部之间的配比关系。调和法则就是使产品的表面质感统一和谐，其特点是在差异中趋向于统一和一致，强调质感的统一，使人感到融合协调。但是，在一个产品中使用同一种材料，可以构成统一的质感，但是，各部件材料及其他视觉元素（形态、大小、色彩、肌理、位置、数量等）完全一致，则会显得呆板、平淡，进而失去生动性。因此，在材料相同的基础上应寻求一定的变化，采用相近的工艺方法，产生不同的表面特征，形成既具有和谐统一的感觉，又有微妙的变化，使设计更具美感。对比法则就是使产品各个部位的表面质感有对比的变化，形成材质的对比、工艺的对比，其特点是在差异中趋于对立、变化。质感的对比虽然不会改变产品的形态，但由于丰富了产品的外观效果，具有较强的感染力，使人感到鲜明、生动、醒目、振奋、活跃，从而产生丰富的心理感受。

调和与对比法则的实质就是和谐，既要在变化中求统一（对比而不凌乱），又要在统一中求变化（调和而不单调），主要着重于各种美感因素中的差异性方面，常常运用对比、节奏、重点等形式法则来展现其整体造型中各种美感因素的多样变化，达到设计效果的和谐完美。调和与对比是对立的两个方面，设计者应注意两者的关系，在两者之间掌握一个适当的度，使调和中不失对比，对比中不失调和，同时也不可使调和与对比对等，中庸的配比则会使产品缺乏个性，如图14-5和图14-6所示。

图 14-5　对比形成的视觉美感　　　　　　图 14-6　统一美

2.主从法则

主从法则实际上就是强调在产品的质感设计上要有重点,是指产品各部件质感在组合时要突出中心,主从分明,不能无所侧重。心理学试验证明,人的视觉在一段时间内只可能抓住一个重点,而不可能同时注意几个重点,这就是所谓的注意力中心化。明确这一审美心理,在设计时就应把注意力引向最重要之处,应恰当地处理一些既有区别又有联系的各个组成部分之间的主从关系。

主体部分在造型中起决定作用,客体部分起烘托作用。主体和客体应相互衬托,融为一体,这是取得造型完整性、统一性的重要手段。在设计中,质感的重点处理可以加强工业产品的质感表现力。对常见的部位和经常接触的部位,如面板、操纵件等,应做良好的视觉和触觉质感设计,要选材恰当、质感宜人、加工工艺精良。对不可见部位和接触少的部位,应从简处理。通过材质的对比来突出重点,可用非金属材质衬托金属材质,用轻盈的材质衬托沉重的材质,用粗糙的材质衬托光洁的材质,用普通的材质衬托贵重的材质。没有主从的质感设计,会使产品的造型显得呆板、单调或者杂乱无章。

三、质感设计的综合运用原则

在众多的材料中,如何选用材料的组合形式,发挥材料在产品设计中的能动作用,是产品设计中的一个关键。虽然不同材料的综合运用可丰富人们的视觉和触觉感受,但一个成功的产品设计并不在于多种材料的堆积,而是在体察材料内在构造和美的基础上,精于选用恰当得体的材料,贵于材料的合理配合与质感的和谐应用。表现产品的材质美并不在于用材的高级与否,而在于合理,在于艺术性、创造性地使用材料。

合理地使用材料,就是根据材料的性质、产品的使用功能和设计要求,正确地、经济地选用合适的材料。

艺术性地使用材料是指追求不同色彩、肌理、质地材料的和谐与对比,充分显示材料的材质美,借助材料本身的性质来增加产品的艺术造型效果。

创造性地使用材料则是要求产品的设计者能够突破材料运用的陈规,大胆使用新材料和新工艺,同时能对传统的材料赋予新的运用形式,创造新的艺术效果。

第十五章　产品设计金属材料与成型工艺

第一节　金属材料概述

金属材料是指以金属元素或以金属元素为主构成的具有金属特性的材料的统称。金属材料包括纯金属和由两种或两种以上的金属（或金属与非金属）熔合（物理变化）而成具有金属特性的金属合金。

人类使用金属已有悠久的历史，人类文明的发展和社会的进步同金属材料关系十分密切。继石器时代之后出现的青铜器时代、铁器时代，都是以金属材料的应用作为其时代的标志。如图 15-1 所示为司母戊大方鼎。

图 15-1　司母戊大方鼎

现代，种类繁多的金属材料已成为人类社会发展的重要物质基础。在日常生活和工业生产、交通运输、建筑工程中人们都大量使用金属制品，小到锅、勺、刀、剪等生活用品，大到机器设备、交通工具、房屋建筑等都离不开金属。所以，现在有人把金属的生产和运用作为衡量一个国家工业水平的标志。

金属材料通常分为黑色金属、有色金属。黑色金属又称钢铁材料，包括含铁 90% 以上的工业纯铁、含碳 2%～4% 的铸铁、含碳小于 2% 的碳钢，以及各种用途的合金钢等。广义的黑色金属还包括铬、锰及其合金。有色金属是指除铁、铬、锰以外的所有金属，通常分为轻金属、重金属、贵金属、半金属、稀有金属和稀土金属等。金属合金的强度和硬度一般比纯金属高，并且电阻大、电阻温度系数小。

金属的性能一般分为工艺性能和使用性能两类。所谓工艺性能是指金属制品在加工制造过程中,金属材料在特定的冷、热加工条件下表现出来的性能。金属材料工艺性能决定了它在制造过程中加工成型的适应能力。由于加工条件不同,对金属的工艺性能要求也不同,如铸造性能、可焊性、可锻性、热处理性、切削加工性等。使用性能是指金属制品在使用条件下,金属材料表现出来的性能,包括力学性能、物理性能、化学性能等。金属材料使用性能的好坏,决定了它的使用范围与使用寿命。

第二节　金属材料的成型工艺

大多数金属材料都具有良好的成型工艺,可以将金属材料熔化,然后将其浇注到模型中去,冷却后得到所需要的制品。具有塑性特性的金属材料可以进行塑性加工(锻打、冲压等),金属材料还可以通过切削加工,获得制品所需要的形状、尺寸等。

一、铸造成型

将熔融态的金属液体浇注到铸型中,冷却凝固后得到具有一定形状的铸件的工艺方法称为铸造。目前铸造成型的方法种类很多,应用最为普遍的是砂型铸造,除砂型铸造以外,还有熔模铸造、金属型铸造、压力铸造、离心铸造、陶瓷型铸造等,除砂型铸造以外,其他铸造都称作特种铸造。

(一)砂型铸造

砂型铸造俗称翻砂,是使用砂粒加黏合剂制造模型进行浇注的铸造方法。首先根据零件的形状和尺寸制造出木模,再利用木模在沙箱中造出砂型,放入型芯,合箱后将液态的金属浇注到砂型中,待冷却凝固后,将砂型破碎并清理干净,取出浇铸后的零件。

砂型铸造适应性强,可铸造各种形状、不同尺寸和重量的零件,而且工艺设备简单,成本低,应用范围广,可铸造熔点比较高的金属,如铸铁、铸钢、铸铜等。砂型铸造的零件精度较低,表面质量较粗糙,如图 15-2 所示,若要获得精度较高和表面质量较好的制品,需要再进行切削或磨削等后续加工。

图 15-2　砂型铸造制品

在设计砂型铸造零件时应注意以下问题：

(1)砂型铸造虽然可通过两箱、多箱等造型方式铸造出形状复杂的零件,但零件形状过于复杂会使造型过程费工费时,所以设计铸件时,应力求铸件的外形简单,尽量减少分型面。

(2)应尽量使零件的内腔设计成开口式结构,以利于型芯的制造和安放。

(3)应尽量不使用大的水平面,因为大的水平面浇铸时,容易产生浇不足、气孔和夹砂等缺陷,改用斜面,有利于气体和杂质漂浮到冒口,同时也有利于金属填充到型腔中去。

(4)铸件的壁厚要力求均匀,最小厚度要大于合金要求的最小厚度,但也不能过厚,以避免出现缩松、内应力等现象。

(5)应尽量采用规则的圆柱面、平面,尽可能少用曲线形状的表面,以降低模型制造的困难。

(二)熔模铸造

熔模铸造又称精密铸造或失蜡铸造,通常是将易熔材料制成模样,在模样表面包覆若干层耐火材料制成型壳,再将模样熔化排出型壳,从而获得无分型面的铸型,经高温焙烧后即可填砂浇铸,从而铸造出零件。由于模样广泛采用蜡质材料来制造,故常将熔模铸造称为"失蜡铸造"。熔模铸造的工艺流程如图 15-3 所示。

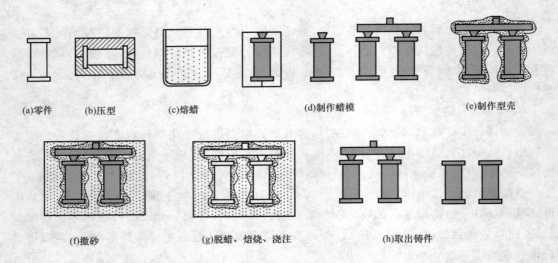

图 15-3　熔模铸造工艺流程

1. 制作压型

根据零件的设计要求制作出压型,压型是制作蜡型的模具,常用钢或铝合金制作,小批量生产也可用易熔合金、石膏或硅橡胶制作。

2. 制作蜡模

蜡模(熔模)是用来形成耐火型壳中型腔的模型,所以要获得尺寸精度和表面光洁度高的铸件,首先蜡模本身就应该具有高的尺寸精度和表面光洁度。此外,蜡模本身的性能还应尽可能使随后的制作型壳等工序简单易行。为得到高质量的蜡模,除了应有好的压型外,还必须选择合适的制模材料(简称模料)和合理的制模工艺。

蜡膜常采用压制成型的方法制作,液态或半液态的模料在比较低的压力下压制成型,称作压注成型,半固态或固态模料在高的压力下压制成型,称作挤压成型,制作蜡模的材料有石蜡、蜂蜡、硬脂酸和松香等。

3.制作型壳

在蜡膜上涂挂上一层涂料形成型壳,通常采用浸涂法涂挂,特殊部位可用毛笔或特殊工具刷涂。

4.撒砂

为了保障型壳具有足够的强度,在型壳外部还要进行撒砂工序,通常熔模从涂料槽中取出后,待涂料流动终止,凝固开始即可撒砂,不能过早,也不能过晚。

5.脱蜡

将制作好的型壳放入炉中进行加热,将蜡膜熔化倒出,倒出的蜡料可回收再利用。

6.焙烧和造型

将型壳进行高温烧结,使型壳定型并进一步提高其强度。

7.浇注

将型壳保持一定的温度,浇注熔化的金属液体。

8.脱壳

待液体金属冷却凝固后,去除型壳,切去浇口,获取零件。

熔模铸造可以获得尺寸精度较高,表面质量较好的铸件,通常不必再加工,例如钛合金高尔夫球杆头,如图 15-4 所示。熔模铸造可用来铸造各种合金铸件,但工序较多,生产周期长,适用于生产形状复杂,精度要求较高又不便进行机械加工的小型制品。

图 15-4　钛合金高尔夫球杆头

(三)金属型铸造

将液态金属倒入金属制作的模型中,从而获得所需要的零件的铸造方法称作金属型铸造,其模型材料常用铸铁、铸钢等,由于金属型可以重复使用,所以又称作永久性铸造。

金属型铸造所得铸件表面粗糙度和尺寸精度均优于砂型铸造,铸件的组织结构紧密,力学性能也优于砂型铸造,抗拉强度比砂型铸造高 $10\% \sim 20\%$,铸件的抗腐蚀性和硬度也有明显提高。

金属型铸造由于受模型材料的制约,不能承受较高的温度,只适用于铸造熔点较低的有色金属,如铝合金、镁合金等。

设计金属型铸造铸件时应注意如下两点:

(1)金属型铸造,铸型透气性差,无退让性,易使铸件产生冷隔、浇不足、裂纹等缺陷,设计铸件时,铸件的形状要力求简单,以便于开模、起模。

(2)金属型铸造,其模型制造成本高,周期长,制造困难,不可能制造得太大,因此设计的铸件其质量也不能太大。

(四)压力铸造

压力铸造简称压铸,在压力机上,用压射活塞以一定的压力将压室内的液态金属压射到膜腔中,并在压力的作用下使金属迅速冷却,凝固成固体的铸造方法。根据压力的大小,压力铸造可分为低压铸造和高压铸造。

如图 15-5 所示,压铸所铸造出的制品尺寸精确,一般相当于 6～7 级,甚至可达 4 级;表面光洁度好,一般相当于 5～8 级;强度和硬度较高,强度一般比砂型铸造高 25%～30%,但延伸率低,约砂型铸造的 70%;尺寸稳定性好,组织致密,机械性能好,互换性好,可压铸薄壁复杂的铸件。例如,目前锌合金压铸件最小壁厚可达 0.3 mm;铝合金压铸件可达 0.5 mm;最小铸出孔径为 0.7 mm;最小螺距为 0.75 mm。

图 15-5 压力铸造制品

压铸件是在金属型和金属型芯共同作用下制成的,设计压铸件时,应使压型制作方便,型芯易于取出,压铸件壁要薄且均匀。压铸件表面可获得清晰的花纹、文字、图案等,适用于铸造铝、锌、镁及铜合金等产品。

二、塑性成型工艺

塑性成型又称压力加工,是在外力作用下金属材料发生塑性变形,获得具有一定形状、尺寸和力学性能的零件或毛坯的加工方法。塑性成型可改善金属材料的组织和机械性能,产品可直接获取或经过少量切削加工即可获取,金属损耗小,适用于大批量生产。塑性成型需要使用专用设备和专用工具,塑性成型不适用于加工脆性材料或形状复杂的产品,按加工方式不同塑性成型可分为锻造、轧制、挤压、冲压、拔制加工等。

(一)锻造

锻造是利用锤子(手锤或锻锤)对金属进行敲打,使金属在不分离的情况下产生塑性变形,从而获得所需要零件的一种加工方法,所以锻造也称作锻打。若在常温下锻造,称作冷锻;若先对金属进行加热,再进行锻造称作热锻。为了提高金属的延展性,通常都是热锻,只有特殊条件下为了改变金属的组织性能,才采用冷锻。

锻造按照是否使用模具可分为自由锻和模锻。不使用模具,将金属放在砧铁上施以冲击力,使其产生塑性变形的加工方法称作自由锻。将金属坯料放在具有一定形状的模具中,施加冲击力使坯料发生变形的加工方法称作模锻。

利用手锤进行锻造,称作手工锻造,手工锻造是一种古老的加工方式,操作者利用钳子夹持住待加工的金属,将其放在砧板上,然后用锤子敲打金属,打造出所需要的形状,以获得所需要的零件。加工时可一个人作业,也可两三个人配合作业。现代工业生产已很少使用手工锻造,在我国一些偏远地区或农村集市上还可以见到利用手工锻造的方法打造农具或一些简单的工具。现代手工锻造一般用于金属工艺品的制造方面。

如图 15-6 所示的锻铜浮雕是手工锻造的工艺品,如图 15-7 所示的冰斧既适用又具有较强的艺术性。

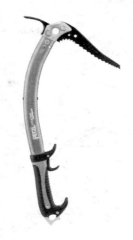

图 15-6 锻铜浮雕

图 15-7 冰斧

利用机械设备进行锻造称作机械锻造,它的成型原理和手工锻造完全一样,只不过是以机械作业取代手工作业。

设计锻造件时应注意以下问题:

(1)自由锻造的工件,因为使用的工具简单,通常都是通用工具,锻件尺寸精度和形状精度都比较低,往往取决于操作者的技术水平,所以其形状不宜设计得太复杂。

(2)应尽量避免加强筋及表面凸起的结构。

(3)设计模锻件时,为了保证锻件能够从模具中取出来,锻件必须要有一个合理的分型面。

(4)零件的形状应力求简单、平直,避免薄壁、高筋等外形结构。

(二)冲压

冲压是金属板料在冲压模之间受力产生塑性变形或分离从而获得所需零件的加工方法。冲压多数情况下是在常温下进行的,不对坯料加热,因此也被称作冷冲压。冲压加工利用不同的模具可以实现拉伸、弯曲、冲剪等工艺。

如图 15-8 所示是板材拉伸加工制品,将待加工的板材(坯料)放在凹模上,用压板对其施加一定的压力,然后利用冲头向下施力,将其拉伸成型。大多数金属容器都是用拉伸方法成型的,如图 15-9 所示是拉伸制品。

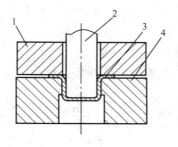

图 15-8 拉伸

图 15-9 拉伸制品

1—压板;2—冲头;3—板材;4—凹模

如图 15-10 所示是折弯成型制品,坯料放在凹模上,对凸模施加压力,在凹模与凸模的共同作用下,将坯料折弯成所需要的形状。折弯成型可分为板材折弯和线材折弯。如图 15-11 所示是用钢管经折弯工艺成型的椅子。

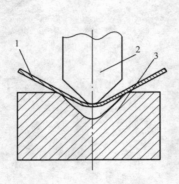

图 15-10 折弯成型制品
1—胚料;2—凸模;3—凹模

图 15-11 折弯成型的钢管椅

如图 15-12 所示是冲剪加工示意图,加工时将坯料放在凹模上,对凸模施加冲击力,在凹模与凸模的共同作用下,裁剪掉部分金属,被剪掉的部分取决于模具的形状。如图 15-13 所示是通过冲剪和折弯一次成型的金属椅子的加工过程。

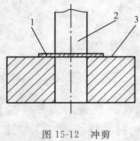

图 15-12 冲剪
1—胚料;2—凸模;3—下模

图 15-13 一次成型的金属椅

冲压加工的主要优点是:生产效率高,产品尺寸精度较高,表面质量好,易于实现自动化、机械化,加工成本低,材料消耗少,适用于大批量生产。冲压加工的主要缺点是:只适用于塑性材料加工,不能加工脆性材料,如铸铁、青铜等,不适用于加工形状较复杂的零件。

设计冲压件时应注意以下几点:

(1)外形及内孔要力求简单,尽量选择矩形,回形等规则形状。

(2)圆孔直径不得小于材料的厚度,方孔边长不得小于材料厚度的 0.9 倍,孔与孔、孔与边之间的距离不得小于材料厚度的 1.5 倍。

(3)为了保证零件的成型质量,轮廓的转角处应设计一定的转角半径,一般内圈半径不小于材料的厚度。

三、金属的焊接

焊接是通过对金属加热,使其处于熔融状态,将两个金属连接在一起的一种连接方式,常用的焊接方法有熔焊、压焊和钎焊等,如图 15-14 所示。

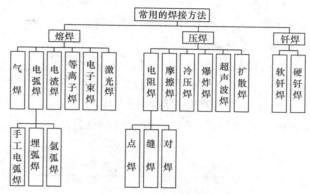

图 15-14 常用的焊接方法

(一)气焊

使用气体混合物燃烧形成高温火焰,使相邻的金属熔化并连接在一起称为气焊,常用的气体有氧-乙炔、氧-液化石油气等,其燃烧最高温度分别可达 3 200 ℃和 2 700 ℃。气焊使用的工具主要是焊具,其结构如图 15-15 所示,气焊所使用的设备简单,加热区大,加热时间长,效率低,焊接变形大,操作费用大,一般只是在小批量或维修中用于薄钢板、黄铜件、铸铁件的焊接,以及作为钎焊热源和火焰淬火热源使用。

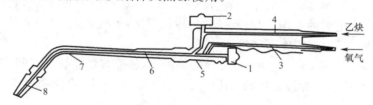

图 15-15 射吸式气焊焊具结构图

1—氧气阀;2—燃气阀;3—氧气导管;4—燃气导管;5—喷嘴;6—射吸管;7—混合气管;8—焊嘴

(二)手工电弧焊

手工电弧焊是目前应用最为广泛的一种金属焊接方法,它是以电弧热作为热源的一种焊接方法。电弧是一种气体放电现象,所谓气体放电,是指当两个电极存在电位差时,电荷通过两电极之间气体空间的一种现象,电弧放电区电压低、电流大、温度高,并且发出强烈的光,在工业生产中广泛用来作为光源和热源。

手工电弧焊如图 15-16 所示,焊丝(填充金属)及焊件(母材)在电弧的高温作用下局部熔化,形成共同的金属熔池,称作焊接熔池。焊条药皮受电弧加热熔化后,生成气体和熔渣,联合保护焊接区,隔绝空气对熔池金属的侵害,同时熔渣在与熔池金属

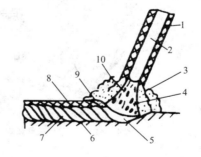

图 15-16 手工电弧焊

1—药皮;2—焊芯;3—保护层;4—电弧;5—熔池;
6—母材;7—焊缝;8—渣壳;9—溶渣;10—溶滴

的冶金反应中,使熔池金属脱氧、脱硫、脱磷和掺合金,既补充了合金元素,又消除了缺陷。在冷却时熔渣凝结成渣壳,熔池金属在渣壳的保护下结晶形成焊缝。

手工电弧焊适用于碳钢、合金钢、铸铁、铜及其合金的焊接。可以进行对接、搭接、丁字接等接头形式,如图 15-17 所示。

手工电弧焊使用的设备有交流焊接变压器(俗称交流电焊机)、直流焊接整流器(俗称直流电焊机)。

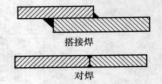

图 15-17 金属板材的焊接形式

手工电弧焊使用的焊接材料是焊条,焊条按用途分为碳钢焊条、低合金钢焊条、不锈钢焊条、铸铁焊条、铜及铜合金焊条、铝及铝合金焊条等。焊条由焊芯和药皮两部分组成,焊接时应依据不同的材料选用不同的焊条。焊条直径一般根据焊件的厚度选用,见表 15-1。

表 15-1	平焊时焊条直径的选用参考值				mm
焊件厚度	2	3	4~5	6~12	>12
焊条直径	2	3.2	3.2、4	4、5	4、5、6

(三)氩弧焊

氩弧焊是用氩气作保护气体的一种电弧焊方法,氩气从焊具喷嘴中喷出,在焊接处形成封闭的氩气层,使电极和焊接熔池与空气隔绝,从而对电极和焊接熔池起保护作用。

氩弧焊按所用电极不同,可分为非熔化极氩弧焊和熔化极氩弧焊。

非熔化极氩弧焊如图 15-18 所示,采用高熔点的钨棒作为电极,在氩气的保护下,依靠钨棒和焊件之间产生的电弧来熔化金属与填充焊丝,以达到焊接的目的。钨极本身不熔化,只起发射电子产生电弧的作用,因电流受到钨棒的限制,不可能太大,电弧功率较小,适用于薄板类焊件的焊接。

熔化极氩弧焊如图 15-19 所示,在氩气的保护下,依靠焊丝和焊件之间产生的电弧热来熔化金属与焊丝,以达到焊接的目的。由于可采用较大的电流,电弧功率大,可适用于厚板类焊件的焊接。

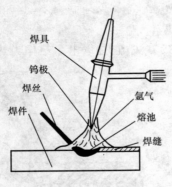

图 15-18 非熔化极氩弧焊

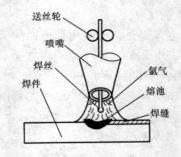

图 15-19 熔化极氩弧焊

(四)电阻焊

电阻焊是利用电流通过焊件产生的电阻热为热源的一种焊接方法。电阻焊是使工件处在一定电极压力作用下,利用电流通过时所产生的电阻热将两工件接触表面熔化而实现连接的一种焊接方法。这种焊接方法通常使用的电流较大,为了防止在接触面上产生电弧并且为了锻压焊缝金属,焊接过程中始终需要施加压力。

电阻焊与电弧焊相比,具有生产率高,热影响区窄,工件变形小,接头不开破口,不用填充金属,不需保护,操作简单,劳动条件好等优点。但它的不足之处是,焊机功率大,耗电多,焊缝截面尺寸受限,接头形式仅限于对接和搭接。

电阻焊有对焊、点焊、缝焊等。

1. 对焊

如图 15-20 所示,对焊是将被焊工件装配成对接接头,使其端面紧密接触后通电,利用电阻热将接头一定范围内加热至塑性状态,然后施加压力使之发生塑性连接。对焊仅适用于直径在 20 mm 以下的低碳钢,以及直径小于 8 mm 的铜、铝及其合金的焊接。截面较大的焊件,因难于清除接头中的氧化物,故质量不能保证。

2. 点焊

如图 15-21 所示,点焊是将被焊工件装配成搭接接头形式,并压紧在两电极之间,在两极之间通以电流,利用电流产生的电阻热熔化母体金属,形成熔核,冷却后形成焊点。

大多数金属都可以点焊,目前用工频交流点焊机按正常规律焊接,低碳钢板可焊厚度达 3 mm+3 mm,铝合金 2.5 mm+2.5 mm,不锈钢 2.5 mm+2.5 mm。

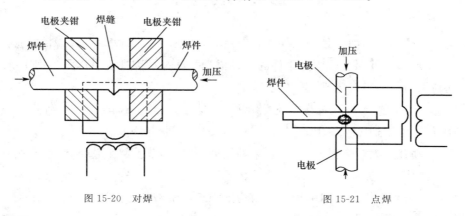

图 15-20 对焊   图 15-21 点焊

3. 缝焊

缝焊是点焊的一种演变,如图 15-22 所示,用圆形滚轮取代点焊的电极,滚轮压紧工件并连续或断续滚动,同时通以连续或断续的脉冲电流,形成一系列焊点组成的焊缝,当点的距离较大时,形成不连续焊缝,称作滚点焊。当点的距离较小时,熔核相互重叠。可得到连续的焊缝。

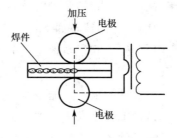

图 15-22 缝焊

(五)钎焊

钎焊是利用熔点比较低的金属作钎料,经过加热熔化钎料,靠毛细管作用将钎料吸入到接头接触面的间隙中,湿润被焊金属表面,使液相与固相之间相互扩散而形成焊接接头。因此,钎焊是一种固相兼液相的焊接方法。

(1)钎料

钎料是接头的填充金属,按其熔化温度可分为低熔点钎料和高熔点钎料,熔点低于450 ℃为低熔点钎料(锡基、铅基、锌基等),熔点高于 450 ℃为高熔点钎料(铜基、银基、金基、铝基、镍基等)。如果接头要求不高和工件工作温度不高,可选用软钎料,如锡基;如果要求高温或高强度,应选用硬钎料,如铜基、镍基。选择钎料还应考虑与母材的相互作用,如铜磷钎料不能选择钎焊钢和镍,因为会在界面生成极脆的磷化物。

(2)钎剂

钎剂的作用是去除母材和液态钎料表面上的氧化物并保护其不再被氧化,从而改善钎料对木材的湿润能力,提高焊接的稳定性。钎剂应具有足够的去除母材和液态钎料表面上的氧化物的能力,熔化温度及最低火星温度应低于钎料的熔化温度;在钎焊的温度下应具有足够的湿润能力和良好的铺展性能。钎剂可以通过涂敷、喷射、蘸取等方法置入接头区,钎剂可以制成粉状,也可以制成膏状或将钎料和钎剂制成药芯焊丝,如焊锡丝,可在焊前涂敷在焊接区,也可在加热过程中送到接头区。

第三节　切削加工

切削加工是利用切削工具和工件做相对运动,从毛坯上切除多余的材料,以获得所需要的几何形状、尺寸精度和表面质量制件的一种成型方法。切削加工可以手工加工(钳工),但更多的是利用切削加工机床进行机械加工。

手工加工是由操作者手持工具进行切削,主要分为锯削、锉削、刮研、钻孔、铰孔、攻螺纹、套螺纹等。手工加工所使用的工具较简单,操作方便,可以加工各种形状的制品。但加工效率低,劳动强度大,随着机械加工技术的发展,其应用范围越来越小,一般只是在某些机械难以加工的情况下使用。

机械加工是利用机械切削机床进行的切削加工。机械加工按所使用工具的类型可分为两大类,一类是利用切削刀具进行的加工,如车削、铣削、钻削、刨削、镗削等;另一类是利用磨料进行的加工,如磨削、布磨、研磨等。切削加工所使用的机床种类很多,但较常使用的是车床、铣床、刨床、钻床、镗床、磨床等。

切削加工的特点如下:

(1)属于去除材料加工——加工后的零件质量小于加工前的零件质量。

(2)加工灵活方便——零件的装夹、成型方便,可加工各种不同形状的零件。

(3)零件的组织性能不变——加工后零件的金相组织和物理机械性能不发生变化。

(4)加工精度高——加工精度可达 $0.01~\mu m$,甚至更小。

(5)零件表面质量好——可达镜面质量。

(6)生产准备周期短——不需要制造模具等。

一、切削加工运动和切削要素

（一）母线与导线

零件表面通常可以看成是一条母线沿着另一条导线运动形成的，如圆柱面可以看作是一条直线（母线）沿着一条圆周线（导线）运动形成的，平面可以看作是一条直线沿着另一条直线运动形成的，母线与导线统称为生成线或成型线。

（二）切削运动

在切削加工中，为了使零件的加工表面形成符合要求的形状，就必须使刀具与零件之间有一定的相对运动，这样才能切除多余的材料，这些运动称为切削运动。

1. 主运动

主动动是指刀具和被加工零件产生相对速度的运动，如车削加工中零件的旋转运动，刨削加工中刀具（零件）的纵向运动，如图 15-23（a）所示，主运动的速度即切削速度，用 $v(\mathrm{m/s})$ 表示。

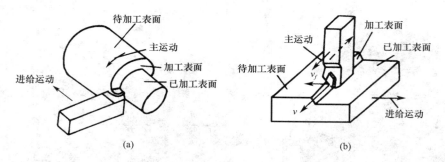

图 15-23　切削运动

2. 进给运动

进给运动是指不断地或连续地切除切屑，并获得具有所需几何特征的已加工表面，如车削加工中车刀的纵向运动，刨削加工中零件的横向运动，如图 15-23（b）所示，进给运动的速度用进给量（f，单位为 mm/r）或进给速度（v_f，单位为 mm/min）表示。

主运动和进给运动是实现切削加工的基本运动，可以由刀具来完成，也可以由工件来完成；可以是直线运动（用 T 表示），也可以是回转运动（用 R 表示）。正是由于上述不同运动形式和不同运动执行元件的多种组合，产生了不同的加工方法。

二、金属切削机床

金属切削机床是进行金属切削的主要设备，是利用切削的方法将金属毛坯加工成零件的机器。

机床的种类繁多，国家根据机床的工作原理、结构性能及适用范围将机床分成车床、钻床、镗床、磨床、齿轮加工机床、螺纹加工机床、铣床、刨插床、拉床、特种加工机床、锯床和其他机床十二类。每类机床又可按其结构、性能和工艺特点的不同细分为若干组。

如图 15-24 至图 15-28 所示分别是车床、铣床、刨床、钻床和磨床。由图可知，不同的机床由于工作原理和功能不同，其结构和形状有很大的差异。

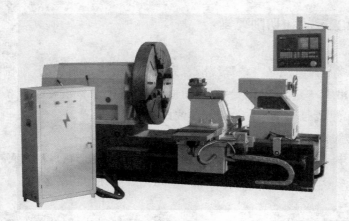

图 15-24　卧式车床

图 15-25　立式铣床

图 15-26　牛头刨床

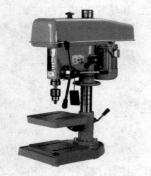

图 15-27　台式钻床

图 15-28　平面磨床

三、车削加工

用车刀在车床上加工零件(工件)称作车削,车削是切削加工中应用最为广泛的加工方法之一。

(一)车削加工的主要运动

1.工件的旋转运动

工件的旋转运动是车床的主运动,其速度较高,是消耗机床功率的主要部分。

2.刀具的移动

刀具的移动是车削的进给运动,刀具可以沿着工件旋转轴线方向做纵向移动,也可以沿着与工件旋转轴垂直的方向做横向移动,刀具的移动轨迹不同,加工出来的工件形状就不同。

3.切入运动

切入运动也称为吃刀运动,其目的是加工出所需要的工件尺寸。

(二)车削加工的特点

1.适用范围广,适应性强

车削可加工内圆柱面、外圆柱面、圆锥面,可车削端面和螺纹,还可以钻孔、扩孔、攻螺纹和滚花等,如图 15-29 所示。

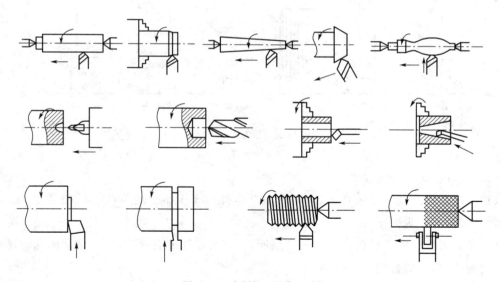

图 15-29　车削加工的典型零件

2.切削平稳,生产率高

车削加工时,工件的旋转运动一般来说不受惯性力的制约,加工时工件和刀具始终接触,冲击小,切削过程平稳,切削力变化小,因此可以采用较高的切削速度。另外,车削可以采用比较大的切削深度,切削用量大,生产率高。

3.加工精度高

车削加工尺寸精度可达 IT8~IT7,表面粗糙度可达 Ra3.2 μm~Ra0.8 μm,精细车削尺寸精度可达 IT6~IT5;表面粗糙度可达 Ra0.4 μm~Ra0.2 μm。

4.刀具简单,成本低

车削所用的刀具结构简单,制造容易,刃磨和安装方便,生产准备时间短,生产成本低。

四、钻削加工

钻削是用钻头或扩孔钻在工件上加工圆孔的加工方法。用钻头在实体上加工孔称为钻孔,用扩孔钻扩大已有的孔称为扩孔。

(一)钻削运动

在钻床上加工孔时,工件不动,刀具做旋转运动,并沿着孔的轴线方向移动,刀具的旋转运动是主运动,沿着孔的轴线运动是进给运动。钻孔一般用于孔的直径不大、精度要求不高的情况。钻床除了可以钻孔外,还可以进行扩孔、铰孔、攻螺纹、锪锥孔及平面等加工,如图15-30 所示。

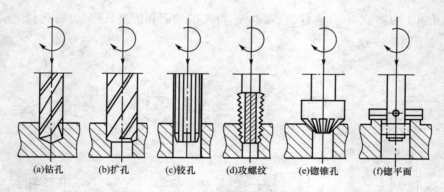

(a)钻孔　(b)扩孔　(c)铰孔　(d)攻螺纹　(e)锪锥孔　(f)锪平面

图 15-30　钻床加工方法

(二)钻削加工的特点

(1)钻削是半封闭式切削加工,切削过程中排屑和冷却都比较困难,当加工孔的深度与直径之比较大时尤为突出。

(2)钻孔刀具—麻花钻的直径受孔的限制,不能大于孔的直径,在加工较深的孔时,刚性差,导向性不好,外缘处切削速度最高,容易磨损。

(3)钻头制造和刃磨的质量直接影响加工质量,若两主切削刃不对称,则在径向力的作用下,会使钻头引偏,影响孔的位置精度和孔的加工质量。

麻花钻、锪孔钻、摇臂钻床如图 15-31、15-32、15-33 所示。

图 15-31　麻花钻

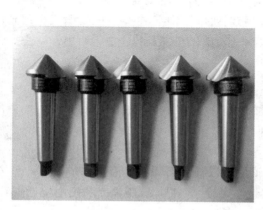

图 15-32　锪孔钻

图 15-33　摇臂钻床

五、铣削加工

用铣刀在铣床上对工件进行加工称为铣削加工,是广泛用于平面、沟槽、曲面等的加工方法。

(一)铣削加工运动

铣床是进行铣削加工的机床,铣床的主运动是铣刀的旋转运动,工件的直线运动是进给运动。

(二)铣削加工的特点

1.工艺范围广

铣削可以加工平面、沟槽、成型面、台阶、螺旋形面,还可以进行切断加工。

2.生产效率高

由于铣刀是多刃刀具,各个刀刃连续依次进行加工,没有空行程,铣削的主运动是旋转运动,有利于进行高速切削,切削速度可达 200~400 m/min,因此铣削生产效率高。

3.使用寿命长

铣削时每个刀齿依次进行切削,每个刀齿总是一段时间进行切削,一段时间不进行切削,这样刀齿在不进行切削的时间,可得到冷却,有利于减轻刀齿的磨损,提高刀具的寿命。

4.容易产生振动

由于铣削时刀齿是不连续切削,并且切削厚度和切削力时刻都在变化,所以容易产生振动,影响加工质量。

5.加工精度

粗铣加工尺寸精度可达 IT12～IT9,粗糙度可达 Ra6.3 μm,精铣加工尺寸精度可达 IT8～IT7,粗糙度可达 Ra3.2 μm～Ra1.6 μm。

第四节　常用金属材料

金属材料种类繁多,现在世界上纯金属有八十六种,而金属合金则有成千上万种,有些金属产量非常少,有些金属由于其化学性能、物理性能等原因,在产品设计中很少用到。在产品设计中常用的金属材料有钢铁材料、铝、铜、锡、钛、金、银及其合金等材料。

一、铸铁

铸铁是指含碳量在 2%以上的铁碳合金。工业用铸铁一般含碳量为 2%～4%。碳在铸铁中多以石墨形态存在,有时也以渗碳体形态存在。除碳外,铸铁中还含有 1%～3%的硅以及锰、磷、硫等元素。铸铁可分为如下四种。

(一)灰口铸铁

灰口铸铁含碳量较高(2.7%～4.0%),碳主要以片状石墨形态存在,断口呈灰色,简称灰铁。熔点为 1 145～1 250 ℃,凝固时收缩量小,大约为 3%,抗压强度和硬度接近碳素钢,减震性好。灰口铸铁铸造性能好,切削加工容易,制造成本低,机械性能优良,在工业产品中得到最为广泛的应用。灰口铸铁通常是利用砂型铸造得到毛坯,再进行切削加工或其他加工得到制品。灰口铸铁韧性较差,属于脆性材料,不能进行拉伸、折弯、冲剪等塑性加工。如图 15-34 所示是灰口铸铁制品。如图 15-35 所示是灰口铸铁旋塞阀。

图 15-34　灰口铸铁制品

图 15-35　灰口铸铁旋塞阀

(二)白口铸铁

白口铸铁的碳、硅含量较低,断口呈银白色,硬度高,脆性大,不能承受冲击载荷。

（三）可锻铸铁

可锻铸铁由白口铸铁退火处理后获得,石墨呈团絮状分布,简称韧铁。其组织性能均匀,耐磨损,有良好的塑性和韧性。用于制造形状复杂、能承受强动载荷的零件。

（四）球墨铸铁

将灰口铸铁铁水经球化处理后获得,析出的石墨呈球状,简称球铁。与普通灰口铸铁相比有较高的强度、较好的韧性和塑性。球墨铸铁用于制造内燃机、汽车零部件及农机具等。

球墨铸铁机械性能优良,其抗拉强度和韧性都接近碳钢,目前主要应用在一些形状比较复杂,用碳钢难以制造的情况下。

灰口铸铁和球墨铸铁以其优良的机械性能和铸造性能在现代工业中得到了广泛的应用,而其他铸铁材料在现代工业产品中则应用得较少。

如图 15-36 所示是球墨铸铁管道连接件。

图 15-36　球墨铸铁管道连接件

二、碳素钢

（一）定义

含碳量在 0.02%～2.11% 的铁碳合金,称为碳素钢,碳素钢除含铁和碳以外,硅、锰、磷、硫等杂质含量都应在规定量以内,碳素钢不含其他合金元素。碳素钢的性能主要取决于含碳量。如果含碳量增加,钢的强度、硬度将会升高,塑性、韧性和可焊性会降低。

（二）分类

1. 按含碳量的多少分类

碳素钢按含碳量的多少可分为低碳钢、中碳钢和高碳钢。

（1）低碳钢

低碳钢又称软钢,含碳量为 0.02%～0.25%,低碳钢塑性好,适宜进行拉伸、折弯、锻造、焊接和切削加工成型,常用于制造容器等制品,厚度为 1 mm 以下的薄铁板,绝大多数是由低碳钢制成的。

（2）中碳钢

中碳钢是含碳量为 0.25%～0.60% 的碳素钢。除含碳外还可含有少量锰（0.70%～1.20%）。热加工及切削性能良好,焊接性能较差。强度、硬度比低碳钢高,而塑性和韧性低于低碳钢。在中等强度水平的各种用途中,中碳钢的应用较为广泛。

（3）高碳钢

高碳钢含碳量为 $0.60\%\sim2.11\%$，强度、硬度比较高，而塑性和韧性较差，可以淬硬和回火。经过淬火的高碳钢由于硬度比较高，常被用来制造各种刀具。

2. 按钢的品质分类

碳素钢按钢的品质可分为普通碳素钢和优质碳素钢。

（1）普通碳素钢

普通碳素钢对含碳量、性能范围，以及磷、硫和其他残余元素含量的限制较宽。

（2）优质碳素钢

优质碳素钢和普通碳素钢相比，硫、磷及其他杂质的含量较低。

3. 按用途分类

碳素钢按用途可分为碳素结构钢、碳素工具钢。碳素钢由于价格便宜，加工制造方便，是金属制品中应用最多的材料，碳素钢由于耐腐蚀性较差，在空气中极易生锈，因此碳素钢制品一般都要对表面进行防腐处理，如涂饰、电镀、表面改性等。

三、合金钢

合金钢是在普通碳素钢基础上添加适量的一种或多种合金元素而构成的铁碳合金。根据添加元素的不同采取适当的加工工艺，可获得高强度、高韧性、耐磨、耐腐蚀、耐低温、耐高温、无磁性等特殊性能。

（一）合金钢的分类

合金钢种类很多，通常按合金元素含量多少分为低合金钢（含量 $<5\%$），中合金钢（含量为 $5\%\sim10\%$），高合金钢（含量 $>10\%$）；按质量分为优质合金钢、特质合金钢；按特性和用途又分为合金结构钢、不锈钢、耐酸钢、耐磨钢、耐热钢、合金工具钢、滚动轴承钢、合金弹簧钢和特殊性能钢（如软磁钢、永磁钢、无磁钢）等。

（二）不锈钢

在空气中和某些侵蚀性介质中耐腐蚀的钢称为不锈钢。所有金属都和大气中的氧进行反应，在表面形成氧化膜。在普通碳素钢上形成的氧化铁不能对内部的金属起到保护作用，仍然继续氧化，使锈蚀不断扩大，利用油漆或耐氧化的金属（如锌、镍和铬）涂敷在钢的表面可以保护钢不被侵蚀，但是，这种保护层仅仅是一种薄膜。如果保护层被破坏，下面的钢便开始锈蚀。

在钢中加入合金元素铬，当其含量达到 11.7% 以上时，钢的耐大气腐蚀性能显著提高，原因是用铬对钢进行合金化处理时，把表面氧化物的类型改变成了类似于纯铬金属上形成的表面氧化物。这种紧密黏附的富铬氧化物保护钢的表面，防止钢进一步氧化。这种氧化层极薄，透过它可以看到钢表面的自然光泽，使不锈钢具有独特的表面。而且，如果损坏了表层，暴露出的钢表面会和大气反应进行自我修复，重新形成这种氧化物"钝化膜"，继续起保护作用。

不锈钢基本合金元素除铬以外，还有镍、钼、钛、铌、铜、氮等，以满足各种用途对不锈钢组织和性能的要求。

不锈钢的耐蚀性随含碳量的增加而降低，因此，大多数不锈钢的含碳量均较低，有些不锈钢的含碳量甚至低于 0.03%（如 Cr12）。不锈钢中的主要合金元素是 Cr，只有当 Cr 含量达到一定值时，不锈钢才有耐蚀性。因此，不锈钢中含 Cr 量一般均在 13% 以上。不锈钢由于耐腐蚀性强,很受设计师的欢迎。不锈钢可以通过切削加工成型,可以进行拉伸、折弯、锻打等塑性加工成型,也可以焊接成型。不锈钢制品表面不需要作防腐处理,可以制成具有强烈金属光泽,美观大方的制品,如图 15-37～图 15-39 所示为不锈钢制品。

图 15-37　不锈钢厨具

图 15-38　不锈钢伸缩门

图 15-39　不锈钢楼梯扶手

不锈钢常按组织状态分为马氏体不锈钢、铁素体不锈钢、奥氏体不锈钢等。另外,还可按成份分为铬不锈钢、铬镍不锈钢和铬锰氮不锈钢等。

属于这一类的有 Cr17、Cr17Mo2Ti、Cr25、Cr25Mo3Ti、Cr28 等。铁素体不锈钢因为含铬量高,耐腐蚀性能与抗氧化性能均比较好,但机械性能与工艺性能较差,多用于受力不大的耐酸结构及作抗氧化钢使用。这类钢能抵抗大气、硝酸及盐水溶液的腐蚀,并具有高温抗氧化性能好、热膨胀系数小等特点,用于硝酸及食品器具,也可制作在高温下使用的器具等。

不锈钢中奥氏体和铁素体组织约各占一半。在含 C 量较低的情况下,Cr 含量为 18%～28%,Ni 含量为 3%～10%。有些钢还含有 Mo、Cu、Si、Nb、Ti、N 等合金元素。该类不锈钢兼有奥氏体不锈钢和铁素体不锈钢的特点,与铁素体不锈钢相比,塑性、韧性更高,无室温脆性,耐晶间腐蚀性能和焊接性能均显著提高,同时还保持有铁素体不锈钢的 475 ℃脆性及导热系数高的特点。与奥氏体不锈钢相比,强度高且耐腐蚀和耐氯化性能均有明显提高。

马氏体不锈钢的常用牌号有 1Cr13、3Cr13 等,因含碳量较高,故具有较高的强度、硬度和耐磨性,但耐腐蚀性稍差,用于力学性能要求较高、耐腐蚀性能要求一般的一些制品上,如弹簧、日用刀具等。这类钢在淬火、回火处理后使用,可得到良好的机械性能。

四、有色金属

有色金属又称非铁金属,是铁、锰、铬以外的所有金属的统称。如铝、铜、钛、镍、锡、铅及其合金等。有色金属可分为如下四类。

1.重金属

重金属一般密度在 4.5 g/m³ 以上,如铜、铅、锌等。

2.轻金属

轻金属密度小(0.53～4.5 g/cm³),化学性质活泼,如铝、镁等。

3.贵金属

贵金属地壳中含量少,提取困难,价格较高,密度大,化学性质稳定,如金、银、铂等。

4.稀有金属

稀有金属如钨、钼、锗、锂、镧、铀等。

(一)铝及铝合金

铝及铝合金是工业中应用最广泛的一类有色金属材料,在航空、汽车、机械制造、船舶、化学工业及民用产品中得到了大量的应用。它的产量仅次于钢铁,占第二位,而在有色金属中则为第一位。

纯铝的密度只有铁的 1/3,熔点低(660 ℃),具有很高的塑性,易于加工,可制成各种型材、板材。具有优良的导电性、导热性、抗腐蚀性;纯铝的强度很低,退火状态 σ_b 值约为 80 MPa,故不宜作结构材料。通过长期的生产实践和科学实验,人们逐渐以加入合金元素及运用热处理等方法来强化铝,这就得到了一系列的铝合金。添加一定元素形成的合金在保持纯铝质轻等优点的同时还能具有较高的强度,σ_b 值可达 200～400 MPa。这样使得其"比强度"(强度与密度的比值 σ_b/ρ)胜过很多合金钢,成为理想的结构材料,如图 15-40、图 15-41 所示为铝合金祥云火炬和铝合金外壳机箱。

图 15-40　铝合金祥云火炬

图 15-41　铝合金外壳机箱

铝合金按加工方法可以分为形变铝合金和铸造铝合金。

形变铝合金又分为不可热处理强化型铝合金和可热处理强化型铝合金。不可热处理强化型铝合金不能通过热处理来提高机械性能，只能通过冷加工变形来实现强化，它主要包括高纯铝、工业高纯铝、工业纯铝及防锈铝等。可热处理强化型铝合金可以通过淬火和时效等热处理手段来提高机械性能，它可分为硬铝、锻铝、超硬铝和特殊铝合金等。

铸造铝合金按化学成分可分为铝硅合金、铝铜合金、铝镁合金、铝锌合金和铝稀土合金，其中铝硅合金又分为简单铝硅合金（不能热处理强化，力学性能较低，铸造性能好）、特殊铝硅合金（可热处理强化，力学性能较高，铸造性能良好）。

铸造铝合金的热加工性能好，可用金属模、砂模、熔模、石膏型铸造模进行铸造生产，也可用真空铸造、低压和高压铸造、挤压铸造、半固态铸造、离心铸造等方法成型，生产不同用途、不同品种规格、不同性能的各种铸件。

铸造铝合金在轿车上得到了广泛应用，如发动机的缸盖、进气支管、活塞、轮毂、转向助力器壳体等。

高强度铝合金是指其抗拉强度大于 480 MPa 的铝合金，主要是压力加工铝合金中防锈铝合金类、硬铝合金类、超硬铝合金类、锻铝合金类、铝锂合金类，如图 15-42 所示。

（二）铜及铜合金

纯铜呈紫红色，又称紫铜。纯铜密度为 8.96 g/m^3，熔点为 1 083 ℃，纯铜具有优良的导电性、导热性、延展性和耐蚀性。主要用于制作电机、电线、电缆、开关装置、变压器等电工电子器材和热交换器、管道等导热器材。

铜合金是以纯铜为基体加入一种或几种其他元素所构成的合金，按材料的成型方法可分为铸造铜合金和变形铜合金。但许多铜合金既可以用于铸造，又可以用于变形加工。通常变形铜合金可以用于铸造，而铸造铜合金却不能进行锻造、挤压、深冲和拉拔等变形加工。按化学成分铜合金可分为黄铜、青铜、白铜三类。

图 15-42　铝合金门窗

1. 黄铜

黄铜是以锌作为主要合金元素的铜合金，黄铜具有黄金般的色彩，导电性和导热性极佳，机械性能良好，易于切削、抛光、焊接，铜锌二元合金称为普通黄铜或称简单黄铜。三元以上的黄铜称为特殊黄铜或复杂黄铜。为了改善普通黄铜的性能，常添加其他元素，如铝、镍、锰、锡、硅、铅等。如铝能提高黄铜的强度、硬度和耐腐蚀性，但使塑性降低，适合作耐腐蚀零件。锡能提高黄铜的强度和对海水的耐腐蚀性，故称为海军黄铜，用做船舶热工设备和螺旋桨等。铅能改善黄铜的切削性能，这种易切削黄铜常用做钟表零件。黄铜铸件常用来制作阀门和管道配件等，如图 15-43 所示。船舶上常用的消防栓防爆月牙扳手，就是黄铜铸造而成。

图 15-43　黄铜铸件阀门

2. 青铜

青铜原指铜锡合金,后除黄铜、白铜以外的铜合金均称青铜,并常在青铜名字前冠以第一主要添加元素的名称,如锡青铜、铅青铜。锡青铜具有铸造性能好、减磨性能好及机械性能好的优点,适合于制造轴承、蜗轮、齿轮等。铅青铜是现代发动机和磨床广泛使用的轴承材料。铝青铜强度高,耐磨性和耐腐蚀性好,常用于铸造高载荷的齿轮、轴套、船用螺旋桨等。铍青铜和磷青铜的弹性极限高,导电性好,适用于制造精密弹簧和电接触元件,铍青铜还被用来制造煤矿、油库等使用的无火花工具等。如图 15-44 所示是越王勾践剑。

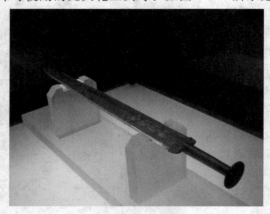

图 15-44　越王勾践剑

3. 白铜

白铜是以镍为主要添加元素的铜合金。铜镍二元合金称为普通白铜,加有锰、铁、锌、铝等元素的白铜合金称为复杂白铜。工业用白铜分为结构白铜和电工白铜两大类。结构白铜的特点是机械性能和耐腐蚀性好,色泽美观。这种白铜广泛用于制造精密机械、化工机械和船舶构件。电工白铜一般具有良好的热电性能。锰铜、康铜是含锰量不同的锰白铜,是制造精密电工仪器、变阻器、精密电阻、应变片、热电偶等常用的材料。

(三)钛及钛合金

纯钛为银白色,钛的性能与碳、氮、氢、氧等杂质的含量有关,99.5%工业纯钛的性能为:密度 4.5 g/cm³,熔点 1 725 ℃。导热系数 $\lambda = 15.24$ W/m·K,弹性模量 $E = 1.078 \times$

105 MPa,硬度 HB195。

钛合金是以钛为基体加入适量其他合金元素组成的合金。钛合金是 20 世纪 50 年代发展起来的一种重要的结构金属,钛合金因具有强度高、耐腐蚀性好、耐热性高等特点而被广泛用于各个领域。世界上许多国家都认识到钛合金材料的重要性,相继对其进行研究开发,并得到了实际应用。目前,世界上已研制出的钛合金有数百种,最著名的钛合金有 20～30种,如 Ti-6A1-4V、Ti-5AI-2.5Sn、Ti-32Mo、Ti-Mo-Ni、Ti-Pd、Ti-1023、BT20、IMI829 等。

钛合金的密度一般为 4.51 g/cm³ 左右,仅为钢的 60%,纯钛的强度接近普通钢的强度,一些高强度钛合金超过了许多合金钢的强度。因此钛合金的比强度(强度/密度)远大于其他金属结构材料,可制出单位强度高、刚性好、质轻的零部件。目前飞机的发动机构件、骨架、紧固件及起落架等都使用钛合金。

由于钛合金在潮湿的大气和海水介质中,其抗蚀性远优于不锈钢,再加上钛合金具有亮丽的色泽,近年来在许多高档装饰材料中得到了广泛的应用。钛合金按用途可分为耐热合金、高强合金、耐蚀合金、低温合金及特殊功能合金等。

（四）锡及锡合金

锡是银白色的软金属,密度和熔点低,只有 232 ℃,锡很柔软,用小刀能切开它。锡的化学性质很稳定,在常温下不易被氧化,所以它能经常保持银闪闪的光泽。锡无毒,人们常把它镀在铜锅内壁,以防铜生成有毒的铜绿。将锡镀在薄铁板表面(马口铁)既可以保护铁板不被腐蚀,又可以保持银光闪闪的光泽,常被用来做食品包装材料,牙膏壳也常用锡制作(牙膏壳是两层锡中夹着一层铅做成的。近年来,我国已逐渐用铝代替锡制造牙膏壳)。

锡合金是以锡为基体加入其他合金元素组成的有色合金。主要合金元素有铅、锑、铜等。锡合金熔点低,强度和硬度均低,它有较高的导热性和较低的热膨胀系数。耐大气腐蚀,有优良的减摩性能,易于与钢、铜、铝及其合金等材料焊接,是很好的焊料,也是很好的轴承材料。

常用的锡合金按用途分为如下几类。

1. 锡合金涂层

利用锡合金的抗腐蚀性能,将其涂敷于各种电气元件表面,既具有保护性,又具有装饰性。常用的有锡铅系、锡镍系涂层等,如图 15-45、图 15-46 所示为锡制烛台和锡制杯子。

图 15-45　锡制烛台　　　　　　　　　　图 15-46　锡制杯子

2. 锡基轴承合金

与铅基轴承合金统称为巴氏合金。含锑 3%～15%，含铜 3%～10%，有的合金品种还含有 10% 的铅、锑、铜用以提高合金的强度和硬度。其摩擦系数小，有良好的韧性、导热性和耐腐蚀性，主要用来制造滑动轴承。

3. 锡焊料

以锡铅合金为主，有的锡焊料还含少量的锑。含铅 38.1% 的锡合金俗称焊锡，熔点约为 183 ℃，用于电器仪表工业中元件的焊接，以及汽车散热器、热交换器、食品和饮料容器的密封等。

锡合金（包括铅锡合金和无铅锡合金）可以用来生产制作各种精美合金饰品、合金工艺品，如戒指、项链、手镯、耳环、脚针、纽扣、领带夹、帽饰、工艺摆饰、合金相框、宗教徽志、微型塑像、纪念品等。

第五节　金属材料在产品设计中的应用

金属材料的自然材质美、光泽感、肌理效果构成了金属制品鲜明的特征，青铜的凝重、不锈钢的亮丽、白银的高贵、黄金的辉煌都从不同的色彩、肌理、质地和光泽中显示其审美的个性和特征，因此金属材料在产品设计中得到了广泛的应用。

（一）如图 15-47 所示的热水壶采用不锈钢制造，设计简洁明快，壶嘴设计独特，内装有鸣笛，开水时提醒人们注意；壶嘴通过一个细钩与壶把连接，在灌水时不至于丢失。

（二）如图 15-48 所示的电热水壶。其设计充分发挥不锈钢材质的特性，整体洁净高雅。底部采用酚醛塑料，起到隔热和绝缘的作用。

图 15-47　热水壶　　　　　　　　图 15-48　电热水壶

（三）如图 15-49 所示的洗脸台水龙头，由黄铜铸造，表面镀铬而成，设计采用直线、曲线和斜线组合，充分体现了理性美和材质美，高高扬起的水管，使水池有了更大的空间。

（四）如图 15-50 所示的金属椅，椅架采用钢管弯曲焊接而成，椅面和靠背由钢板冲孔弯曲而成，此设计充分利用金属材料本身固有的刚性和柔性来达到稳固结实和柔韧舒适的双重目的。

图 15-49　洗脸台水龙头　　　　　图 15-50　金属椅

（五）如图 15-51 所示是用一整张不锈钢板，通过冲剪、拉伸等工艺成型制成的燃气灶，炉盘为全不锈钢制成，光滑闪亮，具有很强的整体性，经久耐用，一经光线装点，就清楚地表达了它简单、耐用、洁净和美观的主要品质。

图 15-51　燃气灶

（六）如图 15-52 所示是铝合金茶水柜，其框架由经过阳极氧化处理抛光的铝合金制成，美观大方，给人以美的享受。

图 15-52　铝合金茶水柜

第十六章　产品设计塑料材料与成型工艺

第一节　塑料材料概述

自然界中的物质,按分子量的大小可分为两大类,一类是低分子物质,这类物质分子量较小,一般在 10^2 以下,分子中只含有几个到几十个原子,如氧、铁、水等。另一类物质分子量很大,一般在 10^4 以上,称为高分子化合物,如橡胶,棉花、聚乙烯、聚氯乙烯等。

高分子化合物,按其来源可分为天然高分子化合物和人工合成高分子化合物,在产品设计中使用的高分子化合物主要是人工合成高分子化合物。

高分子化合物虽然分子量很大,但它的化学成分一般并不复杂,组成高分子化合物的每个大分子都是由一种或几种较简单的低分子重复连接而成的。由低分子到高分子化合物的转变称为聚合,所以高分子化合物又称高分子聚合物,简称高聚物。聚合以前的低分子化合物称为单体,单体是组成高分子化合物的基本单位。例如,聚乙烯是由乙烯聚合而成的,聚氯乙烯是由氯乙烯聚合而成的。低分子化合物聚合形成高分子化合物的化学反应过程,称为聚合反应。

一、高分子聚合物的特点

由于分子量非常大,所以高分子聚合物具有与低分子物质截然不同的性能,归纳比较有如下几点:

(一)具有可分割性

低分子物质的分子不能用机械的方法把它分开,如果把它分开,就成为另一种物质,而高分子聚合物因为其分子很大,当用外力将分子拉断或切开变成两个分子后,其性质一般没有明显变化,高分子结构的这种特征称为可分割性。

(二)具有高弹性

高分子聚合物处在高弹态时在外力的作用下发生很大的变形,当外力去除后仍可恢复到原来状态,即具有很大的弹性。

(三)具有可塑性

由于高分子聚合物的分子结构是大分子链结构,当链的某一部分受热后,需经过一定的时间间隔,整个链才会变软,因此高分子聚合物受热达到一定温度后,需经过一个较长的软化过程,然后才能转变为黏流状态,这时高分子化合物具有可塑性,人们可以利用这一特点,将其加工成型。

(四)具有电绝缘性

高分子聚合物的分子长度与直径之比都大于 1 000,分子中的化学键都是共价键,不能电离,不能传递电子,因此高分子聚合物都是电的绝缘体。

(五)对热和声的传导性差

高分子聚合物的大分子链呈蜷曲状态,互相纠缠在一起,在热或声作用之下分子不易振动,因此它对热、声的传导性也较差。

二、高分子聚合物的分子结构

由于高分子聚合物的分子比低分子物质的分子大得多,所以其分子结构与低分子物质有着明显的不同。

(一)线型结构

高分子聚合物分子的基本结构单元以共价键相互连成一条线型长链,但也有一些线型结构是一条很长的主链和许多较短的支链相互连接成若干分支链,这种结构称为支链型结构。

线型结构的大分子长链,通常情况下是蜷曲的,在外力的作用下可以伸长,外力取消后又能恢复原状,这类聚合物表现出良好的弹性。在加热或溶剂的作用下,其结合力减弱,甚至消除,从而表现出可熔和溶解的特性。它们具有良好的热塑性,加热时可以软化,冷却后变硬,并且可以反复进行,因此易于成型,成为热塑性高聚物,如聚乙烯、聚丙烯、聚氯乙烯等都属于这类物质。

(二)体型结构

体型结构的特征是在长链大分子之间,有若干支链,以较强的化学键交联在一起,形成三维网状的体型结构。体型结构的大分子热压成型后,再次加热呈现出不熔融特征,在溶剂中呈现出不溶解的特征。这类高聚物的可塑性差,在加热时不能熔融流动,所以只能在形成交联结构之前加热模压、一次成型,所以被称为热固性高聚物,如酚醛树脂、环氧树脂等都属于这类物质。

三、大分子的聚集态结构

低分子物质根据原子或分子的排列是否有规律而分为晶态和非晶态,而高分子聚合物按分子在空间的排列是否有规则,也可以分为晶态和非晶态两类。所不同的是,即使晶态高聚物中也总有非晶区存在,就是说晶态高聚物中分子的排列不像金属晶体那样完全规则,而是部分有序,部分无序。

晶态高聚物中晶区所占的质量或体积的百分数称为结晶度,一般来说高聚物的结晶度较小,即使典型的结晶高聚物,其结晶度也只有 $50\%\sim80\%$。高聚物的结晶,多发生在线型聚合物中,尤其是支链型,含交联链不多的体型聚合物也可以结晶,但结晶度很小。

完全由非晶区组成的高聚物称为无定型高聚物,如聚苯乙烯、有机玻璃。体型高聚物由于分子间有大量的交联分子链,不可能产生规则排列,因此都是无定型高聚物。

四、高分子聚合物的力学状态

高分子聚合物的分子链长、分子量大、分子长短不一,分子链结构复杂,在外力作用下,不同温度时,运动的分子结构单元不同,使高分子聚合物的力学状态呈现出多样性。

（一）线型无定形高聚物的力学状态

1. 玻璃态

相当于低分子物质的固态,在比较低的温度下,高聚物的大分子链和链段都不能产生运动,在外力的作用下,只能是大分子中的原子做轻微的振动,从而产生较小的可逆形变。高聚物呈现玻璃态的最高温度称为玻璃化温度 T_g。不同的高聚物,其 T_g 也不同,高聚物处在玻璃态时具有较好的机械性能,因此凡高于室温的高聚物都可作结构材料,如各种塑料。当温度低于 T_g 以下某一温度时,高聚物就呈现脆性,这个温度称为脆化温度,在此温度以下,高聚物处于脆性状态而失去使用价值,如图 16-1 所示。

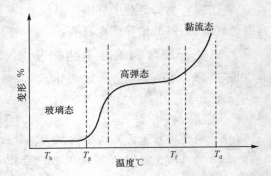

图 16-1　线型无定形高聚物形变—温度图

2. 高弹态

当温度大于 T_g 时,高聚物由刚硬的固体转变为柔软具有极高弹性的固体,即由玻璃态转变为高弹态,也称作橡胶态。处于高弹态的高聚物在外力的作用下,能够产生很大的变形,外力撤去后仍然可恢复到原来的形状。

3. 黏流态

当温度继续升高,分子动能增加到使链段和整个大分子都可以移动时,高聚物成为可流动的黏稠液体称作黏流态。由高弹态转变为黏流态的温度称作黏流温度 T_f,此时大分子链开始运动,产生相对滑移,形成很大的变形,而这种变形是不可逆的。因此黏流态是一种工艺状态,而不是使用状态。

在室温下处于玻璃态的高聚物可作为固体材料使用,如大多数塑料材料;在室温下处于高弹态的高聚物可作为弹性体使用,如橡胶;在室温下处于黏流态的高聚物则是流动性树脂。

（二）线型结晶高聚物的力学状态

线型结晶高聚物的熔点高于无定形高聚物的 T_g,并且没有高弹态。因此,线型结晶高聚物作为塑料使用时,就可扩大使用的温度范围。而且线型结晶高聚物由于分子之间作用力较大,因此有较高的强度。

（三）体型高聚物的力学状态

体型高聚物由于交联束缚着大分子链,使大分子链不能产生相互滑动,没有力学状态的变化,也没有黏流态出现。所以在加热到很高温度发生分解以前,都有较好的机械强度和较小的变形,做工程结构材料使用时,耐热性较好,称作热固性高聚物。

五、高分子聚合物的分类与命名

高分子聚合物品种繁多,性质各异,为了研究高分子聚合物的结构与性质,更好地使用它们,就要按一定原则对其进行分类和命名。

（一）高分子聚合物的分类

为了研究和很好地利用高分子聚合物,人们对高分子聚合物采用了多种分类方法,常见的分类方法见表 16-1。

表 16-1　　　　　　　　　　高分子聚合物的分类

分类原则	类　别	举例与特征
按高聚物的来源分	天然高聚物	天然橡胶、纤维素、蛋白质
	人造及合成高聚物	如聚乙烯、聚丙烯
按聚合反应类型分	加聚物	由加聚合成反应得到,如聚氯乙烯、聚苯乙烯
	缩聚物	由缩聚合成反应得到,如酚醛树脂
按高聚物的性质分	塑料	有固定形状、较好的热稳定性与机械强度,如聚乙烯
	橡胶	具有高弹性,可作弹性材料与密封材料
	纤维	单丝强度高,多做纺织材料
按热行为分	热塑性高聚物	线型分子结构,可熔、可溶
	热固性高聚物	体型分子结构,不熔、不溶
按分子结构分	线型高聚物	高分子为线型或支链型结构
	体型高聚物	高分子为体型结构

在上述分类方法中,以按聚合反应类型及分子结构分类(即按主链结构分类)最为重要,它对于阐明已知聚合物的结构与性能的关系,以及预测新的高分子聚合物具有重要意义。

（二）高分子聚合物的命名

高分子聚合物的命名尚未完全系统化,目前多采用习惯法命名。天然高分子聚合物一般按来源和性质用其俗名,如天然塑胶、纤维素、虫胶等。合成的高分子聚合物的命名一般是常用单体的名称加"聚"字,如聚乙烯、聚丙烯、聚甲基丙烯酸甲酯等。缩聚物因与单体的组成不同,它们的命名可按结构单元加"聚"字,如聚甲醛。若缩聚产物结构复杂,则常以原料名称命名,并在名称之后加"树脂"二字。如酚醛树脂、环氧树脂等。目前树脂二字的应用范围已扩大了,凡未加工的高聚物,都称为树脂。

此外,有些高分子聚合物用商品名命名,如有机玻璃(聚甲基丙烯酸甲酯)、电木(酚醛塑料)、电玉(脲醛塑料)、尼龙(聚酰胺)等。虽然各国或厂家称呼不统一,但是应用却极为广泛。还有不少聚合物常用英文名称的第一个字母表达,例如:PE——聚乙烯、PVC——聚氯乙烯,PS——聚苯乙烯。采用代表符号应用比较方便,但应注意,极少数高分子聚合物可能有物质不同而代表符号相同的问题。

第二节　塑料材料的基本特性

塑料是一类具有可塑性的合成高分子材料。它与合成橡胶、合成纤维形成了当今日常生活中不可缺少的三大合成材料。塑料是以天然或合成树脂为主要成分,加入各种添加剂形成的一种材料。塑料是一种在一定温度和压力等条件下可以塑制成一定形状、大小不同的制品,加工完成后,在常温下呈现固态形状,可以保持形状不变的材料。

一、塑料的组成

根据塑料的组成不同,塑料可分简单组合与复杂组合两类。简单组合的塑料基本上由一种物质(树脂)组成,如聚四氟乙烯等。也有的仅加入少量色料、润滑剂等辅助物质,如聚苯乙烯、有机玻璃等。复杂组合的塑料则由多种成分组成,除树脂外,还加入各种添加剂。

如酚醛塑料、环氧塑料等。现对塑料成分叙述如下：

（一）树脂

树脂是塑料的主要成分，树脂这一名词最初是由动植物分泌出的脂质而得名的，如松香、虫胶等，目前树脂是指尚未和各种添加剂混合的高聚物。树脂占塑料总重量的40%～100%。塑料的基本性能主要取决于树脂的本性，它是塑料中起黏结作用的部分，也叫黏料，虽然添加剂能显著地改变塑料的性能，但树脂的种类、性质及它在塑料中占有的比例大小，对于塑料的性能起着决定性的作用。所以人们常把树脂看成是塑料的同义词。例如，把聚氯乙烯树脂与聚氯乙烯塑料、酚醛树脂与酚醛塑料混为一谈。其实树脂与塑料是两个不同的概念。树脂是一种未加工的原始聚合物，它不仅用于制造塑料，而且还是涂料、胶黏剂及合成纤维的原料。塑料除了极少一部分含100%的树脂外，如有机玻璃、聚苯乙烯，绝大多数的塑料，除了主要组分树脂外，还需要加入其他物质。

制造塑料的树脂有天然树脂和合成树脂两大类。天然树脂是自然界中存在的一类由动植物分泌的有机物质，如松香、虫胶等。这类天然产物的共同特点是没有共同的熔点，受热后可逐渐软化，不溶于水，但能溶于某些有机溶剂（如乙醇、乙醚）之中。天然树脂由于产量极少，性能又不够理想，现在已很少用来制造塑料。合成树脂就是用人工合成的方法，将低分子有机化合物（一般从石油、天然气、煤或农副产品中提炼出的物质）做原料，经过化学合成而制造出的，如聚乙烯、聚氯乙烯、酚醛树脂等。合成树脂是现代塑料的基本原料。

（二）填充剂

填充剂又称填料，它可以提高塑料的强度和耐热性能，并降低成本。例如，酚醛树脂中加入木粉后可大大降低成本，使酚醛塑料成为廉价的塑料之一，同时还能显著提高机械强度。填料可分为有机填料和无机填料两类，前者如木粉、碎布、纸张和各种植物纤维等，后者如玻璃纤维、硅藻土、石棉、炭黑等。在许多塑料中填料占有相当的比重，为20%～60%，正确选用填料，可以使塑料具有树脂所没有的新性能，从而扩大它的使用范围。例如，加入铝粉可提高光反射能力及防止老化；加入石棉可提高耐热性；加入云母粉可改善物理机械能；加入二硫化钼可提高自润滑性。

对填料的要求如下：易被树脂润湿，与树脂具有很好的黏附性，本身性质稳定、价格便宜、来源丰富等。

（三）增塑剂

增塑剂可增加塑料的可塑性和柔软性，降低脆性，使塑料易于加工成型。增塑剂的作用主要是在大分子链中加入低分子物质后，会使大分子链间拉开距离，降低其分子间作用力，增加大分子链的柔顺性（大分链的形状及末端距每一瞬间都不相同，大分子链时而蜷曲时而伸展。这种特性称为大分子链的柔顺性，这是造成高分子材料具有良好的弹性及韧性的主要因素。），更有利于塑料产品的成型。因此，增塑剂的加入，能降低塑料的软化温度和硬度，提高塑料的韧性。

对增塑剂的要求是：与树脂有较好的相溶性；挥发性小，不易从制品中跑出来；无毒、无味、无色；对光和热比较稳定。常用的增塑剂是液体或低熔点固体有机化合物，其中主要有邻苯二甲酸酯类、癸二酸酯类和氧化石蜡等。增塑剂的用量一般不超过20%。

（四）润滑剂

润滑剂的作用是防止塑料在成型时黏在金属模具上，同时可使塑料的表面光滑美观。

常用的润滑剂有硬脂酸及其钙镁盐等。

（五）着色剂

着色剂可使塑料具有各种鲜艳、美观的颜色。在塑料中可以使用有机染料或无机染料着色。一般要求染料的性质稳定、不易变色、着色力强、色泽鲜艳、耐温、耐光性好、不与其他成分（如增塑剂、稳定剂）起化学反应、与树脂有很好的相溶性。

（六）固化剂

热固性树脂成型时，由线型结构向体型结构转变的过程中，需要加入的某种物质称作固化剂，它的作用是与树脂起化学反应，形成不溶、不熔的交联网状结构，成为较坚硬和稳定的塑料制品。

（七）稳定剂

为了防止合成树脂在加工和使用过程中受光和热的作用分解和破坏，延长使用寿命，要在塑料中加入稳定剂。一般稳定剂的用量为千分之几。对稳定剂的要求如下：能耐水、耐油、耐化学药物，并与树脂相溶，在成型过程中不分解。稳定剂有抗氧剂和紫外线吸收剂等。一般抗氧剂为酚类及胺类等有机物，常用的有硬脂酸盐、环氧树脂等，炭黑为紫外线吸收剂。

（八）阻燃剂

阻燃剂的作用是遏止燃烧或造成自熄。比较成熟的阻燃剂有氧化锑等无机物或磷酸酯类和含溴化合物等有机物。

除了上述助剂外，塑料中还可加入抗静电剂、发泡剂、溶剂和稀释剂等，以满足不同的使用要求。加入银、铜等粉末可得到导电塑料；加入磁粉可制成导磁塑料等。添加剂的种类较多，并非每一种塑料都要加入全部添加剂，应根据塑料品种和产品的功能要求加入所需的某些添加剂。

二、塑料的分类

塑料品种繁多，到目前为止，已投入工业生产的有 400 多种，主要品种有近百种，对于众多的塑料其分类方法也较多，常用的分类方法有以下两种：

（一）按使用特性分类

根据塑料使用特性，通常将塑料分为通用塑料、工程塑料和特种塑料三种类型。

1. 通用塑料

一般是指产量大、用途广、成型性好、价格便宜的塑料。如聚乙烯（PE）、聚丙烯（PP），聚氯乙烯（PVC）、聚苯乙烯（PS）、酚醛树脂等。

2. 工程塑料

一般是指能承受一定外力作用，具有良好的机械性能和耐高温、低温性能，尺寸稳定性较好，可以用于工程结构的塑料，如聚酰胺、聚四氟乙烯、ABS 塑料等。

3. 特种塑料

一般是指具有特种功能，可用于航空、航天等特殊应用领域的塑料。如氟塑料和有机硅具有突出的耐高温、自润滑等特殊功用，增强塑料和泡沫塑料具有高强度、高缓冲性等特殊性能，这些塑料都属于特种塑料的范畴。

（二）按热行为特性分类

根据塑料受热时的行为，可以把塑料分为热固性塑料和热塑料性塑料两种类型。

1. 热塑料性塑料

热塑性塑料为线型分子结构,加热后会熔化,可流动至模具冷却后成型,再加热后又会熔化;可运用加热和冷却,使其产生可逆变化。通用的热塑性塑料其连续的使用温度在 100 ℃ 以下,聚乙烯、聚氯乙烯、聚丙烯、聚苯乙烯并称为四大通用塑料。热塑性塑料受热时变软,冷却时变硬,能反复软化和硬化并保持一定的形状。可溶于一定的溶剂,具有可熔、可溶的性质。热塑性塑料具有良好的电绝缘性,特别是聚四氟乙烯(PTFE)、聚氯乙烯(PVC)、聚苯乙烯(PS)、聚乙烯(PE),都具有极低的介电常数和介质损耗,宜作高频和高压绝缘材料。热塑性塑料易成型加工,但耐热性较低,易蠕变,其蠕变程度随承受负荷、环境温度、溶剂、湿度的变化而变化。

2. 热固性塑料

热固性塑料是指在一定温度下或固化剂、紫外线等条件下固化生成具有不溶、不熔特性的塑料,如酚醛塑料、环氧塑料、氨基树脂、有机硅等。热固性塑料固化后不再具有可塑性。它们具有刚度大、硬度高、尺寸稳定、耐热性高、受热不易变形等优点。缺点是机械强度一般不高,但可以通过添加填料,制成层压材料或模压材料来提高其机械强度。

三、塑料的主要特性

塑料与其他材料比较具有以下特性:

(一)耐化学侵蚀。一般塑料对酸碱等化学物质都具有良好的抗腐蚀性,例如,聚四氟乙烯能耐各种酸碱的侵蚀,甚至在黄金都能溶解的王水中也不受影响。

(二)质轻、比强度高。一般塑料的密度在 0.9～2.3 g/cm³,最轻的聚乙烯、聚丙烯的密度约为 0.9 g/cm³,比水还小,最重的聚四氟乙烯也只有 2.3 g/cm³,但比强度高,超过了金属材料。

(三)富有光泽,能着鲜艳色彩,部分透明或半透明,塑料透光率与玻璃比较见表 16-2。

表 16-2	塑料透光率与玻璃比较		
板厚 3 mm	透光率	板厚 3 mm	透光率
有机玻璃	93%	聚酯树脂	65%
聚苯乙烯	90%	脲酸树脂	65%
硬质聚氯乙烯	80%～88%	玻璃	91%

(四)良好的电绝缘性。几乎所有的塑料都是良好的电绝缘体,它可以与陶瓷、橡胶等绝缘材料相媲美,在电器和电子工业中得到广泛的应用。

(五)成型加工容易,可大量生产,价格便宜。能够制造形状比较复杂的产品,可比较自由地表达设计师构思的艺术形象。可方便地进行切削、焊接、表面处理等二次加工,用塑料制品代替金属制品,可节约大量的金属材料。

(六)优美舒适的质感。塑料具有适当的弹性,给人以柔和、亲切的触觉质感。塑料表面光滑、纯净,可制造出各种美丽的花纹,着色容易,色彩艳丽,外观保持好。塑料还可以模拟出其他材料的天然质感,如可以模拟出金属的光泽表面。有机玻璃本身无色透明,如果在有机玻璃中加入染料,就可以制造出鲜艳夺目的彩色有机玻璃,给人以富丽堂皇和高雅质感的感觉。

(七)优良的耐磨性和自润滑性。塑料一般比金属材料软,但塑料的摩擦、磨损性能却远高于金属,塑料的摩擦系数比较低,有些塑料具有自润滑性,如用聚四氟乙烯制造的轴承,可以在无润滑油的情况下工作。

塑料除了上述特点外还存在一些缺点，主要有以下几点：

(1)硬度和强度不如金属。

(2)塑料容易燃烧，燃烧时产生有毒气体。例如，聚苯乙烯燃烧时产生甲苯，这种物质很少的量就会导致失明，吸入后产生呕吐等症状，PVC 燃烧也会产生氯化氢有毒气体，除了燃烧，在高温环境下，会分解出有毒成分。

(3)塑料制品容易变形，温度变化时尺寸稳定性较差，成型收缩较大。

(4)塑料是由石油炼制的产品制成的，石油资源是有限的。

(5)塑料无法被自然分解，造成白色污染。

(6)塑料制品存在老化现象。在长期使用过程中，质量会逐渐下降，在周边环境的作用下，塑料的色泽会改变，机械性能下降，变得硬脆或软黏而无法使用。塑料老化是塑料产品的一个重要缺陷。

第三节　塑料材料的成型工艺

塑料的成型加工是指由合成树脂制造的聚合物制成最终塑料制品的过程。加工方法（通常称为塑料的一次加工）包括压塑成型（模压成型）、挤塑成型（挤出成型）、注塑成型（注射成型）、吹塑成型（中空成型）、发泡成型、压延成型等。

一、注塑成型

注塑成型又称注射成型。注塑成型是使用注塑机（或称注射机）将热塑性塑料熔体在高压下注入到模具内经冷却、固化获得产品的方法。

注塑成型的原理如图 16-2 所示，利用塑料的可挤压性和可模塑性，将松散的颗粒状塑料送入注射机的料斗，在机筒内加热熔融塑化，使之成为黏流态熔体，在螺杆（或柱塞）的高压推动下，通过机筒前端的喷嘴注射进入温度较低的闭合模具中，经过一段保压、冷却、定型时间后，打开模具便从模腔中脱出具有一定形状和尺寸的塑料制件。不断重复上述过程，即可不断地制造出塑料制件。

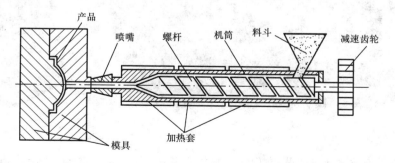

图 16-2　注塑成型

注射成型是通过注射机来实现的，注射机的种类很多，目前使用最为广泛的是移动螺杆式注射机和柱塞式注射机，无论哪一种，其基本作用均为两个：一是加热塑料，使其达到熔化状态；二是对熔化状态的塑料施加高压，使其射入模具，并充满模具的型腔。注射机和其他机械一样，也经历了一个改进和发展的过程，早期出现的注射机是柱塞式的，后来出现了单螺杆式定位注射机，再后来出现了移动螺杆式注射机。移动螺杆式注射机的效果与定位注射机相当，但其结构简单，制造方便，是目前应用最多的一种注射机。

注射成型控制的因素主要是温度、压力和成型周期，被称为注射成型的三要素。

（一）温度

注塑过程需要控制的温度有料筒温度、喷嘴温度和模具温度等。前两种温度主要影响塑料的塑化和流动，后一种温度主要影响塑料的流动和冷却。每一种塑料都具有不同的流动温度，同一种塑料，由于来源或牌号不同，其流动温度及分解温度也是有差别的，这是由于平均分子量和分子量分布不同所导致的，塑料在不同类型的注射机内的塑化过程也是不同的，因而选择温度也不相同。

（二）压力

注塑过程中压力包括塑化压力和注射压力两种，压力直接影响塑料的塑化和制品质量。

（三）成型周期

完成一次注射模塑过程所需的时间称为成型周期，又称模塑周期。它实际包括注射时间、冷却时间和其他时间。成型周期直接影响劳动生产率和设备利用率。因此，生产过程中在保证质量的前提下，应尽量缩短成型周期中各个有关时间。

注射时间中的保压时间就是对型腔内塑料压力的保持时间，在整个注射周期内所占的比例较大，一般为 20～120 s（特厚制件可高达 5～10 min）。保压时间的长短，对制品尺寸精确性有直接影响，保压时间的最佳值依赖于料温、模具温度及主流道和浇口的大小。冷却时间主要取决于制品的厚度、塑料的结晶性能，以及模具温度等。如图 16-3 所示是卧式注射机，如图 16-4 所示是立式注射机。

图 16-3　卧式注射机　　　　　　　　　　图 16-4　立式注射机

注射成型几乎适用于所有的热塑性塑料。近年来，注射成型也成功地用于某些热固性塑料。注射成型的成型周期短（几秒到几分钟），成型制品质量可由几克到几十千克，能一次成型外形复杂、尺寸精确、带有金属或非金属的嵌件。因此，该方法适应性强，生产效率高。缺点是设备及模具成本高，注射机清理较困难等。如图 16-5 所示是注射成型制品。

图 16-5　注射成型制品

　　由于注射加工涉及注射模具的制作,注射模具的制作和修改费时费力,在注射成型零件的成本中注射模具的成本占有很大的比例,一套模具的成本少则上万元,多则几十万元。当注射模具制造完成后,如果零件设计发生修改,注射模具就需要做相应的修改,这势必会带来模具成本的上升。而有些时候因为模具结构的关系,注射模具无法进行修改,只能重新设计制造一副新的模具,那么带来的成本和时间上的损失就更无法衡量了。因此,对通过注射加工工艺而获得的塑料零件,在满足产品功能、质量及外观等要求下,塑料零件设计要尽量使注射模具加工简单、制造周期短、成本低,同时要考虑有利于零件的注射,以缩短注射时间、提高效率、减少零件缺陷、保证制品的质量。

二、挤出成型

　　挤出成型又称挤塑,是热塑性塑料成型的重要方法之一。如图 16-6 所示,挤出成型是使用挤出机(挤塑机)将加热至黏流态的树脂,在压力的作用下,通过挤塑模具挤出而成为截面与口模形状相仿的连续体,然后进行定型、冷却为玻璃态,经切割而得到具有一定几何形状和尺寸的塑料制品。

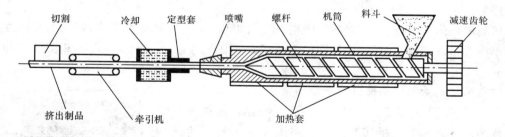

图 16-6　挤出成型工艺原理

　　挤出成型制品截面的形状取决于口模的形状,但挤出后的制品由于冷却等各种因素的影响,截面形状和口模的截面形状并不完全相同,例如,制品是正方形,则口模肯定不是正方形,如图 16-7(a)、16-7(b)所示;若口模是正方形,挤出的制品则是鼓形,如图 16-7(c)、16-7(d)所示,所以挤出成型所用的口模应根据制品冷却变形的特点进行设计。

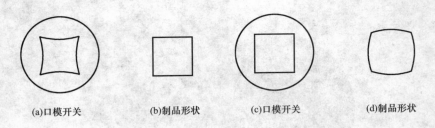

(a)口模开关　　(b)制品形状　　(c)口模开关　　(d)制品形状

图 16-7　挤出膜截面示意图

挤出成型有时也用于热固性塑料的成型,并可用于泡沫塑料的成型。挤出成型的优点是可挤出各种形状的制品,设备成本低,占地面积小,生产效率高,可自动化、连续化生产;缺点是热固性塑料不能广泛采用此方法加工,制品尺寸容易产生偏差。挤出成型的塑料制品,主要是连续的型材制品,用此方法可制取管、筒、棒、膜、片、异型材、电缆电线等。

三、压制成型

压制成型又称模压成型,如图 16-8 所示,是将塑料在模腔内借助加热、加压而成型为制品的加工方法。一般是将粉状、粒状、团粒状、片状,甚至先制成和制品相似形状的料坯,放在加热的模具型腔中,然后闭模、加压,使其成型并固化,再经脱模得到制品。压制成型的优点是,可以模压较大平面的制品,可以利用多槽模进行大量生产,设备简单,工艺条件容易控制,制品无浇口,节约材料,制品收缩率小,变形小。缺点是生产周期长,效率低,制品尺寸精度差。

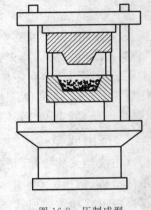

压制成型的主要设备是压机和模具。压机的作用是通过模具对塑料施加压力。压机的主要参数包括公称吨位、压板尺寸、工作行程和柱塞直径,这些指标决定压机所能模压制品的面积、高度或厚度,以及能够达到的最大模压压力。模具按其结构的特征,可分为溢式、不溢式和半溢式三种,其中以半溢式用得最多。

图 16-8　压制成型

压制成型的工艺过程分为加料、闭模、排气、固化、脱模和模具清理等,若制品有嵌件需要在模压时封入,则在加料前应将嵌件安放好。主要控制的工艺条件是压力、模具温度和模压时间。

将浸渍过树脂的片状材料叠合成所需厚度后,放在层压机中,在一定的温度和压力下使之成为层状制品,这种成型方法称为层压成型,如图 16-9 所示。层压成型制品质地密实,表面平整光洁,生产效率高,主要用于生产增强塑料板材和胶合板等层压材料。

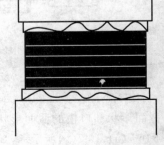

此外,还有一种特殊形式的模压方法,即先将粉状塑料压实,然后从模具中取出料坯,放在炉中加热至熔点,使塑料颗粒熔化成一个整体,冷却后得到成品或半成品。这种方法称为烧结成型,主要用于聚四氟乙烯的成型。

图 16-9　层压成型

压制成型主要应用于热固性塑料成型,如酚醛树脂、三聚氰胺甲醛、脲甲醛等塑料,也用于制造不饱和聚酯和环氧树脂加玻璃纤维的增强塑料制品。热塑性塑料也有采用此法成型的,如聚氯乙烯唱片。但热塑性塑料模压时,模具必须在制品脱模前冷却,在下一个制品成型前,必须把模具重新加热,因此生产效率很低。

四、吹塑成型

吹塑成型是利用压缩空气的压力将闭合在模具中加热到高弹态的树脂型坯吹胀为空心制品的一种方法,吹塑成型包括薄膜吹塑成型及中空吹塑成型两种方法。用吹塑成型法可生产薄膜制品、各种瓶、桶、壶类容器及儿童玩具等。

(一)薄膜吹塑

薄膜吹塑工艺流程如下:料斗上料→物料塑化挤出→吹胀牵引→风环冷却→牵引辊牵引→薄膜收卷。

吹塑薄膜的性能跟生产工艺参数有很大的关系,因此,在吹膜过程中,必须要加强对工艺参数的控制,规范工艺操作,保证生产的顺利进行,并获得高质量的薄膜产品,如图16-10所示为塑料薄膜制品。

图 16-10　塑料薄膜制品

(二)中空吹塑

中空吹塑成型是生产中空制品的方法,中空吹塑又分为注射吹塑、挤出吹塑和注射拉伸吹塑。

1.注射吹塑

注射吹塑是用注射成型法先将塑料制成有底型坯,再把型坯移入吹塑模内进行吹塑成型,如图 16-11 所示。

注射吹塑适用于生产批量大的小型精致容器,主要用于化妆品、日用品、医药、食品及矿泉水包装等。注射吹塑的优点是制品壁厚均匀,不需要后加工,所得制品无接缝,废边废料少。缺点是需要注射和吹塑两套模具,设备投资大,注塑所得型坯温度较高,吹胀前需要较长时间的冷却,成型周期长,型坯内应力较大。制造形状复杂、尺寸较大的制品时,容易出现应力开裂现象,因此制品的形状和尺寸都受到了限制。

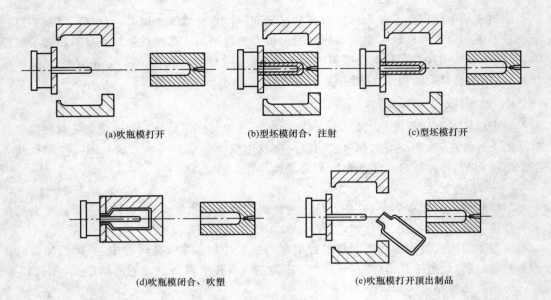

(a)吹瓶模打开　　　　　　(b)型坯模闭合、注射　　　　　　(c)型坯模打开

(d)吹瓶模闭合、吹塑　　　　　　　(e)吹瓶模打开顶出制品

图 16-11　注射吹塑成型过程

2. 挤出吹塑

挤出吹塑成型过程如下：管坯直接由挤出机挤出，并垂挂在安装于机头正下方的预先分开的型腔中；当下垂的型坯达到规定的长度后立即合模，并靠模具的切口将管坯切断，从模具分型面的小孔通入压缩空气，将型坯吹胀紧贴模壁而成型，然后保压，待制品在型腔中冷却定型后开模取出制品，如图 16-12 所示。

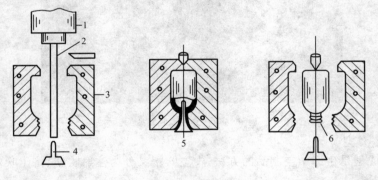

图 16-12　挤出吹塑成型过程

1—型坯机头；2—型坯；3—吹塑模具；4—进气杆；5—压缩空气；6—压缩空气吹管

挤出吹塑生产效率高，型坯温度均匀，接缝少，吹塑制品强度较高，设备简单，适应性广，在当前中空制品的总产量中占有绝对优势。

3. 注射拉伸吹塑

注射拉伸吹塑成型过程如图 16-13 所示，型坯的注射成型与无拉伸注射吹塑成型相同，不同点是型坯不立即送入吹塑模中，而是经过适当冷却后先送到加热槽内，在槽中加热到拉伸所需要的温度，再送到拉伸吹胀模中，在拉伸吹胀模内先用拉伸棒将型坯进行轴向拉伸，然后再加入压缩空气进行横向吹胀，经过一段时间冷却后，脱模得到制品。

由于在成型过程中型坯经过轴向拉伸，因此制品具有大分子双轴取向结构。制品的透

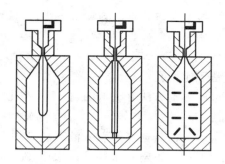

图 16-13　注射拉伸吹塑成型过程

明度、抗冲击强度、表面硬度和刚度都有较大的提高。例如,用注射吹塑成型得到的聚丙烯中空制品,其透明度不如聚氯乙烯吹塑制品,抗冲击强度不如聚乙烯吹塑制品,但用注射拉伸吹塑制成的聚丙烯中空制品,其透明度和抗冲击强度可分别达到聚氯乙烯和聚乙烯制品的水平。而且其拉伸强度、弹性模量和热变形温度都有明显提高。制造同样的中空制品,用注射拉伸吹塑成型制品比无拉伸注射吹塑成型制品的壁更薄,因而可节约更多的材料。

用于中空吹塑成型的热塑性塑料品种很多,最常用的原料是聚乙烯、聚丙烯、聚氯乙烯和热塑性聚酯等,常用来成型各种液体的包装容器,如各种瓶、桶、罐等。

五、发泡成型

泡沫塑料也叫多孔塑料,是由大量气体微孔分散于固体塑料中而形成的一类高分子材料,具有质轻、隔热、吸音、减震等特性,广泛用于绝热、隔音、包装材料及车、船壳体的绝热、隔音等。几乎各种塑料均可制成泡沫塑料,发泡成型是塑料加工中的一个重要领域,泡沫塑料制品如图 16-14 所示。

图 16-14　泡沫塑料制品

微孔间互相连通的称为开孔型泡沫塑料,互相封闭的称为闭孔型泡沫塑料。泡沫塑料有硬质、软质两种。判断软、硬泡沫塑料的标准是在 18～29 ℃下 5 s 内,绕直径 25 mm 的圆棒一周,如不断裂,测试样属于软质泡沫塑料;反之,则属于硬质泡沫塑料。泡沫塑料还可分为低发泡和高发泡两类。通常将发泡倍率(发泡后比发泡前体积增大的倍数)小于 5 的称为低发泡,大于 5 的称为高发泡。

无论采用什么方法发泡,其基本过程都分为如下三步:

(1)在液态或熔融态塑料中引入气体,产生微孔。

(2)使微孔增长到一定体积。

(3)通过物理或化学方法固定微孔结构。

按照引入气体的方式不同,发泡方法有机械法、物理法和化学法。

（一）机械法

借助强烈的搅拌,把大量空气或其他气体引入液态塑料中。工业上主要用此法生产脲醛泡沫塑料,可用做隔热保温材料或影剧中布景材料(如人造雪花)。

（二）物理法

通常将低沸点烃类或卤代烃类材料溶入塑料中,受热时塑料软化,同时溶入的液体挥发膨胀发泡。如聚苯乙烯泡沫塑料,可在苯乙烯悬浮聚合时,先把戊烷溶入单体中,或在加热加压下把已聚合成珠状的聚苯乙烯树脂用戊烷处理,制得所谓的可发泡性聚苯乙烯珠粒。将此珠粒在热水或蒸汽中预发泡,再置于模具中通入蒸汽,使预发泡颗粒二次膨胀并互相熔结,冷却后即得到与模具型腔形状相同的制品。它们广泛用做保温和包装中的防震材料。引入气体的物理方法还有溶出法、中空微球法等。溶出法是将可溶性物质如食盐、淀粉等和树脂混合,成型为制品后,再将制品放在水中反复处理,把可溶性物质溶出,即得到开孔型泡沫制品,多用做过滤材料。中空微球法是将熔化温度很高的空心玻璃微珠与塑料熔体相混,在玻璃微珠不致破碎的成型条件下,可制得特殊的闭孔型泡沫塑料。

（三）化学法

1. 采用化学发泡剂发泡

在发泡成型过程中,通过发泡剂自身分解或与助发泡剂相互作用,释放出气体。偶氮二甲酰胺(俗称 AC 发泡剂)是最常用的有机化学发泡剂。许多热塑性塑料均可用此法做成泡沫塑料。例如,聚氯乙烯泡沫鞋就是把树脂、增塑剂、发泡剂和其他添加剂制成的配合料,放入注射机中,发泡剂在机筒中分解,物料在模具中发泡而成。泡沫人造革则是将发泡剂混入聚氯乙烯糊中,涂刮或压延在织物上,连续通过隧道式加热炉,物料塑化熔融,发泡剂分解发泡,经冷却和表面整饬,即得泡沫人造革。

2. 利用聚合过程中的副产气体

典型例子是聚氨酯泡沫塑料,当异氰酸酯和聚酯或聚醚进行缩聚反应时,部分异氰酸酯会与水、羟基反应生成二氧化碳。只要气体放出速度和缩聚反应速度调节得当,即可制得泡孔十分均匀的高发泡制品。聚氨酯泡沫塑料有两种类型:软质开孔型形似海绵,广泛用做各种座椅、沙发的坐垫,以及吸音、过滤材料等;硬质闭孔型则是理想的保温、绝缘、减震和漂浮材料。

六、压延成型

压延成型生产工艺流程如图 16-15 所示,是将树脂和各种添加剂经预期处理(捏合、过滤等)后通过压延机的两个或多个转向相反的压延辊的间隙加工成薄膜或片材,随后从压延机辊筒上剥离下来,再经冷却定型的一种成型方法。压延成型主要用于聚氯乙烯树脂的成型,能制造薄膜、片材、板材、人造革、地板砖等制品。

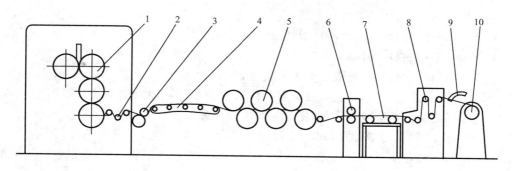

1—主机；2—引离装置；3—压花装置；4—预冷装置；5—冷却装置；6—测厚装置；7—输送装置；8—张力调节装置；9—切割装置；10—卷取装置

图 16-15　压延成型生产工艺流程

七、塑料的二次加工

塑料的二次加工是指采用切削加工、连接、热成型、表面处理等工艺手段将一次成型的制品，如板材、管材、棒材或模制件再次加工，制成所需的制品。

（一）塑料的切削加工

塑料的切削加工与金属的切削加工类似，可以采用金属切削加工设备对塑料进行机械加工，如车、铣、刨、钻、锯等，成型原理与金属加工类似，也可以采用手工工具进行手工加工。由于塑料的硬度和强度都远小于金属，所以加工所使用的刀具可以采用硬度稍低的刀具材料，并且可以磨得更加锋利。但塑料加工时应注意，塑料的导热性差、加工中散热条件差，并且塑料不耐高温，一旦温度过高，容易造成软化发黏，甚至分解烧焦。由于塑料的回弹性比金属大，易变形，所以切削加工的塑料制品，尺寸精度不如金属好，表面粗糙度也比较差，加工有方向性的层状塑料制件时容易开裂、分层、起毛或崩裂等。

（二）塑料的连接

塑料的连接包括机械连接、焊接、溶剂黏结、胶黏结等。

1. 塑料的机械连接

塑料的机械连接采用最多的是螺钉连接和弹性连接。螺钉连接有木螺钉连接和自攻螺钉连接等，这种连接方法除了可以用于塑料与塑料之间的连接外，还可以用于塑料与其他材料之间的连接，如图 16-16（a）所示。弹性连接是利用塑料的弹性来实现的，可根据需要进行结构设计，其结构方式有固定式、半固定式和可拆卸式，如图 16-16（b）所示。

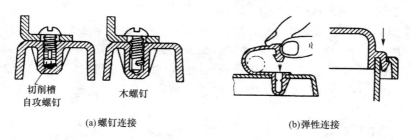

切削槽
自攻螺钉　　　　　木螺钉

(a)螺钉连接　　　　　　　　　　(b)弹性连接

图 16-16　塑料的机械连接

2. 塑料的焊接

塑料的焊接又称热熔黏结，是热塑性塑料连接的一种方法，将塑料待连接处加热，使其处于熔融状态,然后施加一定的压力,将其黏结在一起。常用的焊接方法有热风焊接、热对挤焊接、高频焊接、超声波焊接、感应焊接、摩擦焊接等。

3. 塑料的溶剂黏结

将需要黏结的塑料连接处表面涂上有机溶剂(如丙酮、三氯甲烷、二甲苯),使其溶解或溶胀,并施加一定的压力,将其连接在一起。使用时应根据不同的塑料选择不同的溶剂,这些溶剂都是有毒、易燃、易挥发物品,使用时要特别注意安全。

一般可溶于溶剂的热塑性塑料都可用溶剂黏结,如聚氯乙烯、聚苯乙烯、ABS、有机玻璃。溶剂黏结不适用于不同塑料之间的连接,由于热固性塑料不能溶解,所以也不适用于溶剂黏结。常用塑料所适用的黏结溶剂见表 16-3。

表 16-3 常用塑料所适用的黏结溶剂

塑　料	溶　剂
有机玻璃	三氯甲烷、二氯甲烷
聚氯乙烯	四氢呋喃、环己酮
聚苯乙烯	三氯甲烷、二氯甲烷、甲苯
聚碳酸酯	三氯甲烷、二氯甲烷
纤维素	三氯甲烷、丙酮
聚酰胺	苯酚水溶液、二氯甲烷、二氯乙烷
ABS	三氯甲烷、四氢呋喃、甲乙酮

4. 塑料的胶黏结

塑料的胶黏结是利用胶黏性较强的胶黏剂,将塑料黏合在一起的连接方法,其操作方法与溶剂黏结类似,将需要黏结的塑料连接处表面涂上胶黏剂,并施加一定的压力,将其连接在一起。由于不同的塑料对黏合剂的要求不同,使用时要针对不同材质的塑料选择不同的黏合剂,绝大多数塑料黏合剂都是有毒、易挥发、易燃物品,使用时应特别注意安全。由于新型的黏合剂不断出现,而且操作简单,所以此种方法应用得越来越广泛,是一种很有发展前景的连接方法。

(三)塑料的热成型

热成型是将热塑性塑料片材加工成各种制品的一种塑料加工方法,是塑料的二次成型。首先将片材夹在模具的框架上加热到 $T_g \sim T_f$ 的恰当温度,在外力作用下,使其紧贴模具的型面,以取得与型面相仿的形状。冷却定型后,经修整即成制品。近年来,热成型已取得新的进展,例如,从挤出片材到热成型的连续生产技术。

当前热成型产品越来越多,例如,杯、碟、食品盘、玩具、头盔,以及汽车部件、建筑装饰件、化工设备等。热成型与注射成型比较,具有生产效率高、设备投资少和能制造表面积较大的产品等优点。用于热成型的塑料主要有聚苯乙烯、聚氯乙烯、聚烯烃类(如聚乙烯、聚丙烯)、聚丙烯酸酯类(如聚甲基丙烯酸甲酯)和纤维素(如硝酸纤维素、醋酸纤维素等)塑料,也用于工程塑料(如 ABS 树脂、聚碳酸酯)。热成型的缺点是原料需经过一次成型,成本较高,制品后加工工序较多。

热成型方法有多种,但基本上都是以真空、气压或机械压力三种方法为基础加以组合或改进而成的。

1. 真空成型

如图 16-17、图 16-18 所示,先将片材覆盖于模具上,然后利用加热器对其加热,当片材加热到适当的温度后,移开加热器,利用真空产生的压力差使受热软化的片材紧贴模具表面而成型,此方法简单,但抽真空所造成的压差不大,只适用于外形简单的制品。

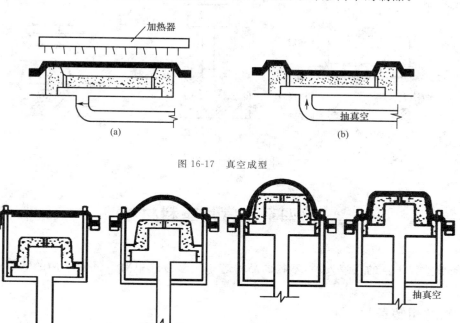

图 16-17　真空成型

图 16-18　排气真空回吸成型

2. 气压热成型

先将片材覆盖于模具上,然后利用加热器对其加热,当片材加热到适当的温度后,移开加热器,采用压缩空气或蒸汽压力的方法,迫使受热软化的片材紧贴于模具表面而成型。如图16-19 所示,这种方法由于压差比真空成型大,因此可制造外形较复杂的制品。

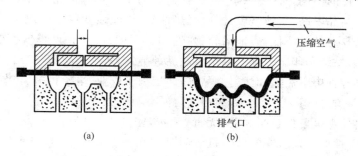

图 16-19　气压热成型

3. 机械挤压成型

先将片材用框架夹持于阴模与阳模之间,然后利用加热器对其加热,当片材加热到适当的温度后,移开加热器,利用机械压力进行成型,如图 16-20 所示。此方法的成型压力更大,可用于制造外形复杂的制品,但模具的制造费用较高。

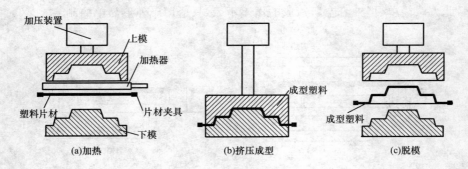

图 16-20　机械挤压成型

第四节　常用塑料材料

随着塑料工业的飞速发展,塑料的品种越来越多。这里对设计中常用的塑料进行简要介绍。

一、通用塑料

(一)聚乙烯(PE)——热塑性塑料

聚乙烯是乙烯经聚合制得的一种热塑性树脂。聚乙烯无臭,无毒,手感似蜡,外观呈乳白色,具有优良的耐低温性能(最低使用温度可达$-100 \sim -70 \ ℃$),化学稳定性好,能耐大多数酸碱的侵蚀(不耐具有氧化性质的酸),常温下不溶于一般溶剂,吸水性小,但由于其为线型分子结构,可缓慢溶于某些有机溶剂,且不发生溶胀,电绝缘性能优良;但聚乙烯对于环境应力(化学与机械作用)是很敏感的,耐热性、耐老化性差。

根据聚合条件的不同,可得高、中、低三种密度的聚乙烯。高密度聚乙烯又称低压聚乙烯,分子量较大,结晶率高,质地坚硬,耐磨耐热性好,机械强度较高;低密度聚乙烯又称高压聚乙烯,分子量较小,结晶率低,质地柔软,弹性和透明度好,软化点稍低。聚乙烯易加工成型,其表面不容易黏结和印刷。聚乙烯塑料制品种类繁多,可用吹塑、挤出、注射等成型方法生产薄膜、型材、各种中空制品和注射制品等,广泛用于农业、电子机械、包装等方面。

(二)聚丙烯塑料(PP)——热塑性塑料

聚丙烯塑料外观呈乳白色半透明,无毒,无味,密度小(约为 $0.90 \ g/cm^3$),耐弯曲疲劳性优良,化学稳定性好,常见的酸、碱有机溶剂对它几乎不起作用,具有良好的电绝缘性,成型尺寸稳定,热膨胀性小,机械强度、刚性、透明性和耐热性均比聚乙烯高,可在 $100 \ ℃$ 左右使用。但耐低温性能较差,易老化。

聚丙烯可用吹塑、挤出、注射、热成型等方法加工成型。由于表面光洁、透明等优点,广泛用作食品用具、水桶、口杯、热水瓶壳等家庭用品及各种玩具,饮料包装、农业品的货箱,以及化学药品的容器等。聚丙烯薄膜具有一定的强度和透明度,大量用作包装材料。聚丙烯表面经处理后可以电镀,其电镀制品耐热性能比 ABS 塑料好。

（三）聚苯乙烯（PS）——热塑性塑料

聚苯乙烯塑料质轻，相对密度也仅次于 PP、PE（约为 1.05 g/cm³），表面硬度高，有良好的透明性，透光率达 88%～92%，仅次于丙烯酸类聚合物，折射率为 1.59～1.60。可用作光学零件，有光泽，易着色，具有优良的电绝缘性、耐化学腐蚀性、抗反射性和低吸湿性。制品尺寸稳定，具有一定的机械强度，但质脆易裂，抗冲击性差，耐热性差。受阳光作用后，易出现发黄和混浊。可通过改性处理，改善和提高性能，如高抗聚苯乙烯（HIPS）、ABS 塑料、AS 树脂等。

聚苯乙烯最重要的特点是熔融时的热稳定性和流动性非常好，所以易成型加工，特别是注射成型容易，适合大量生产。成型收缩率小，制品尺寸稳定性也好。可用注射、挤出、吹塑等方法加工成型。主要用来制造餐具、包装容器、日用器皿、玩具、家用电器外壳、汽车灯罩，以及各种模型材料、装饰材料等，聚苯乙烯经发泡处理后可制成泡沫塑料。

（四）聚氯乙烯塑料（PVC）——热塑性塑料

聚氯乙烯塑料的生产量仅次于聚乙烯塑料，在各领域中得到广泛应用。聚氯乙烯本色为微黄色半透明状，有光泽。透明度胜于聚乙烯、聚丙烯，差于聚苯乙烯，聚氯乙烯具有良好的电绝缘性和耐化学腐蚀性，但热稳定性差，分解时放出氯化氢，因此成型时需要加入稳定剂。聚氯乙烯的性能与其聚合度、添加剂的组成、含量及加工成型方法等有密切的关系。聚氯乙烯塑料根据所加增塑剂的多少，分为硬质和软质两大类。软制品柔而韧，手感黏，硬制品的硬度高于低密度聚乙烯，而低于聚丙烯，在曲折处会出现白化现象。硬质聚氯乙烯塑料机械强度高，经久耐用，用于生产结构件、壳体、玩具、板材、管材等。软质聚氯乙烯塑料质地柔软，用于生产薄膜、人造革、壁纸、软管和电线套管等。

（五）聚甲基丙烯酸甲酯塑料（PMMA）——热塑性塑料

聚甲基丙烯酸甲酯塑料俗称有机玻璃，主要分浇注制品和挤塑制品，形态有板材、棒材和管材等。其种类繁多，有彩色、珠光、镜面和无色透明等品种。有机玻璃质轻（约为 1.18 g/cm³，为无机玻璃的一半），不易破碎，透明度高（透光率可达 92% 以上），易着色。有机玻璃的强度比较高，抗拉伸和抗冲击的能力比普通玻璃高 7～18 倍。耐水性及电绝缘性好，但表面硬度低，易划伤而失去光泽，耐热性低，具有良好的热塑性，可通过热成型加工成各种形状，可以采用切削、钻孔、研磨、抛光等机械加工和采用黏结、涂装、印刷、热压印花、烫金等二次加工制成各种制品。广泛用作广告标牌、绘图尺、照明灯具、光学仪器、安全防护罩、日用器具及汽车、飞机等交通工具的侧面玻璃等。

（六）酚醛塑料（PF）——热固性塑料

酚醛塑料俗称电木，是塑料中最古老的品种，至今仍广泛应用。由酚醛树脂加入填料、固化剂、润滑剂等添加剂，分散混合成压塑粉，经热压加工而得酚醛塑料。酚醛塑料强度高，刚性大，坚硬耐磨，密度为 1.5～2.2 g/cm³，制品尺寸稳定、易成型，成型时收缩小，不易出现裂纹；耐高温，电绝缘性及耐化学药品性好，成本低廉。酚醛塑料是电器工业中重要的绝缘材料，可用作电子管插座、开关、灯口等；还可用作注塑材料，制作各种日用品和装饰品。酚醛泡沫塑料可做隔热、隔音材料和抗震包装材料，如图 16-21 所示是酚醛塑料制品。

图 16-21　酚醛塑料制品

二、工程塑料

(一)ABS 塑料—热塑性塑料

ABS 塑料是丙烯腈—丁二烯—苯乙烯的三元聚合物,外观为不透明象牙色粒料,其制品五颜六色,并具有高光泽度,密度为 $1.05\ \mathrm{g/cm^3}$ 左右,吸水率低。ABS 综合了 3 种组分的性能,如丙烯腈的刚性、耐热性、耐化学腐蚀性和耐候性,丁二烯的抗冲击性、耐低温性,苯乙烯的表面高光泽性、尺寸稳定性、易着色性和易加工性,成为综合性能良好的热塑性塑料。调整 ABS 三组分的比例,其性能也随之发生改变,以适应各种应用的要求,如高抗 ABS、耐热 ABS、高光泽 ABS 等。

ABS 具有优良的力学性能,其抗冲击性极好,可以在极低的温度下使用;耐磨性优良,尺寸稳定性好,ABS 的弯曲强度和压缩强度是塑料中较差的。ABS 的力学性能受温度的影响较大。ABS 的电绝缘性较好,并且几乎不受温度、湿度和频率的影响,可在大多数环境下使用。ABS 塑料的成型加工性好,可采用注射、挤出、热成型等方法成型,可进行锯、钻、锉、磨等机械加工,可用三氯甲烷等有机溶剂溶解,还可以进行涂饰、电镀等表面处理。电镀制件可作铭牌装饰件。ABS 注射制品常用来制作壳体、箱体、零部件、玩具等。挤出制品多为板材、棒材、管材等,可进行热压、复合加工及制作模型。ABS 塑料还是理想的木材代用品和建筑材料。

(二)聚酰胺塑料(PA)——热塑性塑料

聚酰胺(俗称尼龙)主链上含有许多重复的酰胺基,用作塑料时称为尼龙,用作合成纤维时称为锦纶,目前聚酰胺品种多达几十种,其中以聚酰胺-6,聚酰胺-66 和聚酰胺-610 的应用最广泛。聚酰胺-6 和聚酰胺-66 主要用于纺制合成纤维,称为锦纶-6 和锦纶-66。聚酰胺-610 则是一种力学性能优良的热塑性工程塑料。

PA 具有良好的综合性能,包括力学性能、耐热性、耐磨损性、耐化学药品性和自润滑性,且摩擦系数低,有一定的阻燃性,易于加工,适于用玻璃纤维和其他填料填充。

由于聚酰胺具有无毒、质轻、优良的机械强度、耐磨性及较好的耐腐蚀性,因此广泛应用于代替铜等金属在机械、化工、仪表、汽车等工业中制造轴承、齿轮、泵叶及其他零件。聚酰胺熔融纺成丝后有很高的强度,主要用来做合成纤维。

（三）聚对苯二甲酸乙二醇酯（PET）—热塑性塑料

聚对苯二甲酸乙二醇酯俗称涤纶树脂。它是对苯二甲酸与乙二醇的缩聚物，PET 塑料具有较高的成膜性和成型性能。PET 是乳白色或浅黄色的高度结晶性聚合物，表面平滑而有光泽。PET 塑料具有很好的光学性能和耐候性，非晶态的 PET 塑料具有良好的光学透明性。另外，PET 塑料具有优良的耐磨性和尺寸稳定性及电绝缘性。PET 做成的瓶子具有强度大、透明性好、无毒、防渗透、质量轻、生产效率高等特点，因而受到了广泛的应用。

PET 塑料具有以下特点：

（1）热变形温度和长期使用温度是热塑性通用工程塑料中最高的。

（2）耐热性强，增强 PET 在 250 ℃的焊锡浴中浸渍 10 s，几乎不变形也不变色，特别适合制备锡焊的电子、电器零件。

（3）弯曲强度 200 MPa，弹性模量达 4 000 MPa，耐蠕变及疲劳性也很好，表面硬度高，机械性能与热固性塑料相近。

PET 塑料的用途如下：

（1）薄膜片材方面：各类食品、药品、无毒无菌的包装材料；纺织品、精密仪器、电器元件的高档包装材料；录音带、录像带、电影胶片、计算机软盘、金属镀膜及感光胶片等的基材；电气绝缘材料、电容器膜、柔性印制电路板及薄膜开关等电子领域和机械领域。

（2）包装瓶的应用：其应用已由最初的碳酸饮料发展到现在的啤酒瓶、食用油瓶、调味品瓶、药品瓶、化妆品瓶等。

（3）机械设备：制造齿轮、凸轮、泵壳体、皮带轮、电动机框架和钟表零件，也可用做微波烘箱烤盘、各种顶棚、户外广告牌和模型等。

（四）聚碳酸酯塑料（PC）——热塑性塑料

聚碳酸酯是一种无色透明的热塑性材料，密度为 $1.20\sim1.22$ g/cm³，聚碳酸酯具有良好的机械性能，抗冲击、抗热畸变性能好，而且耐候性好、硬度高，耐热，具有良好的透光性，折射率高，成型加工性能好，具有用热水和腐蚀性溶液洗涤处理时不变形且保持透明的优点，目前一些领域 PC 瓶已完全取代玻璃瓶。

PC 不耐强酸和强碱，耐磨性差，一些用于易磨损用途的聚碳酸酯器件需要对表面进行特殊处理。

由于聚碳酸酯在较塑料的温度、湿度范围内具有良好而恒定的电绝缘性，因此它是优良的绝缘材料。同时，其良好的难燃性和尺寸稳定性，使其在电子电器工业中得到了广泛的应用。聚碳酸酯塑料可以制作各种食品加工机械零件，电动工具外壳、冰箱冷冻室抽屉和真空吸尘器零件等。聚碳酸酯塑料可制作各种光学透镜，用于照相机、显微镜、望远镜及光学测试仪器等，聚碳酸酯材料的镜片近年来得到了广泛的应用。

（五）聚苯醚塑料（PPO）——热塑性塑料

聚苯醚塑料无毒、透明、相对密度小，具有优良的机械强度、耐热性、耐水性、耐水蒸气性、尺寸稳定性良好。在很宽温度、频变范围内电性能好，不水解，型收缩率小，难燃有自熄性，耐无机酸、碱、芳香烃、卤代烃、油类等性能差，易溶胀或应力开裂，主要缺点是熔融流动性差，加工成型困难，实际应用大部分为 MPPO（PPO 共混物或合金），如用 PS 改性 PPO，可大大改善加工性能，改进耐应力开裂性和冲击性，降低成本，只是耐热性和光泽略有降低。PPO 和 MPPO 可以采用注塑、挤出、吹塑、模压、发泡和电镀、真空镀膜、印刷机加工等各种加工方法，PPO 和 MPPO 主要用于电子电器、汽车、家用电器、办公室设备和工业机械等方面，利用 MPPO 的耐热性、耐冲击性、尺寸稳定性、耐擦伤、耐剥落和电气性能，用于做汽车仪表板、散热器格子、电视机、摄影机、录像带、录音机、空调机、加温器、电饭煲等零部件。

（六）聚甲醛塑料（POM）——热塑性塑料

聚甲醛塑料是一种高密度，高结晶性的线性聚合物，具有优异的综合性能，聚甲醛塑料是一种表面光滑，有光泽的硬而致密的材料，淡黄或白色，可在 $-40\sim100$ ℃温度范围内长期使用。它的耐磨性和自润滑性也比绝大多数工程塑料优越，具有良好的耐油，耐过氧化物性能，耐酸、强碱和耐太阳光紫外线的辐射性很差。POM 是一种坚韧有弹性的材料，即使在低温下仍有很好的抗蠕变特性、几何稳定性和抗冲击特性。

聚甲醛塑料具有类似金属的硬度、强度和刚性，具有很好的自润滑性、良好的耐疲劳性，并富有弹性，具有较好的耐化学品性。POM 以较低的成本，正在替代一些金属制品，如替代锌、黄铜、铝和钢制造的许多部件。POM 已经广泛应用于电子电气、机械、仪表、日用轻工、汽车、建材、农业等领域。在很多新领域的应用，如医疗技术、运动器械等方面，POM 也表现出较好的增长态势。

（七）聚四氟乙烯（PTFE）——热塑性塑料

聚四氟乙烯是氟乙烯的聚合物。20 世纪 30 年代末期发现，40 年代投入工业生产。由于具有优良的使用性能被美誉为"塑料王"，中文商品名为"铁氟龙"、"特氟龙"、"特富隆"、"泰氟龙"等，密度为 $2.1\sim2.3$ g/cm³。

聚四氟乙烯制品色泽洁白，有蜡状感，耐高温，可以长期在 $200\sim260$ ℃下使用，耐低温，在 -100 ℃时仍然不变脆；耐腐蚀，耐王水和一切有机溶剂，除熔融的碱金属外，聚四氟乙烯几乎不受任何化学试剂腐蚀。例如，在浓硫酸、硝酸、盐酸，甚至在王水中煮沸，其重量及性能均无变化，也几乎不溶于所有的溶剂，只在 300 ℃以上稍溶于全烷烃（约 0.1 g/100 g）。聚四氟乙烯不吸潮，不燃，对氧、紫外线均极稳定，所以具有优异的耐候性，是塑料中最耐老化的材料；是塑料中摩擦系数（0.04）最小的材料；具有固体材料中最小的表面张力而不黏附任何物质的特性；无毒害，具有生理惰性；具有优异的电气性能，是理想的 C 级绝缘材料，像报纸厚的一层聚四氟乙烯就能阻挡 1 500 V 的高压。

（八）聚氨酯

聚氨酯全称为聚氨基甲酸酯，目前聚氨酯泡沫塑料应用广泛，如图 16-22 所示。软泡沫塑料主要用于家具及交通工具的各种垫材、隔音材料等；硬泡沫塑料主要用于家用电器隔热层、房屋墙面保温、管道保温材料、建筑板材、冷藏车及冷库隔热材料等；半硬泡沫塑料用于汽车仪表板、方向盘等。

聚氨酯弹性体可在较宽的硬度范围内具有较高的弹性及强度，具有优异的耐磨性、耐油性、耐疲劳性及抗震动性，具有"耐磨橡胶"之称。因此聚氨酯弹性体广泛用于制鞋材料、密封材料。另外，在冶金、石油、汽车、纺织、印刷、医疗、体育、粮食加工、建筑等工业部门都有广泛的应用。

三、增强塑料

增强塑料是含有增强材料的塑料，是一种重要的高分子复合材料。增强塑料分增强热固性塑料和增强热塑性塑料两类，以热固性为主。增强塑料采用的热固性树脂有不饱和聚酯树脂、酚醛树脂、环氧树脂、有机硅树脂、醇酸树脂、三聚氰胺—甲醛树脂；采用的热塑性树

图 16-22 聚氨酯泡沫塑料

脂有聚酰胺树脂、聚碳酸酯树脂、聚砜、丙烯酸类树脂(丙烯酸或甲基丙烯酸及其酯类的聚合物)、聚甲醛树脂、ABS 树脂、聚乙烯树脂和聚丙烯树脂等。所用增强材料有金属材料、非金属材料和高分子材料,三者均以纤维状材料为主。常用的增强纤维有玻璃纤维、碳纤维、石棉纤维、硼纤维和芳香族聚酰胺纤维。增强材料具有较高的强度和模量。树脂具有许多固有的优良物理、化学(耐腐蚀、绝缘、耐辐照、耐瞬时高温烧蚀等)和加工性能。树脂与增强塑料复合后,增强塑料可以起到增进树脂力学或其他性能的作用,而树脂对增强塑料可以起到黏合和传递载荷的作用,使增强塑料具有优良性能。

玻璃纤维增强塑料是最常用的增强塑料,是用玻璃纤维或其织物来增强合成树脂,用涂布、注塑、挤塑、层压等方法加工成型的制品。

以热固性树脂为黏结剂的玻璃纤维热固性增强塑料俗称玻璃钢。玻璃钢材料具有重量轻,比强度高,耐腐蚀,电绝缘性能好,传热慢,以及容易着色,能透过电磁波等特性。与常用的金属材料相比,它还具有如下特点。

(1)由于玻璃钢产品可以根据不同的使用环境及特殊的性能要求,自行设计复合制作而成,因此只要选择适宜的原材料品种,基本上可以满足各种不同用途对于产品使用时的性能要求。因此,玻璃钢材料是一种具有可设计性的材料品种。

(2)玻璃钢产品制作成型时的一次成型,是区别于金属材料的一个显著特点。只要根据产品的设计,选择合适的原材料铺设方法和排列程序,就可以将玻璃钢材料的结构一次性地完成,避免了金属材料通常所需要的二次加工,从而可以大大降低产品的物质消耗,减少了人力和物力的浪费。

四、泡沫塑料

泡沫塑料是由大量气体微孔分散于固体塑料中而形成的一类高分子材料,具有质轻、隔热、吸音、减震等特性,用途很广。几乎各种塑料均可做成泡沫塑料,微孔间互相连通的称为开孔型泡沫塑料,互相封闭的称为闭孔型泡沫塑料。泡沫塑料有硬质、软质两种。泡沫塑料还可分为低发泡和高发泡两类。通常将发泡倍率(发泡后比发泡前体积增大的倍数)小于 5

的称为低发泡,大于 5 的称为高发泡。

(一)聚苯乙烯泡沫塑料

聚苯乙烯泡沫塑料是以聚苯乙烯树脂为主体,加入发泡剂等添加剂制成的,它是目前使用最多的一种缓冲材料。它具有闭孔结构,吸水性小,有优良的抗水性;密度小,一般为 $0.015\sim0.03$ g/cm³;机械强度好,缓冲性能优异;加工性好,易于模塑成型;着色性好,温度适应性强,抗放射性优异等优点,而且尺寸精度高,结构均匀。因此在外墙保温中其占有率很高。但燃烧时会产生污染环境的苯乙烯气体。聚苯乙烯泡沫塑料广泛用于各种精密仪器、仪表、家用电器等的缓冲包装。

(二)聚氨酯泡沫塑料

聚氨酯泡沫塑料是异氰酸酯和羟基化合物经聚合发泡制成的,按其硬度可分为软质和硬质两类,其中软质为主要品种。一般来说,它具有极佳的弹性、柔软性、伸长率和压缩强度;化学稳定性好,耐许多溶剂和油类;耐磨性优良,是天然海绵的 20 倍;还有优良的加工性、绝热性、黏合性等,是一种性能优良的缓冲材料。

聚氨酯泡沫塑料一般只用于高档精密仪器、贵重器械、高档工艺品等的缓冲包装或衬垫缓冲材料,也可制成精致的、保护性极好的包装容器;还可采用现场发泡对物品进行缓冲包装。

(三)聚乙烯泡沫塑料

聚乙烯泡沫塑料具有以下几个特点:

(1)几乎不吸水、不透水蒸气,长期在潮湿环境下使用不会受潮,因而导热系数能够保持不变,并且为软质泡沫塑料,具有很好的柔韧性。

(2)压缩性能较差,受压状态下使用时存在压缩蠕变。

(3)适用于低温管道和空调风管。

(四)酚醛泡沫塑料

酚醛泡沫塑料各项性能和价格与聚氨酯泡沫塑料相当,只是压缩性能较低;但是由于它的耐温性和防火性能远远优于聚氨酯泡沫塑料,长期使用温度可高达 200 ℃,间歇使用温度高达 250 ℃,所以特别适用于高温管道和对防火要求严格的场合。

第五节　塑料材料在产品设计中的应用

由于塑料具有优良的性能,良好的成型工艺,所以越来越受到人们的欢迎,塑料制品种类繁多,几乎在人们生活中的各个方面,以及工农业生产中都可以看到塑料制品。下面以几个塑料制品为例介绍塑料在产品设计中的应用。

(一)如图 16-23 所示的手枪钻,采用 PVC 或 ABS 塑料注射成型,既可绝缘,又便于成型。手柄采用曲线设计,既便于人手的把握和操作,减少对手的冲击,避免长时间操作造成肌体疲劳,又考虑到注射模具的加工制造方便及便于取模等因素。

(二)如图 16-24 所示为自动削笔器,采用聚氯乙烯塑料注射成型。此设计功能突出,锥形削口形态较为直观,使用安全,造型简洁美观。

图 16-23 手枪钻　　　　　　　　　图 16-24 自动削笔器

（三）如图 16-25 所示为吸尘器，造型简洁、饱满，好像趴在地上的小动物，活泼可爱。

（四）如图 16-26 所示为"生态"垃圾桶，其设计最具特色的是垃圾桶的口沿，可脱卸的外沿能将薄膜垃圾袋紧紧卡住，口沿上可安放一个小垃圾桶用来进行垃圾分类，此产品采用 ABS 塑料或聚丙烯塑料注射成型，其内壁光滑易于清洁。

（五）如图 16-27 所示为儿童望远镜。色彩明快，采用纯色，每个部件采用一种颜色，有助于儿童对其装配关系有所了解，产品的边角都处理得比较圆滑，防止对儿童造成伤害。

图 16-25 吸尘器　　　　　图 16-26 "生态"垃圾桶　　　　图 16-27 儿童望远镜

第十七章　产品设计木质材料与成型工艺

第一节　木质材料概述

　　木材是树木砍伐后，经初步加工，可用来制造器物的材料，木材是一种优良的造型材料，自古以来，它一直是常用的传统材料，其自然、朴素的特性令人产生亲切感，被认为是最富于人性特征的材料。

　　木材作为一种天然材料，在自然界蓄积量大、分布广、取材方便，具有优良的特性。在新材料层出不穷的今天，木材在设计应用中仍占有十分重要的地位。

一、木材的构造

　　木材是树木采伐后经初步加工而得的，是由纤维素、半纤维素和木质素等组成的。树干是木材的主要部分，由树皮、形成层、木质部和髓心组成。在树干横截面的木质部上可看到环绕髓心的年轮。每一年轮一般由两部分组成：色浅的部分称早材（春材），是在季节早期生长的，细胞较大，材质较疏；色深的部分称晚材（秋材），是在季节晚期生长的，细胞较小，材质较密。在树干的中部，颜色较深的部分称为芯材；在树干的边部，颜色较浅的部分称为边材，如图 17-1 所示。

图 17-1　木材构造

二、木材的缺陷

木材是天然材料，树木在生长过程中受自然环境的影响必然会出现各种缺陷，木材的缺陷可分为如下 3 类：

（1）天然缺陷

如木节、斜纹理及因生长应力或自然损伤而形成的缺陷。木节是树木生长时被包在木质部中的树枝部分。原木的斜纹理常称为扭纹，对锯材则称为斜纹。

（2）生长缺陷

主要有腐朽、变色和虫蛀等。

（3）干燥及机械加工引起的缺陷

如干裂、翘曲、锯口伤等。

为了合理使用木材，通常按不同用途的要求，限制木材允许缺陷的种类、大小和数量，将木材划分等级使用。

三、木材的特性

木材在生长过程中，由于树种不同和生长的自然条件不同，形成了自身独特的性质，这些特性与其他材料不同，具有鲜明的特点，主要有以下几点。

（一）木材具有天然的色泽和美丽的花纹

不同树种的木材或同种木材的不同树区，都具有不同的色泽。如红松的心材是淡玫瑰色，边材是黄白色；杉木的心材为红褐色，边材为淡黄色等。木材因年轮方向的不同而形成各种粗、细、直、曲等形状的纹理，经过弦切、刨切等多种方法能够截取或拼接成种类繁多、绚丽的花纹，如图 17-2 所示。

图 17-2　木材的花纹

（二）木材的含水率

木材的含水率是指木材中水重占烘干后木材重的百分数。木材在大气中能吸收或蒸发水分，与周围空气的相对湿度和温度相适应而达到恒定的含水率，称为平衡含水率。木材平衡含水率随地区、季节及气候等因素的变化而变化，不同的木材平衡含水率也不同，一般都在 8%～10%。

（三）木材的胀缩性

木材吸收水分后体积膨胀，丧失水分则收缩。木材自纤维饱和点到炉干的干缩率，顺纹方向约为 0.1%，径向为 3%～6%，弦向为 6%～12%。径向和弦向干缩率的不同是木材产生裂缝和翘曲的主要原因。

（四）木材的密度

由于木材的质量和体积受含水率的影响较大，所以木材的密度有多种不同的表示方法。木材试样的烘干质量与其饱和水分时的体积之比称为基本密度，烘干质量与烘干后的体积之比称为绝干密度，炉干后质量与炉干后的体积之比称为炉干密度。木材在气干后的质量与气干后的体积之比称为木材的气干密度。木材密度随树种而异，大多数木材的气干密度为 $0.3～0.9 \, g/m^3$。一般情况下密度大的木材，其力学强度也较高。

（五）隔声吸音性

木材是一种多孔性材料，具有良好的吸音、隔声功能。

（六）具有可塑性

木材蒸煮后可以进行切片，在热压作用下可以弯曲成形，木材可以用胶、钉、卯榫等方法造型，以满足各种要求。

（七）易加工和涂饰

木材易锯、易刨、易切、易打孔、易组合、易加工成型，且组合加工成型比金属方便。由于木材的管状细胞吸湿受潮，故对涂料的附着力强，易于着色和涂饰。

（八）对热、电具有良好的绝缘性

木材的热导率、电导率小，可做绝缘材料，但随着含水率增大，其绝缘性能将降低。

（九）木材的力学性质

木材有很好的力学性质，但木材是各向异性材料，顺纹方向与横纹方向的力学性质差别很大。木材的顺纹抗拉和抗弯强度均较高，但横纹抗拉强度和抗弯强度均较低。木材的强度还因树种而异，并受木材缺陷、荷载作用时间、含水率及温度等因素的影响，其中以木材缺陷及荷载作用时间两者的影响最大。

第二节　木质材料的成型工艺

一、木材的成型加工

木材的成型加工方法种类繁多，既可以利用手工工具进行加工，也可以使用机械设备进行加工，随着技术的进步，新工艺新方法将会不断出现。

（一）木材加工的工艺流程

每一个构件加工前都要根据被加工构件的形状、尺寸、所用材料、加工精度、表面粗糙度等方面的技术要求和加工批量大小，合理选择各种加工方法、加工机床、刀具、夹具等，拟定出加工该构件的每道工序和整个工艺过程。

木制品构件的形状、规格多种多样，其加工工艺过程一般为以下顺序：

1. 配料

配料就是按照木制品的质量要求，将各种不同树种、不同规格的木材，割锯成制品规格的毛料,即基本构件。配料时,应根据木制品不同部位的要求,选择合适的木材,如受力大的部位应选择力学性能好的木材,暴露在外的部位应选择表面没有缺陷或缺陷少的木材。

2. 基准面的加工

为了构件获得正确的形状、尺寸和粗糙度的表面,并保证后续工序定位准确,必须对毛料进行基准面的加工,作为后续工序加工的尺寸基准。木制品在装配时,一般是把基准面作为外露表面使用,因此选择质量好的表面作为基准面。

3. 相对面的加工

基准面完成后,以基准面为基准加工出其他几个表面。

4. 画线

手工加工时画线是保证产品质量的重要工序,手工加工时构件上榫头、卯眼及圆孔等的位置和尺寸都是依据所画的线进行加工的,所以画线工序直接影响到配合的精度和结合的强度。机械加工主要是利用定位装置确定榫头、卯眼及圆孔等的位置,所以画线工序比手工加工简化了很多。

5. 榫头、卯眼及型面的加工

榫结合是木制品结构中最常用的结合方式,因此,开榫、打眼工序是构件加工的重要工序,其加工质量直接影响产品的强度和使用质量。

6. 表面修整

构件表面的修整加工应根据表面的质量要求来决定。外露的构件表面要精确修整,内部用料可不作修整。

(二) 木材加工的基本方法

除直接使用原木外,大多数情况下木材都加工成板材或方材使用。为减小木材使用中发生变形和开裂,通常板材或方材需要进行自然干燥或人工干燥。自然干燥是将木材堆垛起来在空气中自然干燥,这种干燥方法效果好,但需要比较长的时间。人工干燥主要用干燥窑法,也可用简易的烘、烤方法。干燥窑是一种装有循环空气设备的干燥室,能调节和控制空气的温度和湿度。经干燥窑干燥的木材质量好,含水率可达 10% 以下。对于易腐朽的木材应事先进行防腐处理。

1. 木材的锯割

木材的锯割是木材成型加工中用得最多的一种操作。按设计要求将尺寸较大的原木、板材或方材等沿纵向、横向或按任一曲线进行开锯、分解、开榫、锯肩、截断、下料等都要运用锯割加工。锯割所使用的锯种类繁多,有电动锯也有手动锯。

2. 木材的刨削

刨削也是木材加工的主要工艺方法之一。木材经锯割后的表面一般较粗糙且不平整,因此必须进行刨削加工,木材经刨削加工后,可以获得尺寸和形状准确、表面平整光滑的构件。如图 17-3 所示是传统的手工平刨,手工平刨加工质量较好,但与操作者的技术水平关系密切,且效率低,劳动强度大,使用电动刨加工可以大幅度提高效率,减轻劳动强度。

3. 木材的凿削

木制品构件间结合的基本形式是框架榫卯结构。因此,卯孔的凿削是木制品加工的基本操作之一。如图 17-4 所示是常用木工凿,使用时应根据孔的大小选择不同宽度的凿子。

图 17-3　手工平刨

图 17-4　木工凿

二、木制品的装配

按照木制品结果装配图及有关技术要求,将若干构件结合成部件,再将若干部件结合成木制品或若干部件和构件结合成木制品的过程,称为装配。木制品构件间的结合方式,常见的有榫结合、胶结合、螺钉结合、圆钉结合、金属或硬质塑料联结件结合,以及混合结合等。采取不同的结合方式对制品的美观和强度、加工过程和成本均有很大的影响,需要在造型设计时根据质量技术要求确定。下面简要介绍几种常用的结合方式。

(一)榫结合

榫结合是木制品中应用广泛的传统结合方式。它主要依靠榫头四壁与卯孔相吻合,装配时,榫头四壁和卯孔均匀涂胶,装榫头时用力不宜过猛,以防挤裂榫眼,通孔装配后可加木楔,达到配合紧实的目的。

榫卯结合是传统的工艺,至今仍然被广泛应用,其优点是:传力明确、构件简单,结构外露,便于检查。根据结合部位的尺寸、位置及在构件中的作用不同,榫头有各种形式,如图17-5所示为燕尾榫。各种榫根据木制品结构的需要有明榫和暗榫之分。榫孔的形状和大小根据榫头而定。

图 17-5　燕尾榫

（二）胶结合

由于木材具有良好的胶合性能，所以胶结合是木制品常用的一种结合方式，主要用于实木板的拼接及榫头和卯孔的胶合。其特点是制作简单、结构牢固、外形美观。胶结合的强度与胶的质量和使用方法密切相关，还与木材的性质和胶层的厚度有关，一般来说质地松软的木材胶合强度高，胶层的厚度越大，强度越低。黏结木制品的胶黏剂种类繁多，常用的有皮胶、骨胶、蛋白胶、合成树脂胶等传统的优质胶，是采用鱼膘熬制而成，需加热后使用，这种胶黏合强度高，耐水性好，但鱼膘的资源有限，现在已很难见到它的踪影。近年来使用最多的是聚醋酸乙烯酯乳胶液，俗称乳白胶。这种胶是水性溶液，它的优点是使用方便，具有良好的操作性能和安全性能，不易燃，无腐蚀性，对人体无刺激作用；在常温下固化，无须加热，并可得到较好的干状胶合强度，固化后的胶层无色透明，不污染木材表面。耐水性、耐热性差，易吸湿，在长时间静载荷作用下胶层会出现蠕变，只适用于室内木制品。

（三）螺钉与圆钉结合

除了利用榫结合和胶结构将两块木材结合在一起以外，近年来出现了大量专用的结合元件用做木制品的结合，如图 17-6 所示，使用这些元件，极大地提高了木制品加工的机械化程度。螺钉与圆钉的结合强度取决于木材的硬度和钉的长度，并与木材的纹理有关。木材越硬，钉直径越大；长度越长，则强度越大，否则强度越小。操作时要合理确定钉的有效长度，并防止构件劈裂。

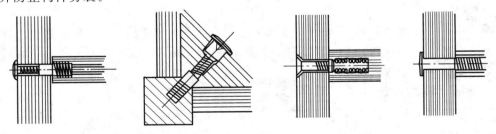

图 17-6　螺钉结合

（四）板材的拼接

木制品上较宽幅面的板材，经常采用实木板拼接而成。采用实木板拼接时，为减少拼接后的翘曲变形,应尽可能选用材质相近的板材,用胶黏剂或既用胶黏剂又用榫、槽、钉等结构,拼接成具有一定强度的较宽幅面板材。拼接的结合方式有多种,如图17-7所示。设计时应根据制品的结构要求、受力形式、胶黏种类以及加工工艺条件等选择。

平接法　　　　　　　　木销或竹销接合　　　　　　　　裁口接法

图 17-7　板材拼接方法

三、木制品的表面装饰工艺

木制品除极少数高档木材外,都要进行表面装饰工艺,以提高木制品的美观效果和使用寿命。

(一)木制品的表面涂饰

1. 表面涂饰目的

木制品表面涂饰主要是起装饰作用和保护作用。通过涂饰工艺可以使木制品表面形成一层光滑并有光泽的涂层,增加天然木质的美感,通过涂饰工艺可以将木材的一些天然缺陷掩盖掉,提高木材的装饰效果,也可以通过装饰手段,将普通木材仿制成高档木材,提高木制品的外观效果。利用表面涂饰工艺,可以起到提高木材的硬度,防水防潮、防霉防污的作用,提高木制品的寿命。

2. 涂饰前的表面处理

由于木材表面不可避免地存在各种缺陷,如表面的干燥度、纹孔、毛刺、虫眼、节疤、色斑、松香及其分泌物松节油等,不预先进行表面处理,将会严重影响涂饰质量,降低装饰效果。

因此,必须针对不同的缺陷采取不同方法进行涂饰前的表面处理,常见的有如下3种。

(1)去毛刺

木制品表面经刨削后,总有些木制纤维残留在表面,影响表面着色的均匀性,因此涂层被覆前一定要去除毛刺。一般木制品用砂磨方法去除毛刺即可,高级木制品可用湿润的抹布擦拭表面,使毛刺膨胀竖起,待表面干燥后再用细砂纸砂磨,也可用火燎法去除毛刺。

(2)脱色

不少木材含有天然色素,有时保留下来可起到天然装饰的作用。但有时因色调不均匀,带有色斑,或者木制品要涂成浅淡的颜色,或者涂成与原来材料颜色无关的任意色彩时,就需要对木制品表面进行脱色处理。

(3)消除木材内含杂物

大多数针叶木材中含有松脂。松脂及其分泌物会影响涂层的附着力和颜色的均匀性。在气温较高的情况下,松脂会从木材中溢出,造成涂层发黏。清除松脂常用的方法是使用有机溶剂清洗,如用酒精、松节油、汽油、甲苯等,这些溶剂大多是易燃物品,使用时应特别注意安全。

3. 底层涂饰

底层涂饰的目的是改善木制品表面的平整度,提高透明涂饰及模拟木纹的显示程度,获得纹理优美、颜色均匀的木质表面,为面层涂饰打好基础。

4. 面层涂饰

底层完成后便可进行面层的涂饰。用于木材制品面层涂饰的涂料一般可分为透明涂饰和不透明涂饰两大类。透明涂饰主要用于木纹漂亮、底材平整的木制品。部分透明涂饰用的面漆和部分不透明涂饰用的面漆见表 17-1、表 17-2。

表 17-1　　　　　　　　　　部分透明涂饰用面漆

名　称	特　性	用　途
虫胶清漆	干燥快,装饰性、附着力较好,耐热性、耐水性差	木制品着色、打底或表面上光
油性大漆	漆膜耐水、耐温、耐光性能好,干燥时间 6 小时左右	用于红木器具等涂饰
聚合大漆	干燥迅速、附着力好,漆膜坚硬,耐磨、光亮	用于木制品化学试验台等装饰
醇酸清漆	附着力、韧性、保光性良好,施工方便、毒性小	用于普通木制品装饰
硝基清漆	漆膜平整、有亚光和亮光之分,坚韧耐磨、干燥迅速	用于高级家具、电视机等装饰
聚酯清漆	是双组分的木器装饰涂料。分亮光面漆、半亚光面漆、亚光面漆和透明底漆,色浅、快干、易于施工,漆膜透明性高、坚韧丰满、手感细腻	广泛用于室内外各类木材,铁艺表面的装饰和保护
聚氨酯清漆	漆膜丰满光亮,坚硬耐磨,附着力强,并且具有耐湿、耐潮、耐化学腐蚀等特点	适用于木器、家具及金属制品及表面作保护之用

表 17-2　　　　　　　　　　部分不透明涂饰用面漆

名　称	特　性	用　途
醇酸磁漆	室温下干燥,漆膜坚硬光亮,保光性强,具有优良的机械性能、附着力强、抗划伤、耐酸碱、抗腐蚀等特点	用于普通及木制品装饰
硝基磁漆	漆膜经过抛光可获得很高的光泽,装饰性能较好。漆膜附着力差。	用于高级家具、电视机等装饰
酚醛磁漆	室温下干燥,光泽好,附着力强,耐候性比醇酸磁漆差	用于普通及木制品装饰

(二)木制品表面覆贴

表面覆贴是将面饰材料通过黏合剂粘贴在木制品表面成为一体的一种装饰方法。表面覆贴工艺中的后成型加工技术是近年来开发的板材处理的新技术,如图 17-8 所示。其工艺方法是:以木制人造板(刨花板、中密度纤维、厚胶合板等)为基材,将基材按设计要求加工成所需的形状,然后用一整张装饰贴面材料对面板和端面进行覆贴封边。后成型加工技术可制作圆弧形甚至复杂曲线形的板式家具,使板式家具的外观线条变得柔和、平滑和流畅,一改传统家具直角边的造型,增加了外观装饰效果。

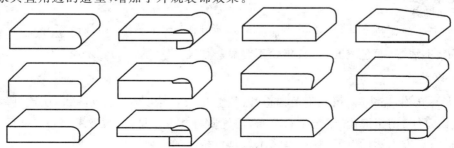

图 17-8　后成型加工的边部造型

常用的面饰材料有聚氯乙烯膜（PVC 膜）、人造革、DAP 装饰纸、三聚氰胺板、木纹纸、薄木等。

第三节　常用木质材料

木材种类繁多，由于树种的不同，树的生长地区环境不同，形成了各种各样，特性各异的木材，不同的树种产生的木材性能也不同，同一树种，不同产地的木材性能也不同，树种相同，产地相同，但取自树干的不同部位的木材性能也不同，本节将对一些常用的木材进行简要介绍。

一、红木

所谓"红木"，不是指某一特定树种的木材，而是明清以来对稀有坚硬优质木材的统称，主要包括以下几种。

（一）黄花梨

为我国特有珍稀树种。木材有光泽，具辛辣滋味；纹理斜而交错，结构细而均匀，耐腐蚀。耐久性强、材质硬重、强度高。

（二）紫檀

产于亚热带地区，如印度等东南亚地区。我国云南、两广等地有少量出产。木材有光泽，具有香气，长期暴露在空气中变紫红褐色，纹理交错，结构致密、耐腐蚀、耐久性强、材质坚硬细腻。

（三）花梨木

分布于全球热带地区，主要产地是东南亚及南美洲、非洲。我国海南、云南及两广地区已有引种栽培。色泽较均匀，由浅黄至暗红褐色，可见深色条纹，有光泽，具轻微或显著清香气，纹理交错、结构细而均匀（南美、非洲略粗）、耐磨、耐久性强、硬、重、强度高，通常浮于水。东南亚产的花梨木中以泰国最优，缅甸次之。

（四）酸枝木

产于热带、亚热带地区，主要产地为东南亚国家。木材材色不均匀，心材依次为橙色、浅红褐色至黑褐色，深色条纹明显。木材有光泽，具酸味或酸香味，纹理斜而交错，密度高、含油腻，坚硬耐磨。

（五）鸡翅木

分布于全球亚热带地区、主要产地为东南亚和南美，因为有类似"鸡翅"的纹理而得名。纹理交错、不清楚，颜色突兀，生长年轮不明显。如图 17-9 所示为红木家具。

二、橡木

橡木属麻栎，壳斗科，树心呈黄褐至红褐色，生长年轮明显，略成波状，质重且硬。我国北至吉林、辽宁，南至海南、云南都有分布，但优质材并不多见，优质橡木仍需要从国外进口，优质木材每立方米达近万元，这也是橡木家具价格高的重要原因。

图 17-9　红木家具

三、橡胶木

橡胶木原产于巴西、马来西亚、泰国等地。国内产于云南、海南及沿海一带,是乳胶的原料。橡胶木颜色呈浅黄褐色,年轮明显,轮界为深色带,管孔甚少。木质结构粗且均匀。纹理斜,木质较硬。

四、水曲柳

水曲柳主要产于东北、华北等地。树皮厚,灰褐色,年轮明显但不均匀,木质结构粗,纹理直,花纹漂亮,有光泽,硬度较大。水曲柳具有弹性、韧性好、耐磨、耐湿等特点。但干燥困难,易翘曲。加工性能好,但应防止撕裂。切面光滑,油漆,胶黏性能好。

五、栎木

俗称柞木,重、硬、生长缓慢,芯材与边材区分明显。纹理直或斜,耐水耐腐蚀性强,加工难度大,但切面光滑,耐磨损,胶结要求高,油漆着色、涂饰性能良好。国内的家具厂商采用栎木作为原材料的较多。

六、胡桃木

胡桃属木材中较优质的一种,主要产自北美和欧洲,国产的胡桃木材颜色较浅。黑胡桃呈浅黑褐带紫色,弦切面为漂亮的大抛物线花纹(大山纹),黑胡桃非常昂贵,做家具通常只用在表皮,极少用实木。

七、樱桃木

进口樱桃木主要产自欧洲和北美,木材浅黄褐色,纹理雅致,弦切面为中等的抛物线花纹,间有小圈纹。樱桃木也是高档木材,由于价格昂贵,做家具通常只用在表皮,很少用实木。

八、枫木

枫木分软枫木和硬枫木两种,属温带木材,产于长江流域以南直至台湾,国外产于美国东部。木材呈灰褐至灰红色,年轮不明显,管孔多而小,分布均匀。枫木纹理交错,结构细而均匀,质轻而较硬,花纹图案优良。易加工,切面欠光滑,干燥时易翘曲。油漆涂装性能好,胶合性强。

九、桦木

桦木年轮略明显,纹理直且明显,材质结构细腻而柔和光滑,质地较软或适中。桦木富有弹性,干燥时易开裂翘曲,不耐磨。加工性能好,切面光滑,油漆和胶合性能好。常用于雕花部件,现在较少用。桦木属于中档木材,实木和木皮都常见。产于东北和华北,木质细腻淡白微黄,纤维抗剪力差,其根部及节结处多花纹。古人常用其做门芯等装饰。其树皮柔韧漂亮。成材后易变形,故全部用桦木制成的桌椅很少。

十、榉木

榉木属榆种,产于江、浙等地,别名榉榆或大叶榆,木材坚致,色泽美,用途极广,颇为贵重,其老龄木材带赤色故名"血榉",又叫红榉。它比一般木材坚实,但不能算是硬木,榉木色纹美丽,有很美丽的大花纹,层层如山峦重叠,被木工称为"宝塔纹"。

十一、椴木

椴木的白木质部分通常颇大,呈奶白色,逐渐并入淡至棕红色的心材,有时会有较深的条纹。这种木材具有精细均匀的纹理及模糊的直纹。椴木机械加工性能良好,容易用手工工具加工,因此是一种上乘的雕刻材料。钉子、螺钉及胶水固定性能较好。经砂磨、染色及抛光能获得良好的平滑表面。变形小、老化程度低。

第四节　木质材料在产品设计中的应用

木材具有与其他材料不同的使用特性和工艺特性,设计时应充分考虑木材的特性、工艺性及制造成本等因素。

一、儿童跷跷板

如图 17-10 所示为儿童跷跷板,是由多层胶合板弯曲而成,结构简单,富有动感,底板较长,保证了儿童玩耍时的安全。

图 17-10　儿童跷跷板

二、高扶手官帽椅

如图 17-11 所示的椅子是明代高扶手官帽椅,选用樱桃木制做,不上油漆。采用磨光上蜡工艺,保持木材的自然纹理与质感,整个设计简洁实用,具有一种自然的、令人亲近的气息。座面56 cm×47.5 cm,通高93.2 cm。

图 17-11　明代高扶手官帽椅

三、木制窗户

如图 17-12 所示的木制窗户,采用传统加工方式制造,表面涂透明清漆,展现了木材原有的纹理,造型简洁,富有木材特有的质感美。

图 17-12　木制窗户

四、笔筒

如图 17-13 所示为两款笔筒,采用红木浮雕而成,造型古朴典雅,笔筒不上色,体现了红木特有的视觉质感美。

图 17-13　红木笔筒

参考文献

1. 孙晓红. 建筑装饰材料与施工工艺. 北京:机械工业出版社,2013
2. 张琪. 室内装修材料与施工工艺. 北京:北京工业出版社,2014
3. 王葆华. 景观材料与施工工艺. 武汉:华中科技大学出版社,2015
4. 郭谦,崔英德,方正旗. 装饰材料与施工工艺. 北京:水利水电出版社,2012
5. 郭东升. 装饰材料与施工工艺. 2版. 广州:华南理工大学出版社,2010
6. 杨海明. 铸铁与堆焊材料的焊接. 沈阳:辽宁科学技术出版社,2013
7. 丁宇. 室内装饰材料与施工工艺. 长沙:中南大学出版社,2014
8. 刘文永,王新刚,冯春喜. 注浆材料与施工工艺. 北京:中国建材工业出版社,2008
9. 周成才,黄杨彬. 室内外装饰材料与施工工艺. 广州:华南理工大学出版社,2015